PHP+MySQL

PHP+MySQL 项目开发与实践

王爱华 著

山东人民出版社
国家一级出版社 全国百佳图书出版单位

图书在版编目(CIP)数据

PHP + MySQL 项目开发与实践/王爱华著. —济南：山东人民出版社，2014.10（2015.10 重印）

ISBN 978-7-209-08591-5

Ⅰ.①P… Ⅱ.①王… Ⅲ.①PHP 语言—程序设计 ②关系数据库系统 Ⅳ.① TP312 ② TP311.138

中国版本图书馆 CIP 数据核字（2014）第 233232 号

责任编辑：李岱岩

PHP + MySQL 项目开发与实践

王爱华 著

山东出版传媒股份有限公司

山东人民出版社出版发行

社　址：济南市经九路胜利大街 39 号　　邮　编：250001

网　址：http://www.sd-book.com.cn

发行部：(0531) 82098027　82098028

新华书店经销

莱芜市华立印务有限公司印装

规　格　16 开（184mm×260mm）

印　张　18.5

字　数　370 千字

版　次　2014 年 10 月第 1 版

印　次　2015 年 10 月第 2 次

ISBN　978-7-209-08591-5

定　价　39.80 元

如有质量问题，请与印刷厂调换。电话：(0634-6216033)

前 言

近年来，PHP 已经成为流行的 web 开发语言之一，作为一种功能强大的 web 编程语言，PHP 以其简单易学、安全性高和跨平台等特性而受到广大 web 开发者的喜爱，很多网站建设中都使用了 PHP+MySQL 技术，各网站开发公司需要大量这方面的人才，很多学校也都将 PHP+MySQL 作为动态网站编程课程中要讲解的核心技术。

随着越来越多的人开始学习使用 PHP，相关的教材也曾出不穷。但是传统的教材在编写中多偏重于 PHP+MySQL 的基础知识的讲解，通常的做法是一个知识点配以一个小练习，整本教材看起来更像是一本使用手册，知识结构是松散的，针对知识点设计的实训内容也是松散的，难以用完整的教学项目将这些知识点贯穿成一个整体。而且，几乎所有这方面的教材在编写时都是只谈 PHP，与网站界面设计中的 HTML、CSS 和 JavaScript 没有关联，读者通过书本学习的知识都是零碎的，因此在培养读者实践能力方面很难形成一个完整的知识体系，而在实际开发一个网站时，前台与后台、静态与动态往往是密不可分的。

鉴于这样一些情况，撰写一本以项目贯穿知识，实用性强，将 PHP 的知识与 HTML、CSS 和 JavaScript 有效融合的教材就显得非常有必要。

笔者近几年在 PHP 的教学过程中，在充分考虑 PHP 知识在网站中的应用需求之后，模拟开发了 163 邮箱网站的主要功能，在反复使用和修改之后，沉淀出最适合于初学者学习使用和开发的项目，该项目中应用了 PHP 在 web 开发中的主流技术，有效融合了静态网站中的 HTML、CSS 和 JavaScript 技术，适合于在各大浏览器中运行。

本书在撰写过程中，大部分理论知识的介绍都是根据项目开发的需要引出的，内容选取上不追求泛泛而谈，而是以实用性为原则，突出了项目开发和案例教学，避免了空洞的描述，每学到一个新知识点，读者都会很清楚如下几个问题：这是什么、如何使用、用在哪里，真正做到学以致用。

本书分为基础篇、核心篇与提高篇三大部分，共 11 个任务。

“基础篇”共包含了 4 个教学任务，分别是 PHP 基础知识简介、PHP 环境搭建、PHP 语法基础和表单数据提交，主要是为项目开发准备一些基础知识。

“核心篇”共包含了 5 个教学任务，分别是邮箱注册功能实现、邮箱登录功能实现、邮箱写邮件功能实现、接收阅读和删除邮件功能实现以及在线投票与网站计数功能实现。详细讲解了开发过程中需要使用的各种技术，包含数据提交、文件上传、图片验证码的创建及应用、session 机制的应用、数据库的连接、分页浏览以及文件访问操作等动态网站开发中的核心技术，说明了在开发过程中需要注意的各种事项，并提供了全部完整的代码。

“提高篇”共设计了 2 个教学任务，分别是注册表单的复杂数据验证和复杂附件的添加与处理方法，这一部分内容可作为广大网站设计爱好者的选学模块。

全书内容组织按照循序渐进的原则展开，内容详细实用，旨在培养读者开发实际网站的能力，适合作为高等职业院校计算机类学生的专业课教材，也适合应用 PHP 开发动态网站的人员学习使用。

目　录
CONTENTS

第二部分 核心篇

第一部分　基础篇

基础篇的学习主要围绕着学习 PHP 课程的一些必备的基础知识来展开，包括动态网页的概念及工作原理、PHP 环境搭建过程、PHP 的基本语法内容以及使用表单向服务器提交数据等内容。

PHP 基础知识简介

- 静态网页与动态网页的区别
- 动态网页的工作原理
- PHP 的特性与功能说明

- 动态网页的工作原理
- PHP 的特性

1.1 静态网页与动态网页的工作原理

1.1.1　静态网页与工作原理

1. 静态网页

目前流行的静态页面都是用 HTML+CSS+JavaScript 编写的扩展名为 .htm 或 .html 的 HTML 文件。静态页面只能按一定格式显示固定的内容信息，无需用户提交信息，也无法按用户的要求显示任意需要的内容。

静态页面使用 JavaScript 可实现具有交互性的动态效果，例如动态变换图像、动态更新日期、鼠标指向某个元素或区域时动态出现浮动区域、鼠标指向浮动区域内某个元素时还可动态改变显示效果并可实现超链接功能，但是，静态网页的所有动态内容都是事先设计好的固定内容，在页面刚刚运行时即下载到客户机器上，只不过是根据用户的操作由浏览器执行 JavaScript 产生动态效果而已，用户的操作及动态显示都与网站服务器没有关系，因此它并不是真正意义上的动态页面。

静态网页部署在服务器，收到客户请求后需要将整个页面的内容全部下载到客户机器上，由客户端浏览器运行。

静态网页最大的特点是，网页中显示的内容通常不会因人、因时的不同而不同，即任何人在任何时候来看页面时，内容都是一样的。

2. 静态网页的工作原理

当用户在浏览器地址栏中输入某网站的一个静态页面地址后， 该网站服务器会通过 HTTP 协议把用户指定的“网页”文件及所有相关的资源文件传输到用户计算机中，再由用户计算机的浏览器解析执行该“网页”文件，将执行结果显示在浏览器中，从而形成用户看到的页面。

强调：静态页面一定是在浏览器端执行的。

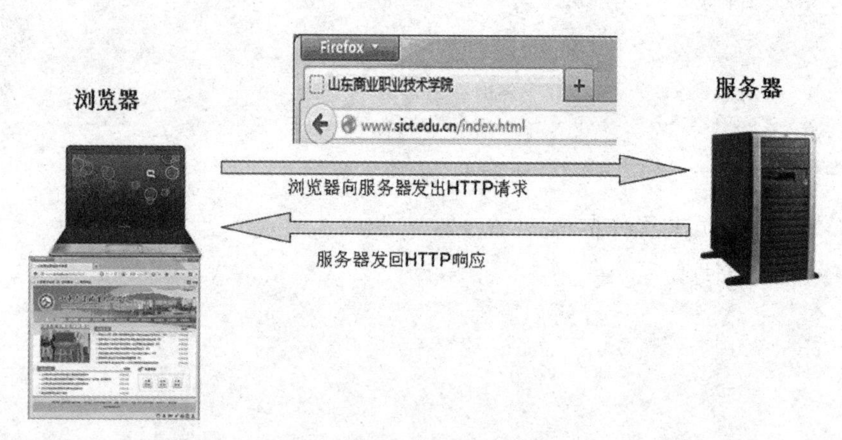

图 1-1　静态网页的工作原理

静态网页的工作原理如图 1-1 所示。

静态页面的执行需要两步来完成：

第一步，在客户端浏览器地址栏输入 URL，向服务器发出 HTTP 请求；

第二步，服务器发回 HTTP 响应，将用户请求页面的所有代码及资源文件都返回给浏览器，浏览器解释执行之后，看到页面效果。

所以，我们访问的静态页面，在浏览器端查看源文件时，能够查看到文件的所有代码，不具有任何保密性。

1.1.2　动态网页与工作原理

1. 动态网页

动态页面的显著特点是，网页中显示的内容常常会因人、因时不同而不同。

例如我们登录邮箱，今天登录后阅读了几封未读邮件，明天登录后又会有新的未读邮件出现，即对同一个用户而言，不同时段看到的结果会有所不同，而不同的用户进入自己的邮箱看到的邮件更是大相径庭。动态网页可以按用户要求显示该用户保存在服务器上的信息，也可以将用户自己的信息提交给服务器保存。

再如微博网站，信息更是瞬息千变万化。

动态页面是用HTML+CSS+JavaScript结合ASP、PHP或JSP代码编写的.asp或.php或.jsp文件，即在一个动态页面代码中往往会穿插使用静态代码和动态代码。

动态页面的执行一般需要包含两个阶段：第一阶段，根据用户的请求在服务器端运行动态部分的代码，获取相应的结果；第二阶段，将动态代码获取的结果与源代码中的静态部分代码一起发送给浏览器，由浏览器解释执行这一部分内容，并将最后结果显示在浏览器界面上。

2. 动态网页工作原理

在动态页面中最常出现的功能是用户与服务器的交互，这种交互过程通常需要借助于表单界面，用户在表单界面中输入相关的信息之后，点击类似于“登录”、“注册”或“确认”等表单中的submit按钮，即可将数据提交给服务器，服务器端执行相关的动态页面文件，将结果回送到浏览器供用户浏览。

> 注意：并不是所有的动态页面都要借助于表单界面来提交数据，像在线投票、网站计数器以及一些简单的函数应用相对会比较简单一些。

这里直接以PHP程序的运行原理来说明动态网页的工作原理，如图1-2所示。

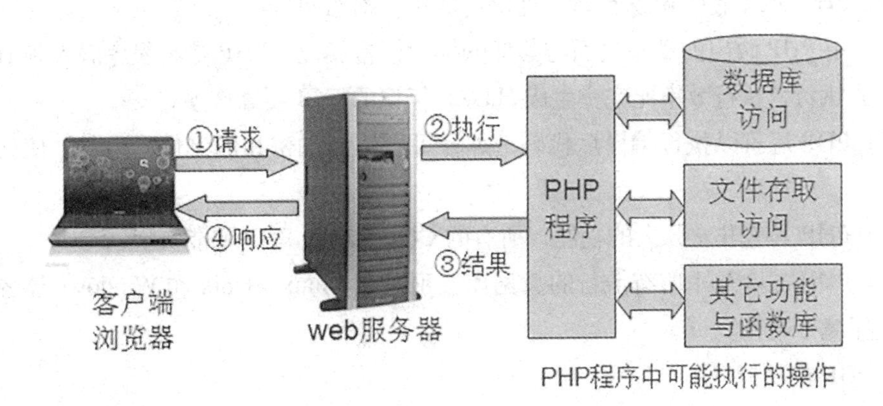

图1-2　动态网页的工作原理

根据图 1-2 的流程可以看出，动态网页的工作过程如下：

第一步，由客户端浏览器使用 http 协议向 web 服务器发出请求，请求运行的是包含了 PHP 代码的动态页面文件；

第二步，由 web 服务器执行用户指定的 PHP 程序，在程序执行过程中可能需要访问数据库，可能要访问服务器端的文本文件，也可能要执行其他功能或函数库中的函数；

第三步，web 服务器获取到 PHP 程序的执行结果；

第四步，web 服务器将 PHP 程序中动态部分代码的运行结果连同程序中原来的 HTML+CSS+JavaScript 部分的代码及需要的素材使用 HTTP 协议一起传送给客户端浏览器，再由浏览器执行后以页面的形式展示给发出请求的用户。

到此，一次访问过程结束。

强调：动态页面的代码一定是在服务器上执行的。

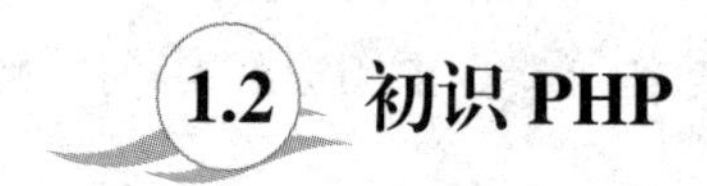

1.2 初识 PHP

1. 什么是 PHP

PHP 的全称是 Personal HomePage：Hypertext Preprocessor（个人主页：超文本预处理器）。

PHP 是是一种服务器端的脚本语言，必须在服务器环境下才能运行。它是开源免费和跨平台的，而且具有高效安全和简单等特点，使用 PHP 可写出功能强大的服务器端脚本。

2. PHP 的特性

（1）PHP 独特的语法混合了 C、Java、Perl 以及 PHP 自创新的语法；

（2）PHP 可以比 CGI 或者 Perl 更快速地执行动态网页；

（3）用 PHP 做出的动态页面与其他的编程语言相比，PHP 是将程序嵌入到 HTML 文档中去执行，执行效率比完全生成 HTML 标记的 CGI 要高许多；

（4）PHP 还可以执行编译后代码，编译可以达到加密和优化代码运行，使代码运行更快；

（5）PHP 具有非常强大的功能，所有的 CGI 的功能 PHP 都能实现；

（6）PHP 支持几乎所有流行的数据库，可以在 Linux、Unix 和 Windows 等各种操作系统环境下运行。

3. PHP 的功能

PHP 可以完成 web 服务器端的很多功能，例如：

（1）图片验证码的生成与判断；

（2）文件的上传，可用于上传头像图片或者上传附件；

（3）注册信息的保存，将用户在表单界面中输入的注册信息保存到数据库中；

（4）登录信息的验证，将用户在表单界面中输入的登录信息与保存在数据库中的信息进行比较，确定登录成功或者失败；

（5）博客或新闻的发布与浏览；

（6）在线投票功能实现，将投票的结果显示在页面中，同时要保存到服务器端指定的文本文件中；

（7）网站计数器设计，将统计的访客人数信息保存到服务器端指定的文本文件中。

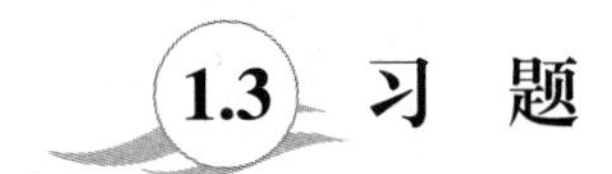

1.3 习 题

一、选择题

1. 下面哪项不属于静态网页设计中使用的核心技术______

A. HTML　　B. DreamWeaver

C. CSS　　D. JavaScript

2. 下面哪组中列举的技术都属于动态网页设计时使用的核心技术______

A. ASP、JSP、 SSP　　B. JSP、XHTML、PHP

C. JSP、PHP、ASP　　D. PHP、ASP、JavaScript

3. 动态网页与静态网页的本质区别是______

A. 静态页面运行后能够查看所有的源代码，动态页面中动态部分源代码则无法查看

B. 静态网页任何时候运行内容都相同，动态页面则不然

C. 静态页面中可以包含各种小动画，动态页面不可以

D. 动态页面是在服务器端执行的，而静态页面是在浏览器端执行的

4. 下面各种说法中错误的是______

A. 在动态页面中可以包含大量的静态代码

B. 使用静态页面技术可以实现动态变化的时钟效果

C. 动态页面的运行过程通常会包含在服务器端的执行过程和在浏览器端的执行过程两个阶段

D. 浏览器请求执行一个静态页面时，服务器先把页面文件执行完毕，然后将结果传递到浏览器端显示

5. 下面关于 PHP 的说法正确的是______

A. PHP 是一种服务器端的脚本

B. PHP 程序可以在任意环境中执行

C. 在 PHP 文件中可以包含任意的 HTML 代码和样式的应用

D. 使用 PHP 可以实现注册、登录、在线投票、访客计数等动态页面中需要的各种功能

二、填空题

1. 浏览器向某个服务器发出页面请求时，无论请求的是静态页面还是动态页面，该请求一定要通过______协议发送出去。

2. 静态页面代码在______端执行，而动态页面代码在______端执行。

3. PHP 是______端的脚本，JavaScript 是______端的脚本。

PHP 程序的运行环境搭建

主要知识点

- Apache 服务器的安装与配置
- PHP 的安装与配置
- MySQL 数据库的安装与卸载
- Zend Studio 开发环境的安装与配置

难 点

- Apache 服务器主目录的概念
- Apache 服务器端口冲突的解决方法
- MySQL 数据库的卸载

PHP 作为一种动态网站编程技术，其代码必须要在 web 服务器环境下才能运行。PHP 支持 Apache 和 IIS（Internet Informaiton Services,Internet 信息服务）等大多数 web 服务器的环境，但是使用 Apache 软件比 IIS 更为优越，这里只介绍在 Apache 服务器下的 PHP 环境搭建过程。

2.1 配置 Apache 服务器

2.1.1 安装 Apache 服务器

提供的 Apache 软件：httpd-2.2.17-win32-x86-no_ssl.msi。

Apache 默认安装到 C:\Program Files\Apache Software Fundation\Apache2.2\ 目录下（说明：不同版本的软件、不同的操作系统环境，安装目录不完全相同，但一定都是在系统盘符下面），但是因为在安装目录下的 htdocs 文件夹是 Apache 默认的主目录，即创建的 .html 静态文件或者 .php 动态文件都必须放在该文件夹中才能在 Apache 服务器环境下运行，所以建议大家安装 Apache 之前，在某个工作盘符下创建文件夹 apache，在安装过程中选择这个文件夹作为安装目录，以避免将各种页面文件及相关的素材文件都放在系统盘符下面。

当然，也可以选择将 Apache 安装在系统盘符下、后期将某个工作盘符下的文件夹更改为主目录的做法（更改主目录的方法在 2.1.3 中讲解）。

安装步骤如下：

双击运行上述 Apache 软件之后，得到图 2-1 所示的欢迎界面。

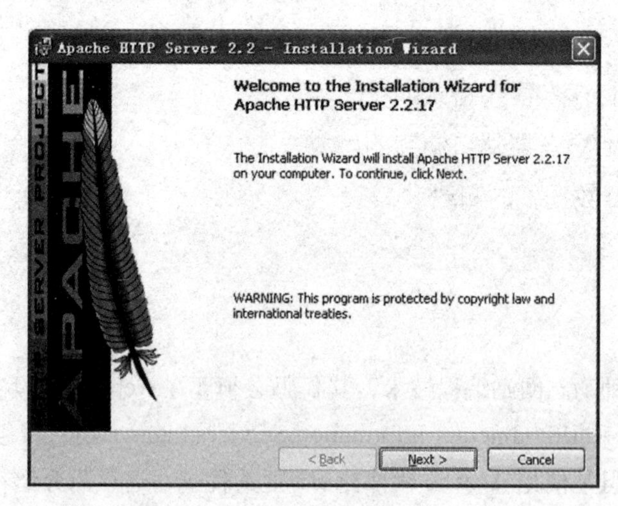

图 2-1 Apache 服务器安装第一步

在图 2-1 中点击 Next 按钮，得到图 2-2 所示许可协议界面。

选中图 2-2 中所示的“I accept the terms in the license agreement”单选按钮，接受相关的协议规定，点击 Next 按钮得到图 2-3 所示界面。

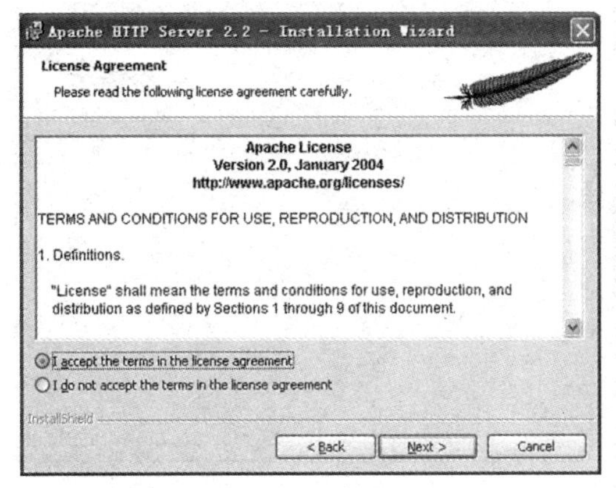

图 2-2 Apache 服务器安装第二步

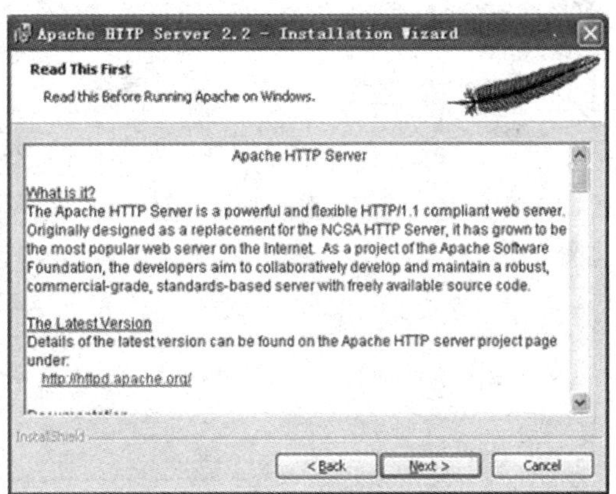

图 2-3 Apache 服务器安装第三步

点击 Next 按钮，得到图 2-4 所示的服务器信息界面。

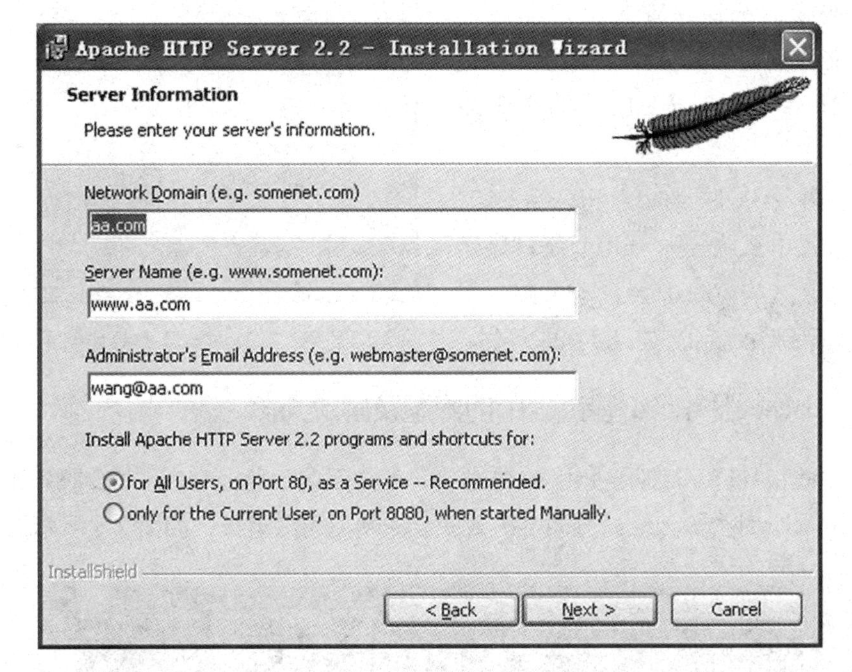

图 2-4 Apache 服务器安装第四步

在图 2-4 所示界面的三个文本框中按照图示内容的格式分别输入服务器所使用的域名、服务器主机的名称和服务器管理员的邮件地址等内容，之后选定图中选择的单选按钮，该选项的意思是“对所有用户有效，运行在 80 端口下，作为 windows 的一个服务在开机时自动启动”，点击 Next，得到图 2-5 所示安装类型界面。

图 2-5 中 Typical 表示典型安装、Custom 表示用户自定义安装，这里选中典型安装的单选按钮，点击 Next，得到图 2-6 所示目标文件夹界面。

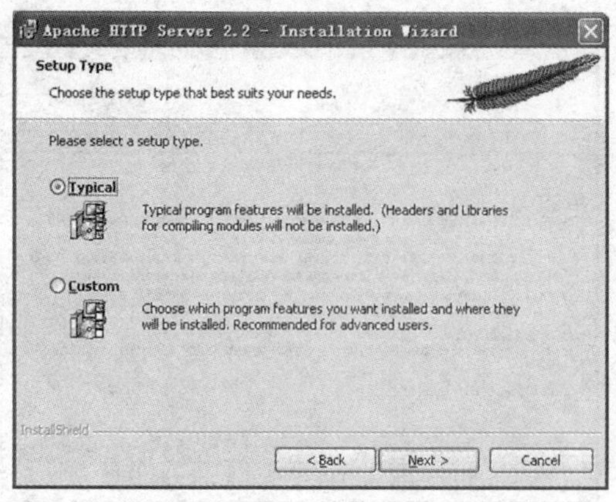

图 2-5 Apache 服务器安装第五步

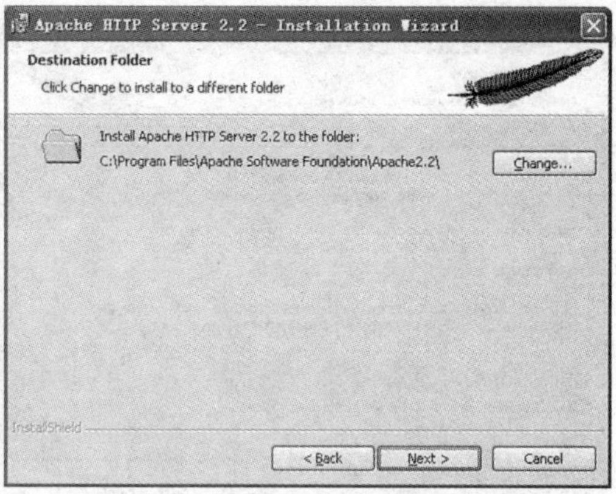

图 2-6 Apache 服务器安装第六步

在图 2-6 所示界面中，点击 Change 按钮，可以更换 Apache 软件的安装路径。此处我们选择在安装之前创建的 apache 文件夹为安装位置。更换路径之后点击 Next 得到图 2-7 所示的准备安装界面。

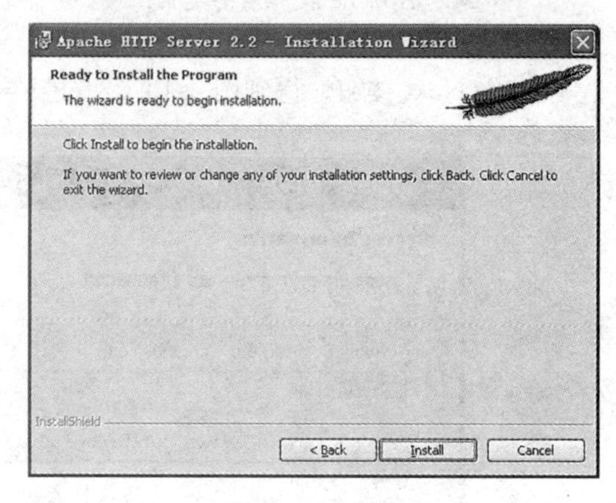

图 2-7 Apache 服务器安装第七步

点击图 2-7 中的 install 按钮开始安装，在安装过程中系统会弹出几个窗口显示一些信息，这些窗口都会自动关闭，无须处理，等到系统完成安装过程即可。

2.1.2 Apache 服务器安装过程中的问题及解决方案

Apache 和 IIS 默认都是占用 80 号端口，若是系统中已经存在了 IIS 服务器环境，在安装 Apache 时会因为端口号冲突导致安装成功后无法运行，如图 2-8 所示。

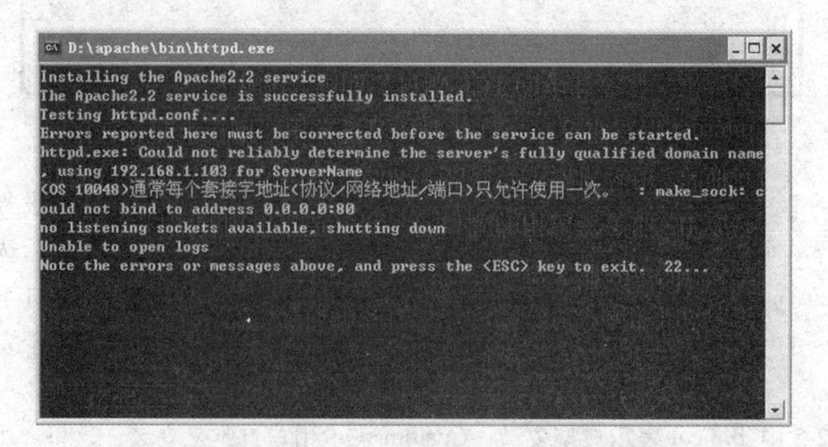

图 2-8 安装过程中端口号冲突后的提示信息

解决的方案有如下几种：

方案一，直接删除 IIS 服务器；

方案二，修改 IIS 服务器占用的端口号，将其原来占用的端口号 80 改为 8080，当然也可以选用其他号，但是习惯上会修改为 8080，修改方法为：找到“控制面板”→“管理工具”→“Internet 信息服务”，打开后，右键点击左侧栏中的“默认网站”，弹出默认网站属性对话框，修改其中的 TCP 端口，如图 2-9 所示：

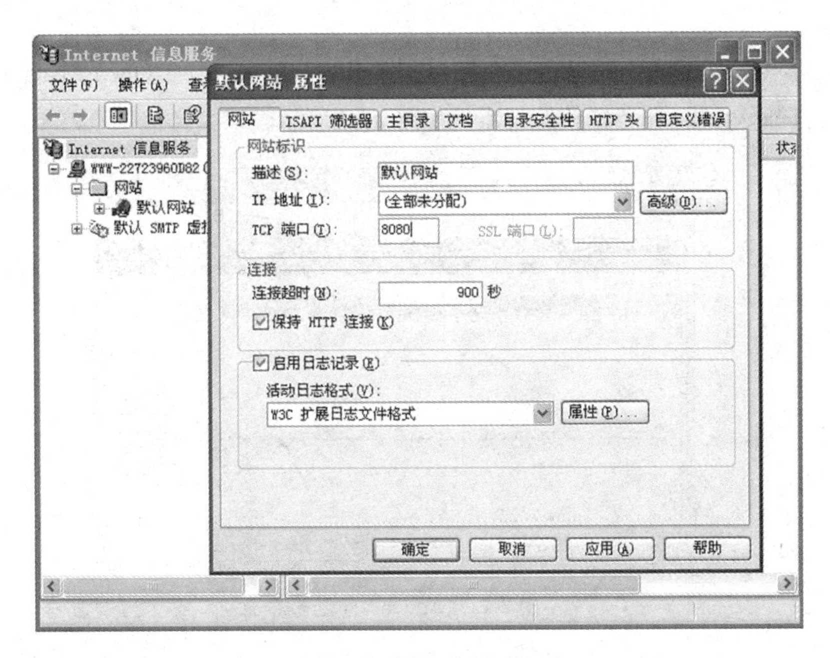

图 2-9 修改 IIS 占用端口号

方案三，修改 Apache 服务器占用的端口号，方法为：打开安装目录下的文件夹 conf，使用记事本打开其中的 Apache 配置文件 httpd.conf，点开“编辑”→“查找”，输入“Listen 80”进行查找，找到后将 80 修改为 8080，同时将 #Listen 12.34.56.78:80 中的 80 也修改为 8080。如图 2-10 所示。

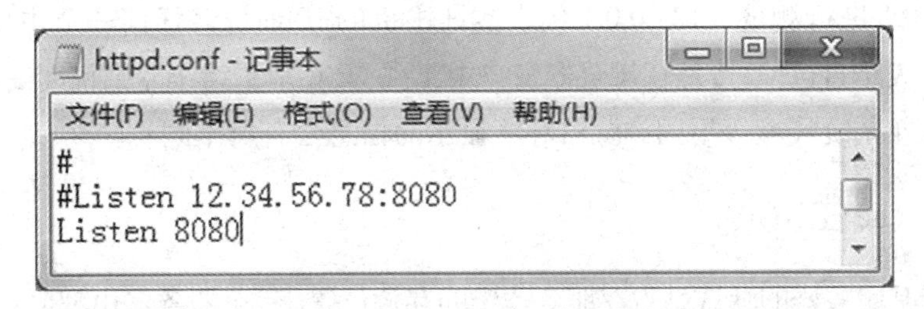

图 2-10 修改 Apache 占用的端口号

说明：在 Apache 配置文件中，行内容前面的 # 说明该行是注释行。

至此，Apache 服务器安装完成。

Apache 安装成功之后，我们可以通过点击“开始”菜单中的“Monitor Apache

Servers”命令启用 Apache 监视器，之后任务栏中将会出现绿色向右箭头的小图标，这说明 Apache 服务器已经成功安装并启用，如图 2-11 所示。

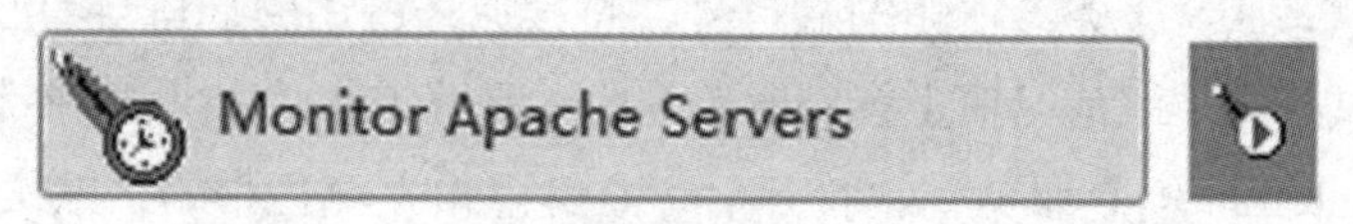

图 2-11　打开 Apache 监视器的命令及小图标

右键点击图 2-11 中的绿色小图标，在弹出的菜单中选择“Open Apache Monitor”命令，打开 Apache 服务器的监视器，如图 2-12 所示。

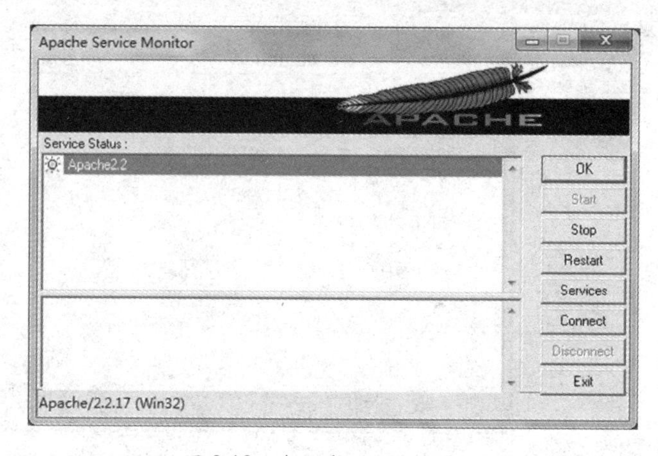

图 2-12　Apache 监视器界面

在图 2-12 所示界面中，点击“Stop”按钮将会停止 Apache 服务器的运行，停止之后，图中 Apache2.2 左侧的绿色小图标将会变成红色的，同时，在图 2-11 中所示的绿色小箭头图标也会变成红色小方块，此时再点击“Start”按钮将会再次启用 Apache 服务器。

为了进一步验证 Apache 安装是否成功，打开浏览器，在地址栏中输入 http://localhost（localhost 代表本地主机，也就是我们刚刚配置 web 服务器的主机）或者 http://127.0.0.1 进行测试（127.0.0.1 代表本地主机的 IP 地址，任何一个主机都可以使用该地址来表示自己），若是在浏览器窗口中出现“It works”字样，则说明安装成功（注意：不同操作系统环境、不同浏览器环境显示的信息会有所不同）。

2.1.3　Apache 主目录

主目录是服务器的默认站点在服务器上的存放位置，每个服务器中都要存在主目录。

安装 Apache 服务器之后，网站的主目录默认为安装目录下的 htdocs 文件夹，放在该文件夹中的任何页面文件都可以通过“http://localhost/ 文件名”或者“http://127.0.0.1/文件名”的方式来运行，这里，我们可以将 localhost 看做是到主目录 htdocs 的映射，若是在 htdocs 文件夹下面存在子文件夹，在浏览器中运行的时候，在 localhost 后面增加子文件夹名称即可找到并运行子文件夹内部的 PHP 文件。

例如，若是在 htdocs 文件夹下存在文件 date.php，则可以在浏览器地址栏中输入 http://localhost/date.php 来运行该 PHP 文件。

再如，若是 htdocs 文件夹下包含子文件夹 exam1，在该文件夹中存在文件 exam.php，则可以在地址栏中输入 http://localhost/exam1/exam.php 来运行该 PHP 文件。

Apache 服务器的主目录可以根据用户需要进行修改，修改的方法如下：

打开 Apache 安装目录子目录 conf 中的配置文件 httpd.conf，搜索到 DocumentRoot "E:/apache/htdocs"（编者使用的环境），使用自己需要的路径更换原来的 E:/apache/htdocs 路径即可。

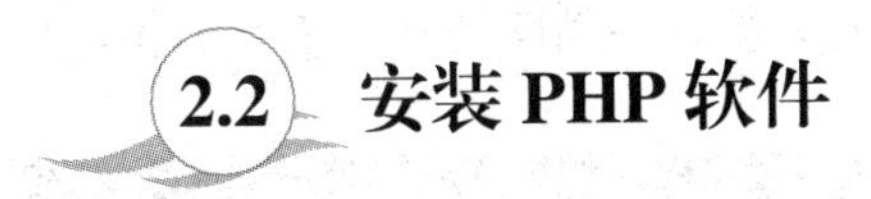

2.2 安装 PHP 软件

2.2.1 安装 PHP 软件

提供的 PHP 软件：php-5.3.3-Win32-VC9-x86.msi。

系统默认 PHP 的安装目录是在系统盘符下，此处我们选择在某个工作盘符下创建文件夹 PHP，并将其作为安装目录使用。

双击软件之后开始安装，出现安装欢迎界面，点击 Next 按钮进入 PHP 许可协议界面，选中复选框“I accept the terms in the License Agreement”，点击 Next 按钮进入安装目录选择界面，如图 2-13 所示。

在图 2-13 中点击 Browse 按钮，选择在安装 PHP 之前创建的文件夹 PHP 作为安装目录，然后点击 Next 按钮，出现图 2-14 所示的服务器设置界面。

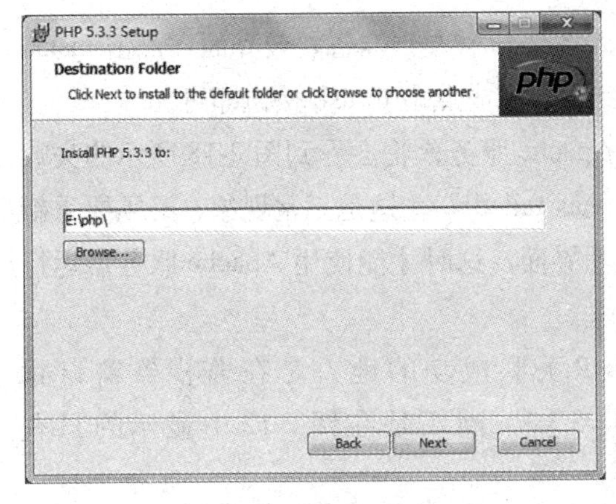

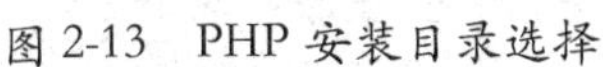

图 2-13 PHP 安装目录选择

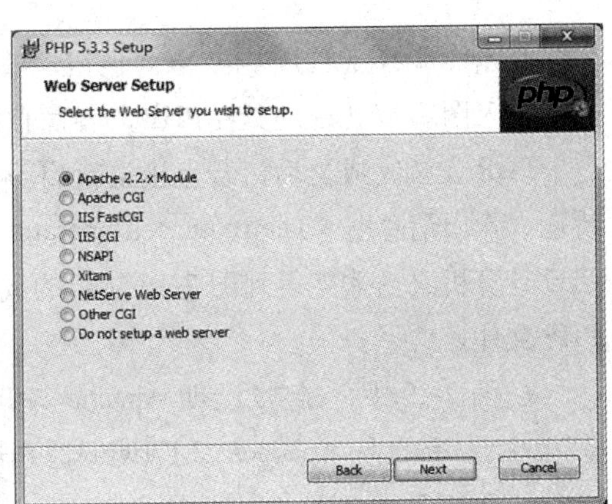

图 2-14 服务器设置

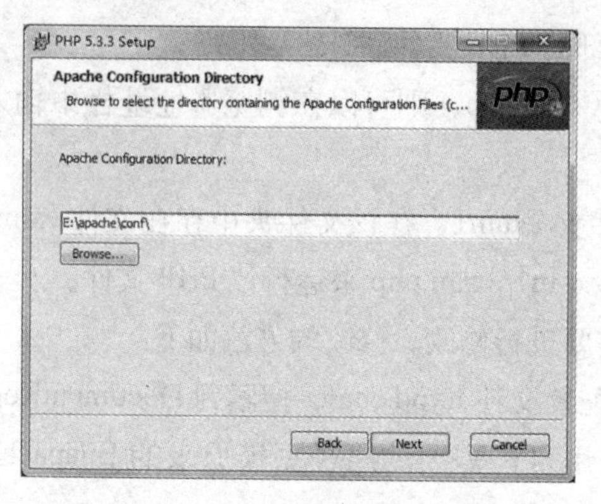

图 2-15 与 Apache 建立关联

选择图中第一个选项，点击 Next 进入图 2-15 所示的与 Apache 建立关联的界面。

要在 Apache 服务器环境下运行 PHP 程序，必须先建立两者之间的关联，建立关联的方式就是在 PHP 安装过程中选择 Apache 配置文件所在的文件夹，由系统完成对 Apache 配置文件的修改过程。选择好文件夹之后，点击 Next 按钮进入图 2-16（左）所示的选择安装项目界面，点击项目中的下拉列表，得到图 2-16（中）所示的界面，选择 "Will be installed on local hard"，各个项目都设置完成后，得到图 2-16（右）所示的界面。

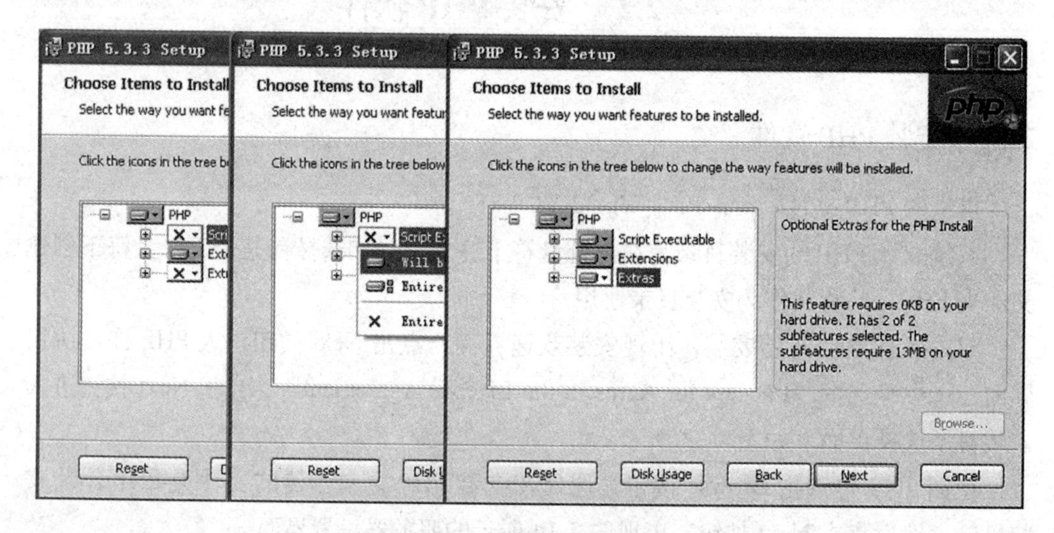

图 2-16 选择安装项目界面

点击图 2-16（右）中的 Next 按钮，进入图 2-17（左）准备安装界面；点击 Install 按钮进入图 2-17（右）安装 PHP 的界面直到安装完成点击 Finish 按钮即可。

PHP 安装完成之后，若直接重新启动 Apache 服务，将会看到图 2-18 所示的失败界面，弹出消息框"The requested operation has failed!"，这是正常现象，必须要重新启动计算机之后才能得到图 2-19 所示的成功界面，这时才能使用 Apache 服务器运行 PHP 文件。

在图 2-19 中，能够说明 Apache 与 PHP 关联成功的地方是在监视器窗口状态栏中显示的是 Apache/2.2.17(win32) PHP/5.3.3，而不是在图 2-12 中显示的只有 Apache/2.2.17(win32)。

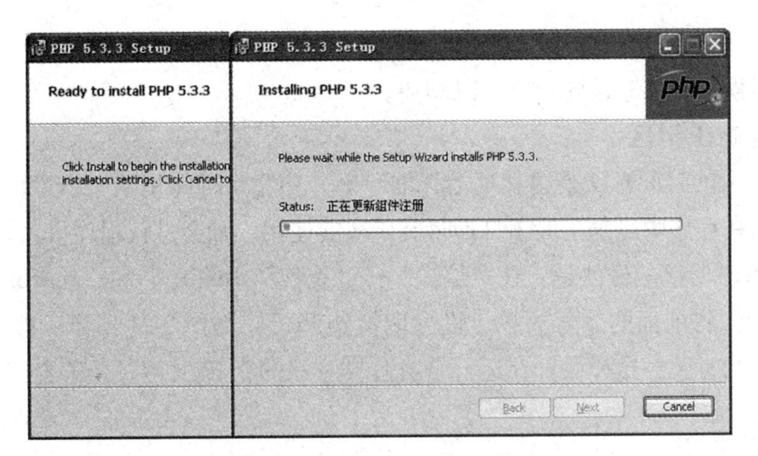

图 2-17　安装 PHP 界面

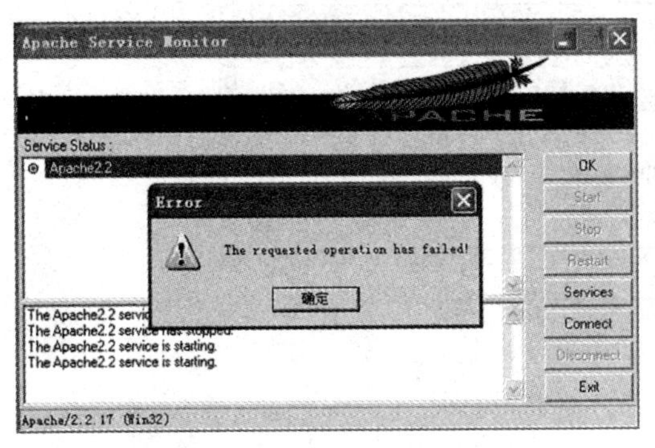

图 2-18　重启 Apache 失败界面

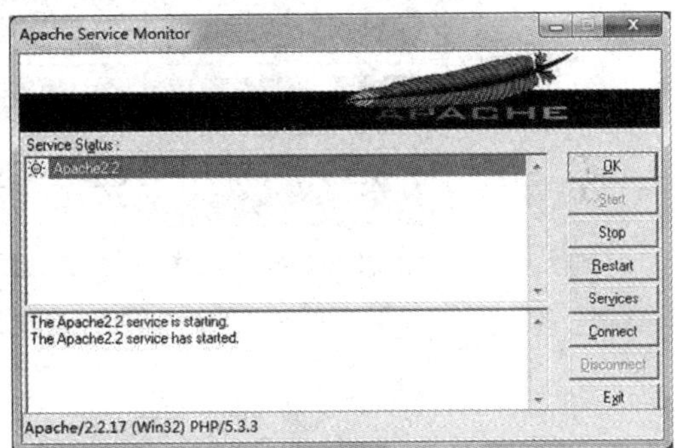

图 2-19　Apache 与 PHP 关联成功界面

2.2.2　修改 PHP 配置文件

说明：PHP 配置文件中语句行前面的分号起到注释的作用，即带有分号的语句行不起任何作用。

1. 设置显示 PHP 报错信息

安装 PHP 成功之后，运行 PHP 文件时，系统默认不显示错误提示信息，这是因为系统默认将 PHP 配置文件中的 display_errors 设置为 Off，对于初学者而言，编写代码时经常会出现错误，因此我们选择将 Off 修改为 On 是有必要的。

设置方法：使用记事本打开 PHP 安装目录下的配置文件 php.ini，打开“编辑”→“查找”，输入并查找 display_errors = Off，找到之后，将 Off 改为 On 即可，如图 2-20 所示。

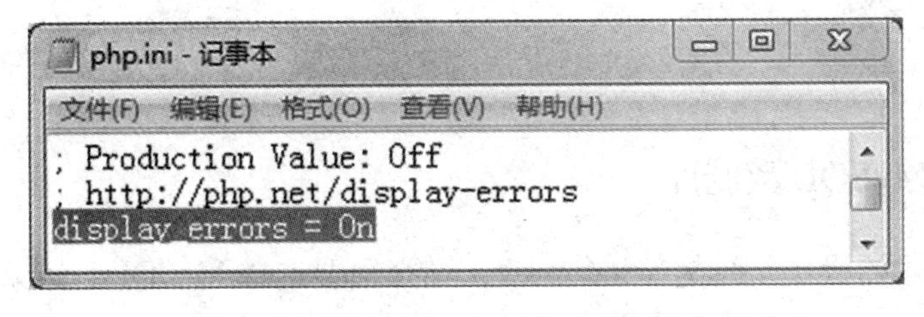

图 2-20　设置显示错误提示信息的代码

在熟悉了 PHP 代码的编写之后，可以再将 On 改回 Off，在程序中增加其他代码用于显示错误提示信息，此处不加以阐述。

2. 设置 PHP 时区

PHP 所取的时间默认是格林尼治标准时间，和北京时间相差 8 小时，采用默认时区时，若是在程序中增加了关于日期时间函数的使用，则会进行程序报错。

修改 PHP 时区的做法是：在“编辑”→“查找”中输入“date.timezone=”进行查找，找到后，将前面的分号去掉，设置取值为 PRC，如图 2-21 所示。PRC 表示中华人民共和国的时区，这样保证在运行带有日期时间的 PHP 文件时，不会因为时区问题导致错误。

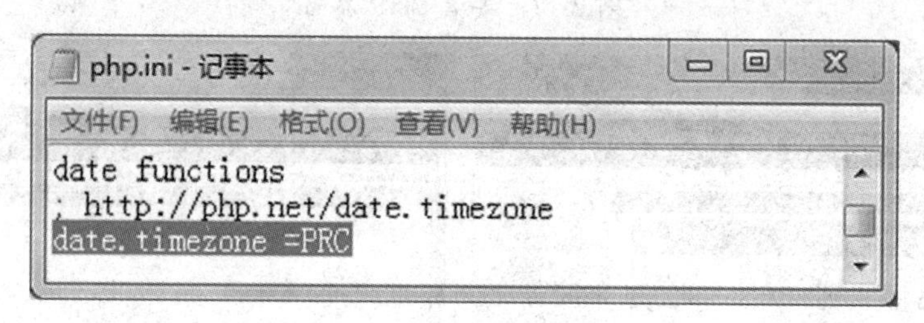

图 2-21　设置系统时区的代码

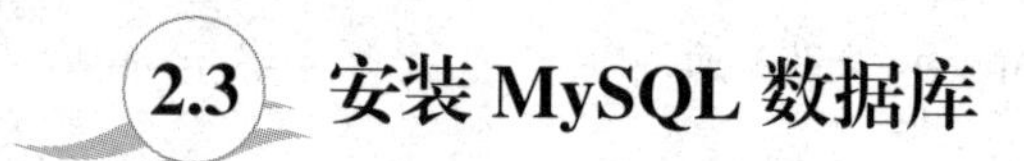

2.3 安装 MySQL 数据库

MySQL 是 MySQL AB 公司开发的一种开放源代码的关系型数据库管理系统，使用结构化查询语言 SQL 进行数据库管理。

MySQL 数据库的特点是轻便快捷，因此我们在使用 PHP 开发设计动态网站时，通常都会选择使用 MySQL 数据库存储相关的数据。PHP 中建立了完美的 MySQL 数据库支持，使用 PHP 提供的、与 MySQL 相关的各种函数可以轻松连接到 MySQL 数据库中进行各种操作。

> 注意：PHP 对于其他各种类型的数据库都有很好的支持，需要使用的是不同的操作函数。

2.3.1　安装 MySQL 数据库

若机器使用的操作系统是 Windows 7，则必须要选择 MySQL 5.5 以上的版本，不可以安装低版本的，否则即便安装成功，在 PHP 程序中连接 MySQL 数据库时也无法成功；若操作系统是 Windows XP，则可以使用 MySQL 5.1 或 MySQL 5.5 版本。

此处提供 mysql-5.1.62-win32.msi 和 mysql-5.5.19-win32.msi 两种版本，下面的安装过程是针对 5.5 版本进行的，5.1 版本的略有差别，大家安装时稍加注意即可。

安装步骤如下：

点击运行 mysql-5.5.19-win32.msi，进入图 2-22（左）所示的欢迎界面，点击 Next 进入图 2-22（右）所示的接受许可协议界面。

在图 2-22（右）中选择“I accept terms in the License Agreement”，之后点击 Next 按钮，进入图 2-23（左）所示的选择安装类型界面，点击 Typical 按钮之后进入图 2-23（中）所示的准备安装界面，点击 Install 按钮后，进入图 2-23（右）所示的安装界面。

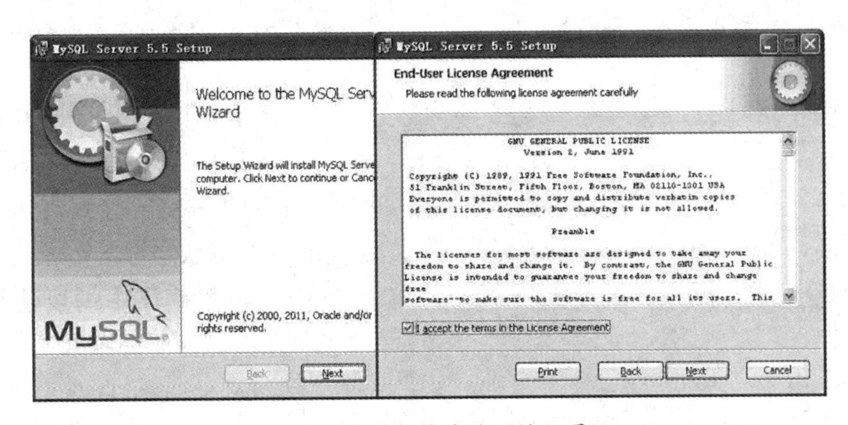

图 2-22　欢迎和接受许可协议界面

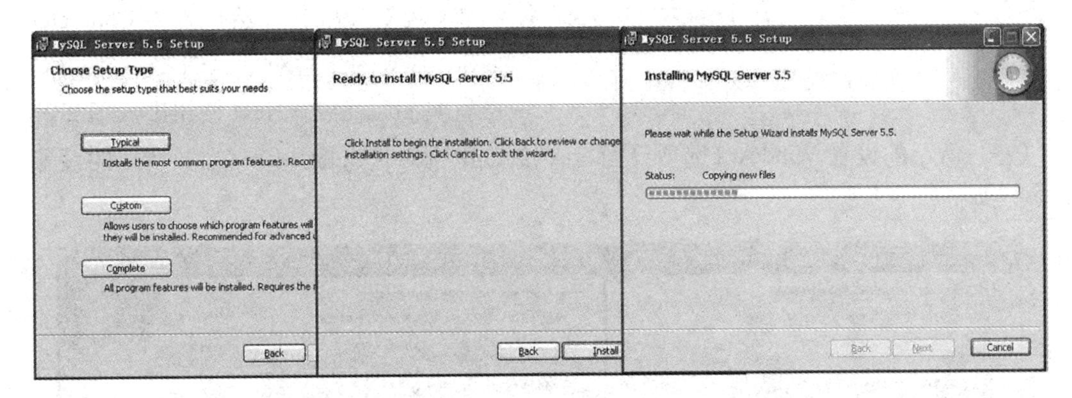

图 2-23　安装类型选择及安装界面

图 2-23（右）安装过程结束之后，在接下来出现的两个窗口中直接点击 Next 进入图 2-24 所示的完成安装界面，选择界面上的“Launch the MySQL Instance Configuration Wizard”（运行 MySQL 实例配置向导）选项，之后点击 Finish 按钮进入图 2-25 所示的 MySQL 配置向导界面。

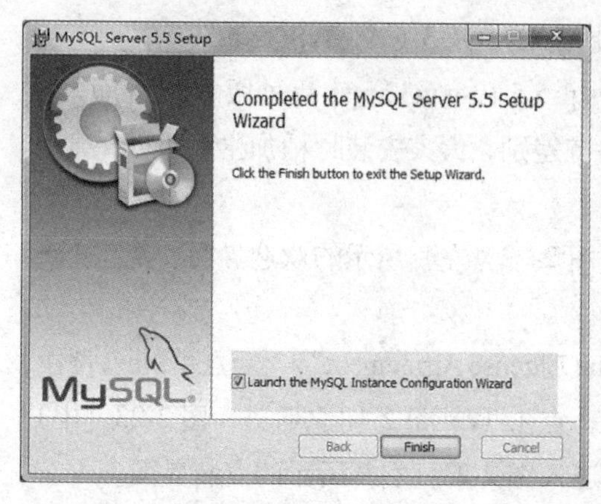

图 2-24　MySQL 安装向导完成界面

MySQL Server Instance Configuration Wizard

Welcome to the MySQL Server Instance Configuration Wizard 1.0.17.0

The Configuration Wizard will allow you to configure the MySQL Server 5.5 server instance. To Continue, click Next.

MySQL

Next >　Cancel

图 2-25　MySQL 实例配置向导

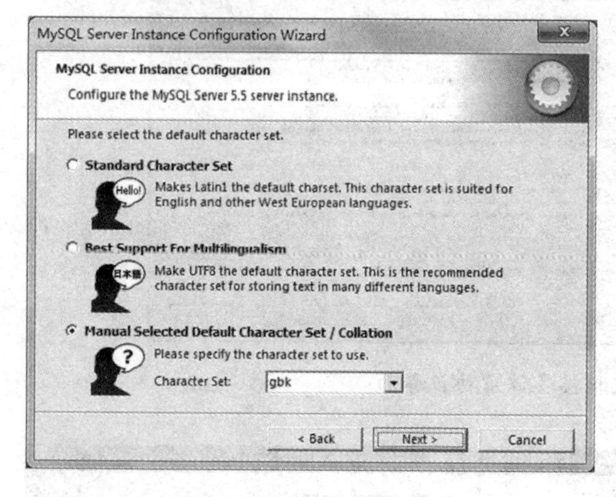

图 2-26　选择字符集界面

点击图 2-25 中中的 Next 按钮之后，在接下来出现的 6 个界面中，一路点击 Next 按钮，直到进入图 2-26 所示的选择默认字符集界面。

因为在数据库中需要使用中文字符，所以此处要选择第三个单选按钮“Manual Selected Default Character Set/Collation”（手工选择的默认字符集 / 校对规则），然后点击 Character Set 右侧的下拉列表，选择其中的字符集 gbk，点击 Next 按钮进入图 2-27（左）所示的设置 Windows 选项界面，直接点击 Next 进入图 2-27（右）所示的设置密码界面。

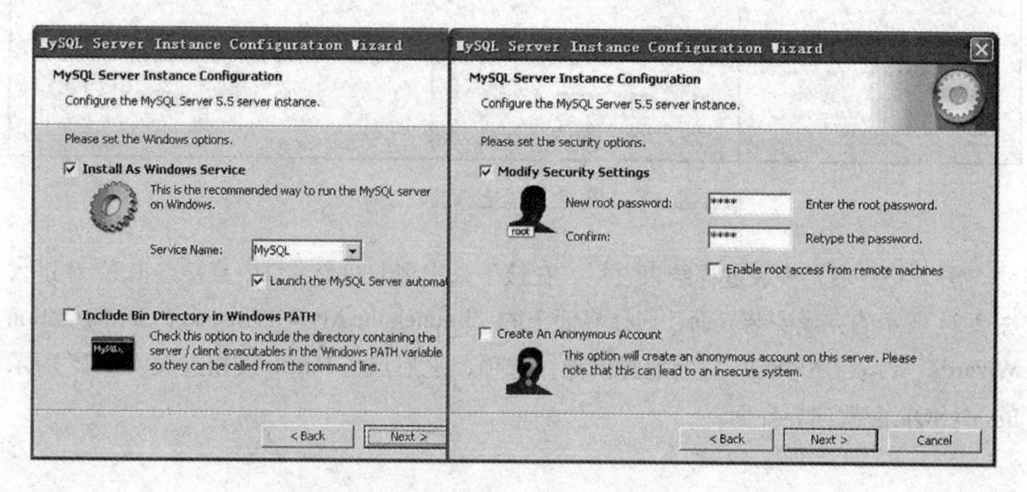

图 2-27　设置 Windows 选项和密码界面

图 2-27（右）界面中要设置的密码是为 MySQL 的根用户 root 设置的，选择一个自己容易记住的密码，此处使用 root 作为密码，在后面所有程序中将一直使用该密码。输入密码之后点击 Next 按钮进入图 2-28（左）所示的准备执行界面，点击 Execute 按钮，系统开始进行配置过程，这个过程中不需要做任何操作，等待即可，直到 4 个选项都配置完成之后出现图 2-28（右）所示界面。

点击 Finish 按钮，完成 MySQL 的安装过程。

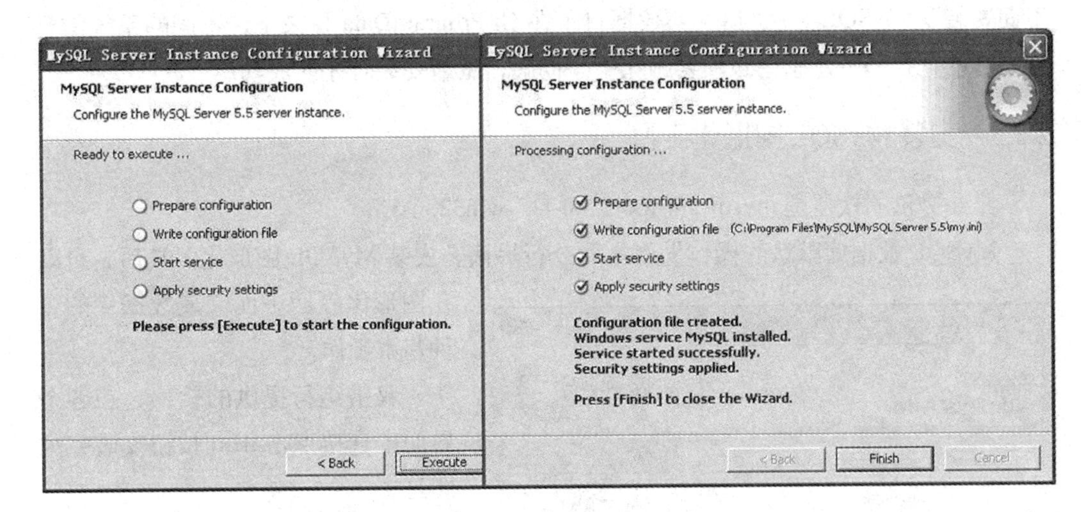

图 2-28 系统配置过程界面

2.3.2 正确卸载 MySQL 数据库

若是 MySQL 数据库安装失败，则图 2-28 右中第三项 Start servive 和第四项 Apply security settings 前面出现的是 × 号，也可能只有最后一项不成功，此时必须要卸载 MySQL 数据库，重新进行安装。卸载 MySQL 数据库之后，必须要完成如下几项工作，MySQL 卸载才算正确完成。

1. 清理注册表

打开“开始”→“运行”命令，输入“regedit”，确定之后进入注册表的编辑界面，完成如下三项操作：

将 HKEY_LOCAL_MACHINE/SYSTEM/ControlSet001/Services/Eventlog/Application/ 下面的 MySQL 目录删除

将 HKEY_LOCAL_MACHINE/SYSTEM/ControlSet002/Services/Eventlog/Application/ 下面的 MySQL 目录删除

将 HKEY_LOCAL_MACHINE/SYSTEM/CurrentControl/SetServices/Eventlog/Application/ 下面的 MySQL 目录删除

一般的系统只有前两个目录，只要删除这两个就可以了。

2. 需要删除的文件夹

删除 MySQL 的安装目录 MYSQL，一般在 C:\Program Files 目录下。

删除 MySQL 的数据存放目录 MYSQL，一般在 C:\Documents and Settings\All Users\Application Data 目录下（需要注意的是 Application Data 这个文件夹默认是隐藏的，要通过“工具”→“文件夹选项”→“查看”→“显示所有文件与文件夹”来设置隐藏文件可见）。MySQL 的数据存放目录也可能在其他文件夹中，例如 Windows 7 下面安装了 MySQL 5.5 之后，其数据目录在 C:\ProgramData 目录下，不同的系统需要大家自己查找一下，总之必须要删除干净彻底，重新安装时才能成功。

2.3.3 安装 MySQL 图形化工具

此处提供的软件是 mysql-gui-tools-5.0-r17-win32.msi。

MySQL 数据库默认的操作界面是命令行界面，安装 MySQL 图形化工具后，可以在图形化界面下面完成数据库的各种基本操作。

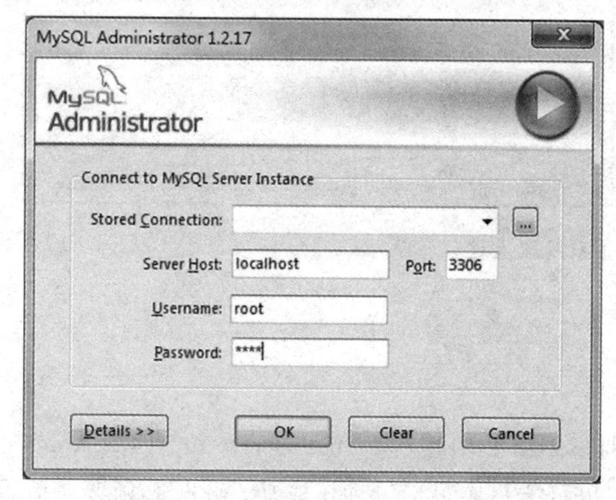

图 2-29 MySQL Administrator 界面

双击运行提供的软件，在各个界面中直接点击 next 按钮安装完成即可。

安装完成后，运行 MySQL Administrator，进入 MySQL Administrator 界面，在 Server Host 右侧文本框中输入“localhost”，表示 MySQL 服务器就在本地主机中；在 Username 右侧文本框中输入根用户名“root”，在 Password 右侧框中输入安装过程中设置的密码，此处为“root”，如图 2-29 所示界面。

然后点击 OK 按钮即可进入数据库操作界面。

关于 MySQL 数据库的创建等相关操作将在后续任务中进行详细介绍。

2.4 PHP 程序的开发工具

编辑 PHP 代码的工具有很多，例如大家熟悉的 FrontPage、Dreamweaver 等，甚至使用记事本也可以，但是最强大的 PHP 程序开发工具是 Zend 公司推出的 Zend Studio，功能强大、界面友好，集成了代码编辑、调试等多项功能。

此处提供的软件是 ZendStudioForEclipse-6_0_0.exe。

2.4.1　安装及配置 Zend Studio for Eclipse

双击运行安装程序，安装时，不需要设置任何参数，接受了许可协议之后一路点击 Next 完成安装过程即可。

安装完成后直接打开操作界面，将最前面窗口左下角的“Show on startup”勾选去掉，并关闭，看到图 2-30 所示的小窗口。勾选图 2-30 左下角的“Don't show this again”，点击 OK，进入图 2-31 所示欢迎界面。

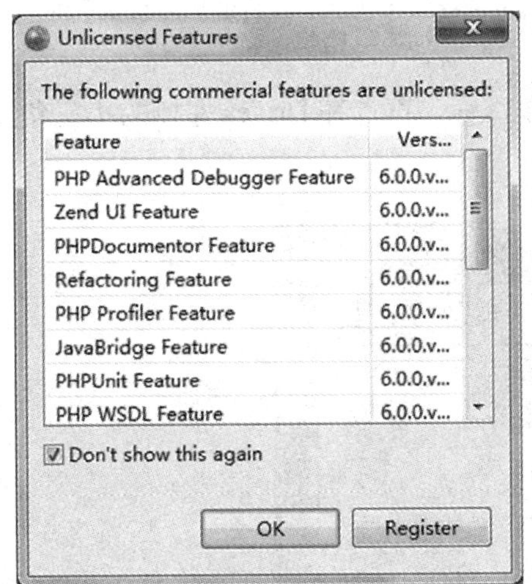

图 2-30　进入界面前的小窗口

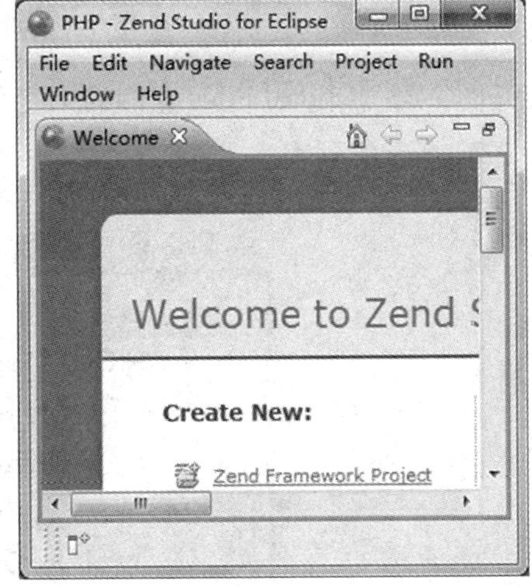

图 2-31　Zend Studio 欢迎界面

直接关闭图 2-31 中的 Welcome 窗口，得到图 2-32 所示的操作界面。

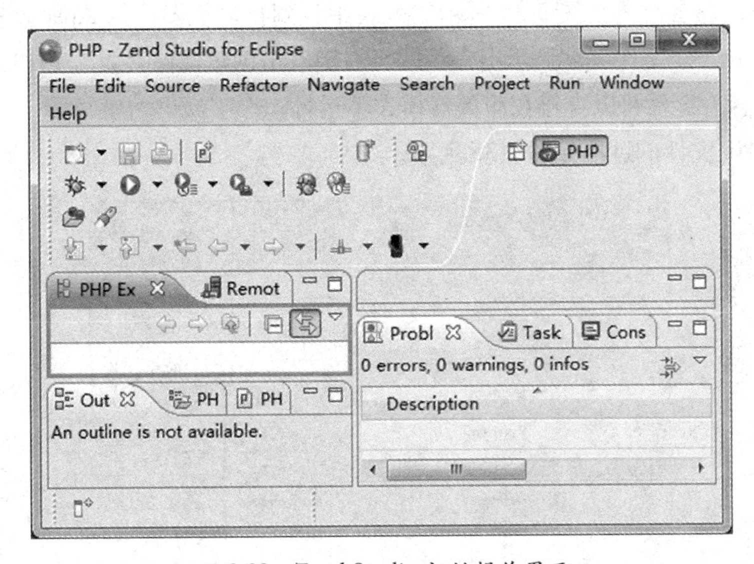

图 2-32　Zend Studio 初始操作界面

点开图 2-32 中位于左侧上方位置的选项卡 Remote，在下面的树形区域中将会显示图 2-33 所示的界面结构。

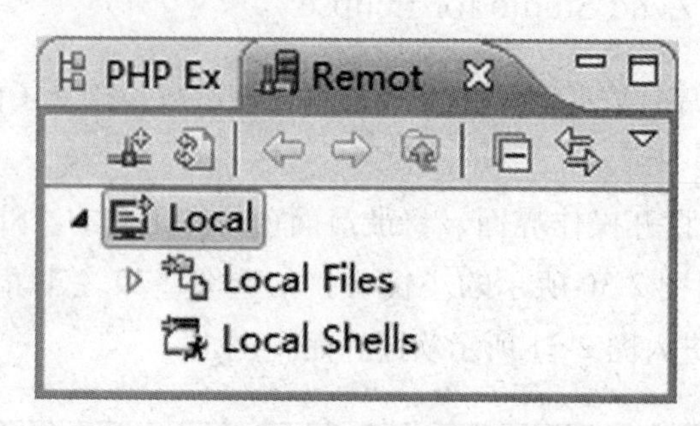

图 2-33 Remote 选项卡下的树形结构

点开图 2-33 中 Local Files 左侧的小三角图标，再点开 Drives 左侧的小三角图标，看到图 2-34 所示的列表。

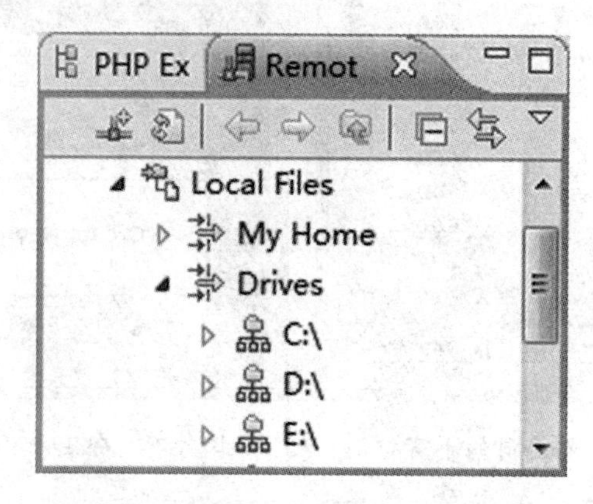

图 2-34 Remote 选项卡下的盘符列表

接下来，读者需要在图 2-34 所示的列表中找到自己机器中的 Apache 安装目录，找到其中的 htdocs 文件夹，显示出来，即可右键点击创建文件夹或者 PHP 文件，这样创建的文件保存之后可以直接在服务器模式下运行。

创建 PHP 文件的过程如图 2-35 所示。

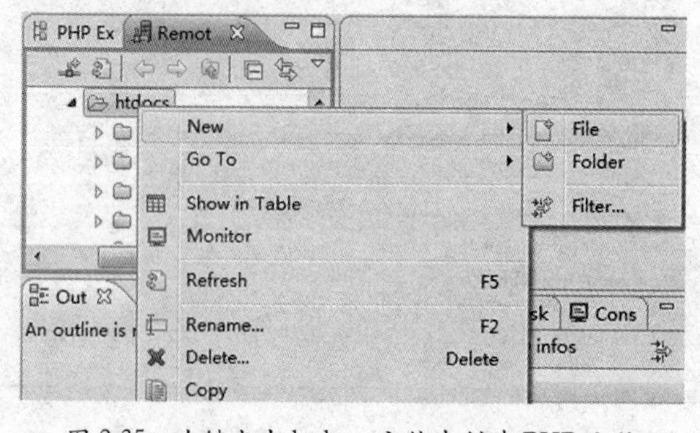

图 2-35 右键点击 htdocs 文件夹创建 PHP 文件

选择图 2-35 子菜单中的 File 命令，弹出图 2-36 所示的新文件窗口。

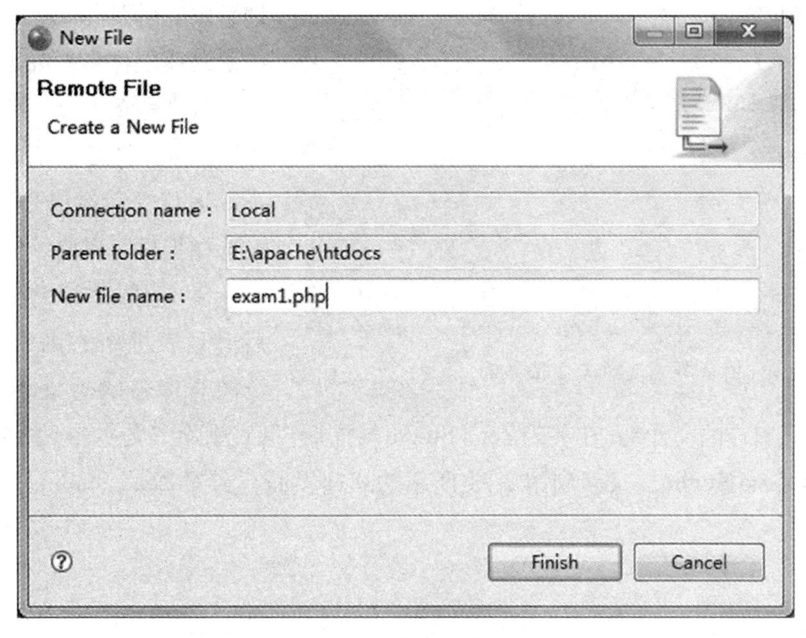

图 2-36 新文件窗口

在图 2-36 New file name 右侧文本框内输入 PHP 文件的名字，注意必须要带有扩展名才可以。

也可以在图 2-34 中右键点击 htdocs 文件夹下的某一个子文件夹，在子文件夹中创建 PHP 文件，过程同上。

创建完成后，要打开刚刚创建的文件，可以采用如下几种做法。

方法一：从左侧列表 htdocs 文件夹下双击打开编辑新文件。

方法二：选中要打开的文件，右键点击弹出菜单，选择其中的“Open With”，在其子菜单中选择“PHP Editor”打开编辑新文件。

> 注意：不可以右键点击后选择“Open”打开，这样打开之后出现的是普通文本的编辑状态，无法使用 PHP 所提供的各种提示工具。

作为初学者，我们只需要掌握 Zend Studio for Eclipse 开发环境的基本用法即可，更多的丰富功能大家可以自己学习使用。

2.4.2 重置 Zend Studio 默认设置

在 Zend Studio 使用过程中，我们可能会遇到一些问题，例如输入代码过程中没有代码提示、停止在启动画面出现假死症状甚至无法显示网站根目录下的各种文件等等，这时候最简单的解决方法就是重置 Zend Studio 的各种默认设置，这样既不会造成任何

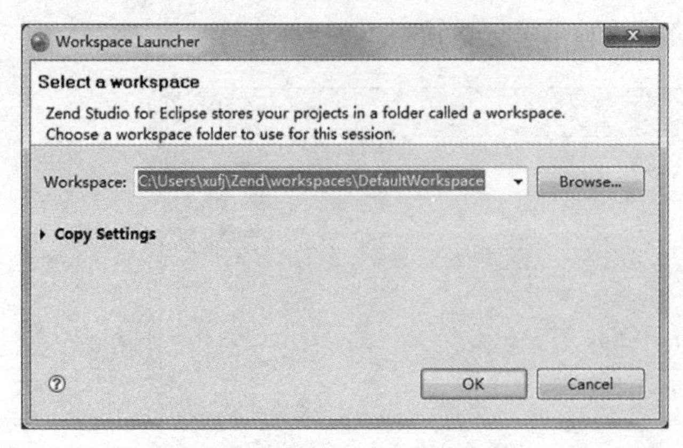

图 2-37 选择工作区界面

数据的丢失，又能有效而快速地解决问题。

具体操作步骤如下：

打开菜单 File，找到 Switch Workspace 子菜单下的 Other 命令，运行之后得到图 2-37 所示的选择工作区界面。

复制图 2-37 中 Workspace 后面列表框中的内容，粘贴到资源管理器的地址栏，回车后打开该路径对应的文件夹，在关闭 Zend Studio 界面后，彻底删除该文件夹下的所有内容。

重启 Zend Studio，又回到图 2-31 所示的欢迎界面，重置 Zend Studio 默认设置过程结束。

2.5 习 题

一、选择题

1. 下面哪组是 PHP 支持的服务器环境______

A. Apache 和 PWS　　B. Apache、IIS 和 PWS

C. Apache 和 IIS　　D. 只有 Apache

2. 若是系统中已经存在了 IIS 服务，且占用了 80 端口号，则下面说法正确的是______

A. Apache 能够成功安装，但是无法启用，只需要修改端口号即可启用

B. Apache 无法完成安装过程

C. Apache 能够成功安装，且能正常启用

D. 以上说法都不正确

3. 下面关于 Apache 主目录说法错误的是______

A. 安装 Apache 之后，必须要将页面文件放在其主目录下才能正常运行

B. 安装 Apache 之后，系统会给其指定默认的主目录

C. Apache 的主目录不能随意修改

D. 用户可以根据需要修改 Apache 主目录

4. 下面各种说法中错误的是______

A. Apache 的配置文件是 httpd.conf，PHP 的配置文件是 php.ini

B. 若是修改了 Apache 配置文件，必须要重新启动 Apache 服务器，修改才能生效

C. 在 Apache 配置文件中，“#”是注释符号，而在 PHP 配置文件中分号“;”是注释符号

D. 修改 PHP 配置文件之后不需要重新启动 Apache 服务器，修改能自动生效

5. 在 PHP 的配置文件中，设置错误提示信息显示与否的参数是______

A. display_errors　　B. display_error

C. display.errors　　D. display.error

6. 在 PHP 的配置文件中，设置时区的参数是______

A. date_timezone　　B. date.timezone

C. date_timezones　　D. date._timezones

7. 安装 MySQL 数据库时，下面说法错误的是______

A. Windows XP 操作系统下可以选用的版本比较灵活

B. Windows 7 操作系统下只能选用 MySQL 5.5 以上的版本

C. Windows 7 操作系统下可以选用的版本比较灵活

D. Windows 7 操作系统下选用低版本 MySQL 时能够安装成功，但是在程序中进行数据库链接时将会失败

8. 卸载 MySQL 时，说法正确的是______

A. 只要在控制面板中卸载软件即可

B. 在控制面板中卸载软件后，清理完注册表信息即可

C. 先删除系统盘符下的文件夹，再清理注册表信息，最后卸载软件

D. 先在控制面板中卸载软件，然后清理注册表信息，最后删除系统盘符下的相关文件夹

二、填空题

1. 安装了 apache 服务器之后，默认的主目录是安装文件夹下的______文件夹。

2. PHP 中默认的格林尼治时间与北京时间的时差是______小时，在时区参数的取值中，表示北京标准时区的取值是______。

3. MySQL 安装成功后，登录时默认使用的用户是根用户______。

4. 在 MySQL Administrator 登录界面中，在 Server Host 栏中输入的内容是______。

任务三 PHP5 的基本语法

主要知识点

- PHP 的程序结构
- PHP 中的变量与运算符
- PHP 的程序流程控制语句
- PHP 中的数组及日期时间函数

难 点

NAN DIAN

- PHP 输出语句的应用
- PHP 的流程控制语句
- 数组的键名下标的应用
- 数组中 each() 函数的应用
- 日期时间函数 date() 的应用

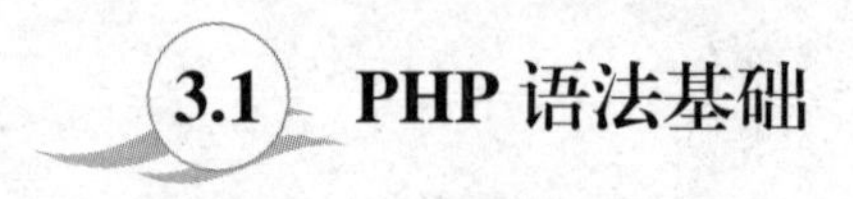

3.1 PHP 语法基础

3.1.1 第一个 PHP 程序

【例 3-1】打开的 Zend Studio，在 Remote 选项卡下找到 Apache 根目录 htdocs，点击右键创建文件夹 exam，在文件夹 exam 下面点击右键创建 3-1.PHP 文件，双击打开并编辑该文件，编写 PHP 代码输出“Hello World”，文件代码如下：

```
1：<!-- 文件 3-1.php：第一个 php 程序 -->
2：<html>
3：<head>
4：  <title>first php program</title>
5：</head>
6：<body>
7：<?php
8：  echo "Hello World";
9：?>
10：</body>
11：</html>
```

打开浏览器，在地址栏中输入 http://localhost/exam/3-1.php 回车后即可看到图 3-1 所示的运行效果。

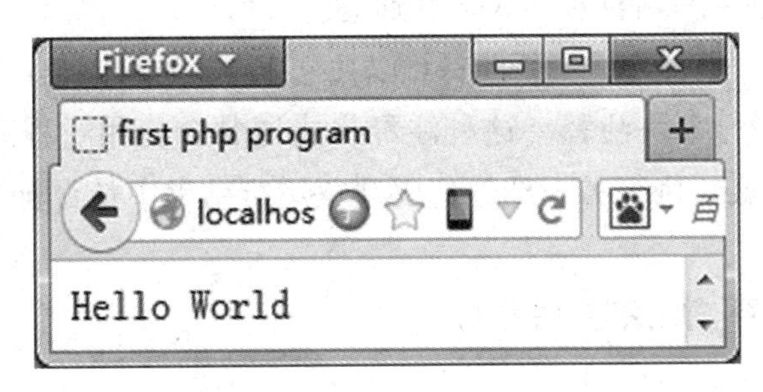

图 3-1　程序 3-1.PHP 的运行结果

例题 3-1.php 中只有第 7~9 行代码是 PHP 代码，在运行界面中使用“查看源代码”命令之后看到的结果如下：

```
<html>
<head>
  <title>first php program</title>
</head>
<body>
Hello World
</body>
</html>
```

可见，PHP 程序源代码不会传送到浏览器，它们在服务器端被执行，只将执行结果传送给浏览器，因此 PHP 程序代码具有一定的保密性。

3.1.2 PHP 代码定界符与注释

1. PHP 代码定界符

PHP 代码的定界符一共有四种可用的形式，其中 <?php……?> 是标准的定界符，应用最多，可以灵活使用，也可以根据需要在一个程序文件中多次出现，把 PHP 的代码块放置在页面文档的任何位置。

> 注意：PHP 代码定界符不可以嵌套使用。
>
> 起始定界符的尖括号“<”、问号“？”和 php 三部分内容之间以及结束定界符的问号“？”和尖括号“>”两部分内容之间不允许出现空格。

其他三种定界符分别是 <script language= “php” >…</script>、<?...?> 和 <%...%>，此处不做介绍。

2. PHP 代码注释格式

PHP 代码可以使用三种注释格式，分别是：

（1）//：用于写一行注释，一行注释可以独立成行，也可以放在语句后面出现；

（2）/*…*/：多行大块注释，这种注释格式通常会应用于程序排错过程中，作用是将部分代码屏蔽，执行另一部分代码观察运行结果中是否有错，以确定错误的范围；

（3）#：一行注释，用法与 // 相同。

3.1.3 PHP 中的变量

1. 变量的定义

PHP 中预先定义了很多系统变量，用户可以在程序中直接引用。本教材中我们只说明自定义变量的用法。

PHP 中有效的变量名由字母或者下划线开头，后面跟上任意数量的字母、数字或下划线，PHP 变量属于松散的数据类型，使用时需要注意如下几点：

（1）变量名必须以 $ 符号开始，区分大小写；

（2）不必事先定义或声明，可直接使用；

（3）使用时根据变量所存放常量的值确定类型，并可随意更换值的类型；

（4）如果未赋值而直接使用，变量值为空。

2. 变量的使用举例

【例 3-2】修改 3-1.php 文件，定义变量 $string，用于存放 Hello World，最后输出

变量的值，修改后的文件命名为 3-2.php，程序中的 PHP 代码如下：

```
<?php
 $string="Hello World";
 echo $string;
?>
```

程序的运行结果与 3-1.php 文件的运行结果完全相同。

3.1.4 PHP 中的运算符

此处我们只对 PHP 中常用的算术运算符、关系运算符、逻辑运算符和字符串连接运算符进行说明。

1. 算术运算符

算术运算符包括：+、–、*、/、%（求余数）、++（自增）、--（自减）。

算术运算符的运算结果是数字值。

2. 关系运算符

关系运算符包括：>、<、>=、<=、==、!=

关系运算符的运算结果是逻辑值 true 和 false。

3. 逻辑运算符

逻辑运算符包括：逻辑与运算 &&、逻辑或运算 ||、逻辑非运算！

逻辑运算符的运算结果是逻辑值 true 和 false。

4. 字符串连接运算符

PHP 程序中的字符串连接运算符是圆点 .，用于将两个或两个以上的字符串连接在一起，也可以将字符串与其他类型的数据连接在一起。

3.1.5 PHP 程序的输出语句

PHP 程序的输出语句是 echo，使用该语句可以输出 PHP 中的常量、变量、表达式运算结果、HTML 标记、CSS 样式代码以及 JavaScript 脚本等任意内容。

【例 3-3】创建 3-3.php 文件，使用 echo 语句输出上述类型内容，代码如下：

```
1：<!-- 3-3.php 文件：使用 echo 输出各种数据 -->
2：<?php
3： $name="lihong";
4： echo $name;
```

```
5： echo "<p>my name is $name";
6： echo "<p style='color:#f00;font-size:20pt;'>my name is $name";
7： echo "<p>23+45=".(23+45);
8：?>
```

代码解释：

第 1 行，使用单行注释语句说明本例题的作用；

第 2 行和第 8 行，PHP 代码定界符；

第 3 行，定义变量 $name，设置取值为 lihong；

第 4 行，使用 echo 语句输出变量 $name 的值；

第 5 行，使用 echo 语句输出 HTML 标记 <p>、字符串及变量的值，其中 <p> 起到分段的作用。

第 6 行，使用 echo 语句输出增加了样式定义的 <p> 标记及相关内容，该行内容输出时颜色为红色、字号是 20pt；

第 7 行，使用 echo 语句输出表达式的运算结果，其中引号中的 23+45= 代码的作用是在浏览器中输出该内容，然后在等号之后再输出 23+45 的结果。

问题分析：第 5 行和第 6 行代码中，把要输出值的变量 $name 也放在整个字符串双引号中，此处是否可以换成单引号？

问题解答：虽然单引号与双引号都具备对字符串进行定界的功能，但是，若是要将需要转换值的变量或其他元素与其他文本内容一起放在引号中，不可以使用单引号定界。

原因如下：运行程序时，PHP 不会对单引号里面的内容进行检查替换，即无论单引号中放了什么信息，都一定会原样输出，而 PHP 对双引号中的内容则会进行检查，发现需要替换的内容就直接替换掉，例如放在单引号中的 $name 被当成字符串处理，而放在双引号中的 $name 则被解析为变量名。

注意：放在双引号中的变量，后面不能紧跟着出现数字、下划线、汉字等字符，否则系统会将这些字符与原变量名一起解析为变量名，从而出现未定义的变量名错误。

程序运行结果如图 3-2 所示。

图 3-2　3-3.php 文件运行结果

3.2 流程控制语句

几乎在所有的编程语言中，程序都包括顺序结构、分支结构和循环结构，需要的流程控制语句也都大同小异。本书中我们对这些常用的流程控制语句只做简单介绍。

3.2.1　常用的分支语句

PHP 中提供了两种流程控制语句来实现分支结构。

1. if ... 语句

包括三种基本结构，分别是单分支结构、双分支结构和多路分支结构。

(1) 单分支结构

格式：if(条件){ 语句序列 }

解释：当条件成立时，执行花括号中的语句，否则什么也不做。

(2) 双分支结构

格式：if(条件){ 语句序列 1}
　　　else{ 语句序列 2}

解释：当条件成立时，执行语句序列 1，否则执行语句序列 2.

(3) 多分支结构

格式：if(条件 1){ 语句序列 1}
　　　else if(条件 2){ 语句序列 2}
　　　else if ...
　　　else{ 语句序列 n}

解释：若是条件 1 成立，则执行语句序列 1，结束；否则，若是条件 2 成立，则执行语句序列 2，结束；否则……若是上面所有条件都不成立，则执行语句序列 n。

【例 3-4】创建文件 3-4.php，根据某个学生的考试成绩确定等级，若是成绩在 [90,100] 之间，则等级为优秀，若成绩在 [80,90)，则等级为良好，若成绩在 [70,80)，则等级为一般，若成绩在 [60,70)，则等级为及格，若成绩在 [0,60)，则等级为不及格。

为了降低代码的复杂性，此处直接在程序中给定学生的成绩。

程序代码如下：

```
1：<!-- 3-4.php 文件：多分支结构 if 的应用 -->
2：<?php
3：  $score=89;
4：  if($score>=90){$grade=" 优秀 ";}
5：  else if($score>=80){$grade=" 良好 ";}
6：  else if($score>=70){$grade=" 一般 ";}
7：  else if($score>=60){$grade=" 及格 ";}
8：  else {$grade=" 不及格 ";}
9：  echo " 你的成绩等级是：$grade";
10：?>
```

程序执行结果如图 3-3 所示。

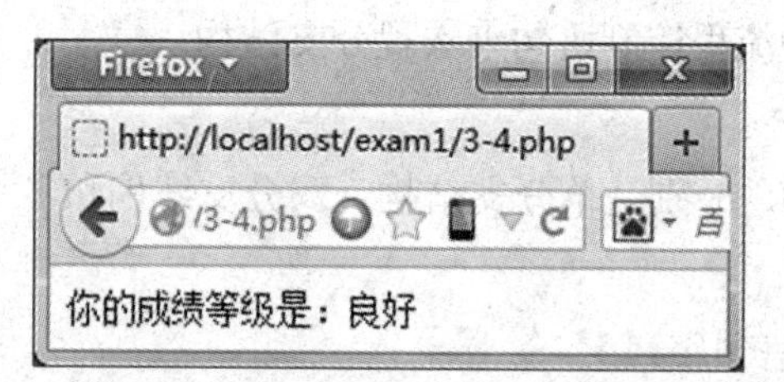

图 3-3　3-4.php 文件执行结果

> 问题分析：文件 3-4.php 中各个条件的顺序能否随意颠倒，为什么？
> 请大家自己思考，此处不做解答。

2. switch 语句

使用 switch 语句也可以实现多分支结构的程序，语法格式如下：

```
switch( 表达式 ){
   case 值 1:{ 语句序列 1; break;}
   case 值 2:{ 语句序列 2; break;}
   case 值 3:{ 语句序列 3; break;}
   ……
```

default:{ 语句序列 n; }

}

解释：程序执行过程中，先确定表达式的值，根据该值找到相应的 case 入口，若表达式的取值是值 1，则执行语句序列 1，之后必须要使用 break 语句结束 switch 结构；若表达式的取值是值 2，则执行语句序列 2，之后必须要使用 break 语句结束 switch 结构；……若所有取值都不符合，则直接执行 default 后面的语句序列 n，执行后直接到达 switch 语句结束处，因此，可以不使用 break。

使用 if 语句的多分支结构适用的情况是：每个条件的取值都在一个小区间内，所有条件取值范围构成一个连续的区间；而 switch 结构适用的情况是：用来做条件判断的表达式有若干个离散的独立取值。大家可根据它们各自的特点决定取用哪种形式。

【例 3-5】创建文件 3-5.php，获取当前系统日期中星期几的取值，判断若是周一到周五，则输出“星期一到星期五，我们需要努力学习，认真工作，但是要注意劳逸结合哦！”，若是周六和周日，则输出“耶，又到周末了，终于可以好好放松一下啦！”。程序代码如下：

```
1：<!-- 3-5.php 文件：判断星期几并输出相应的结果 -->
2：<?php
3：  $week=date('w');
4：  switch ($week){
5：       case 1:
6：       case 2:
7：       case 3:
8：       case 4:
9：       case 5:{echo " 星期一到星期五，我们需要努力学习，认真工作，但
是要注意劳逸结合哦！ ";break;}
10：      case 6:
11：      case 0:{echo " 耶，又到周末了，终于可以好好放松一下啦！ ";}
12：  }
13：?>
```

程序运行结果分别如图 3-4 和图 3-5 所示。

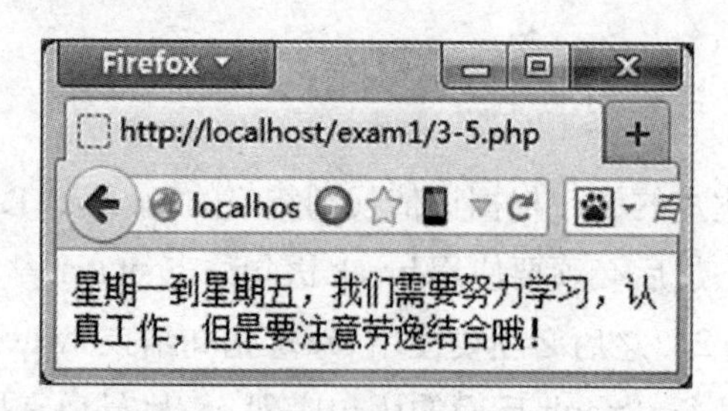

图 3-4　周一到周五的运行结果

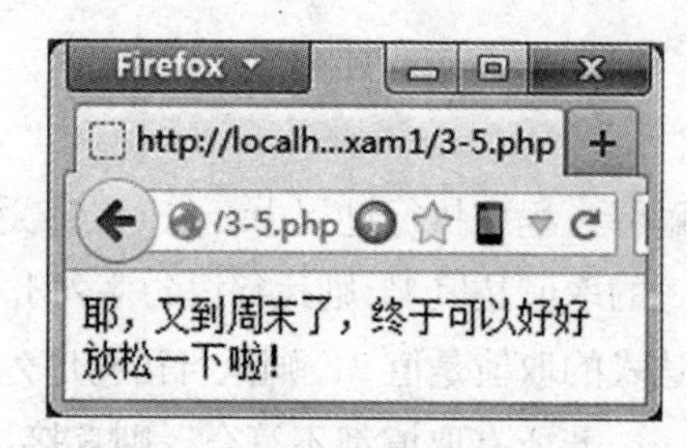

图 3-5　周末的运行结果

代码解释：

第 3 行，date() 是 PHP 中的日期时间函数，使用该函数时可以通过设置不同的参数值获取当前日期时间中的各部分信息，例如其中的年、月、日、时、分、秒、周次、周几等信息。此处使用参数 w，函数返回的结果是表示星期几的数字值，取值范围是 0~6，其中 0 表示星期日，1 表示星期一……

> 问题分析：
>
> 第 5 行到第 8 行，满足 case 后面取值时，将执行哪一部分代码？
>
> 第 9 行，花括号中为什么要使用 break？若是去掉，结果将会出现什么问题？
>
> 第 11 行，花括号中为什么可以不使用 break？若是增加，是否会有影响？
>
> 上面问题请大家自己来思考。

3.2.2　常用的循环语句

1. for 语句

格式：for(表达式 1; 表达式 2; 表达式 3)

```
{          循环体 }
```

解释：表达式 1 用于设置循环变量的初值；表达式 2 用于设置循环条件；表达式 3 用于完成循环变量的增值或减值。

2. while 语句

格式：while(条件)

```
{
          循环体
}
```

解释：只要循环条件成立，就执行循环体；若是刚开始运行时循环条件就不成立，则循环体一次也不执行。

3. do…while 语句

格式：do{

循环体

}

while(条件)

解释：do...while 语句至少执行一次循环体，之后，只要条件成立，就会重复执行。

3.2.3　日期时间函数 date()

PHP 的 date() 函数用于格式化时间或日期。

使用格式：date(格式 [, 时间戳])

说明：第一个参数是必需的，规定时间戳的格式；第二个参数可选，规定时间戳，默认是当前的日期时间。

关于时间戳：时间戳是自 1970 年 1 月 1 日（00:00:00 GMT）以来的秒数。它也被称为 Unix 时间戳（Unix Timestamp）。

date() 函数的第一个参数规定了如何格式化日期 / 时间。它使用字母来表示日期和时间的格式。常用的字母有：

Y：返回 4 位数字的年份；

y：返回 2 位数字的年份；

m：返回带前导 0 的月份值（01~12）；

n：返回没有前导 0 的月份值（1~12）；

d：返回带有前导 0 的日期值（01~31）；

j：返回没有前导 0 的日期值（1~31）；

D：返回星期中的第几天，英文单词前三个字符 Sun~Sat；

w：返回星期中的第几天，0~6，其中 0 表示星期天；

M：返回月份值英文单词前三个字符；

H：返回 24 小时制的时值（00~23）；

h：返回 12 小时制的时值（01~12）；

i：返回分钟 00~59；

s：返回秒值 00~59。

可以在字母之间插入其他字符，比如“/”、“.”或者“-”等，这样就可以增加附加格式了。

例如 date(“Y 年 m 月 d 日”) 或者 date(“Y-m-d”) 或者 date(“H:i:s”)。

假设现在的系统日期是 2013 年 12 月 8 日，我们期望得到“2013-12-08”的日期格式，则需要使用 date("Y-m-d") 来获取。

3.3 数 组

3.3.1 PHP 数组的基本概念

1. 数组的定义

PHP 中定义数组时常用的函数是 array()。

函数 array() 的使用方法为：数组名 =array(…)，括号中可以按照用户的需要给定任意个数、任意类型的数组元素取值。

例如：代码 $arr1=array('a','b','c','d') 定义了一个名为 $arr1 的数组，其中括号中数组元素的个数可以随意增加或减少。

2. 数组长度的获取

对于已经定义好的数组，可以使用 count() 函数获取数组元素的个数。

函数的格式为：count(数组名称)。

例如：代码 count($arr1) 的结果是 4。

3.3.2 数组元素下标的用法

PHP 中数组元素可以使用自然数列下标和键名下标两种形式，其实也可以将数字下标看成是以数字作为键名的下标形式。本书中我们只介绍网站中常用的下标方式，对于数字和其他键名下标混合在一起的复杂用法，我们不做讲解。

1. 使用递增的自然数列作为下标

与 c 语言中数组下标一样，使用递增的自然数列 0、1、2……作为下标定义数组时，直接在 array() 函数中设置元素值即可，例如 $arr1=array('a','b','c','d','efg',23,48)，则数组 $arr1 中共有 7 个元素，可以分别通过 $arr1[0]、$arr1[1]、$arr1[2]、$arr1[3]、$arr1[4]、$arr1[5]、$arr1[6] 的方式访问相应的数组元素。

上述定义方式中，array() 函数括号中元素的个数可以灵活变化，数组的长度则随着数组元素个数的变化而变化。

【例 3-6】创建文件 3-6.php，定义上面数组并使用循环格式完成数组元素值的输出。程序代码如下：

```
1：<!-- 3-6.php 文件：递增的自然数列作为下标的数组应用 -->
2：<?php
3：  $arr1=array('a','b','c','d','efg',23,48);
4：  for($i=0;$i<count($arr1);$i++){
```

```
5：        echo $arr1[$i];
6：  }
7：?>
```

程序运行结果如图 3-6 所示

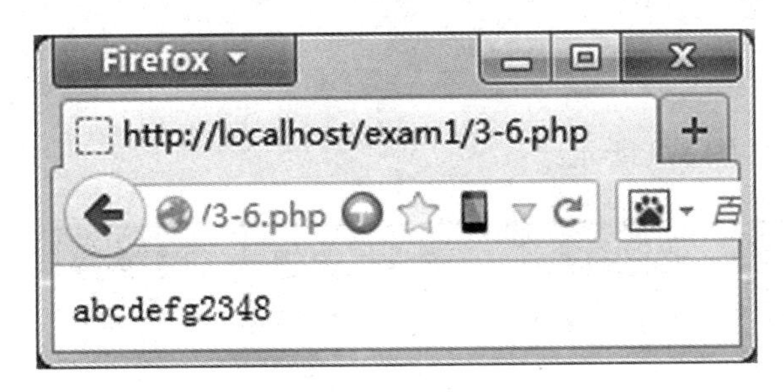

图 3-6　3-6.php 文件运行结果

问题分析：

（1）第 4 行代码 count($arr1) 的结果是多少？

（2）第 4 行代码中循环条件为什么使用小于号 < 而不是小于等于号 <=，若要换为 <= 号，还需要做什么调整？

（3）若要在输出每个元素值之后换行输出下一个元素值，如何修改代码？

（4）若要在第 3 行代码中增加数组元素“China 中国”，是否需要修改其他内容完成所有元素值的输出？

2. 使用自定义的键名作为下标

使用自定义的键名作为下标时，需要使用“key=>value”（即“键名 => 值”）的方式设置各个数组元素。

例如 $arr2=array("animal"=>"pig","name"=>"Betty", "appearance"=> "pretty")，则数组 $arr2 中有三个元素，键名分别是 animal、name 和 appearance，可以分别通过 $arr2['animal']、$arr2['name'] 和 $arr2['appearance'] 访问相应的数组元素。

实际上，递增的自然数列下标形式可以看做是键名取用自然数的形式。

【例 3-7】创建文件 3-7.php，定义上面数组，处理之后输出内容“pig, name is Betty, is very pretty”，程序代码如下：

```
1：<!-- 3-7.php 文件：键名下标数组的应用 -->
2：<?php
```

```
3:  $arr2=array("animal"=>"pig", "name"=>"Betty", "appearance"=>"pretty");
4:  $show=$arr2['animal'];
5:  $show=$show.", name is ".$arr2['name'];
6:  $show=$show.", is very ".$arr2['appearance'];
7:  echo $show;
8: ?>
```

程序运行结果如图 3-7 所示

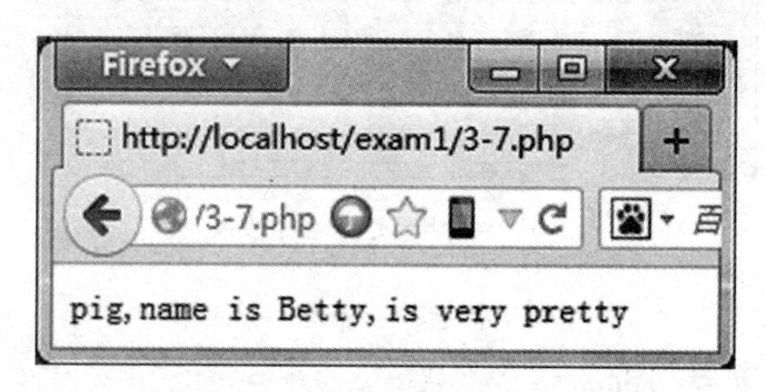

图 3-7 3-7.php 文件运行结果

问题分析：

（1）若要在数组中增加元素 "age"=>"1.5"，如何完成？

（2）能否使用下面循环结构代码逐个输出数组元素的内容？为什么？

```
for($i=0;$i<count($arr2);$i++){ echo $arr2[$i]; }
```

3.3.3 使用 each() 函数遍历数组

each() 函数可以返回一个数组中当前元素的键和值，并将数组指针向前移动一步，常在循环中用来遍历一个数组。

使用格式：each(数组名)。

只要遍历过程还没有到达数组末尾，使用 each() 函数就可以获得数组的当前元素的键名以及取值，即该函数返回的是一个具有两个元素的数组，数组元素的下标分别是 key 和 value；若是遍历过程已经到达数组末尾，则 each() 函数返回 false。

【例 3-8】修改文件 3-7.php，保存为 3-8.php，使用循环遍历数组的方式逐个输出元素键名和值，输出格式如下：

animal=>pig

name=>Betty

appearance=>pretty

程序代码如下：

```
1：<!-- 3-8.php 文件：键名下标数组的应用 -->
2：<?php
3：  $arr2=array("animal"=>"pig", "name"=>"Betty", "appearance"=>"pretty");
4：  for($i=0;$i<count($arr2);$i++){
5：       $print=each($arr2);
6：       echo "$print[key]=>$print[value]<br />";
7：  }
8：?>
```

运行结果如图 3-8 所示。

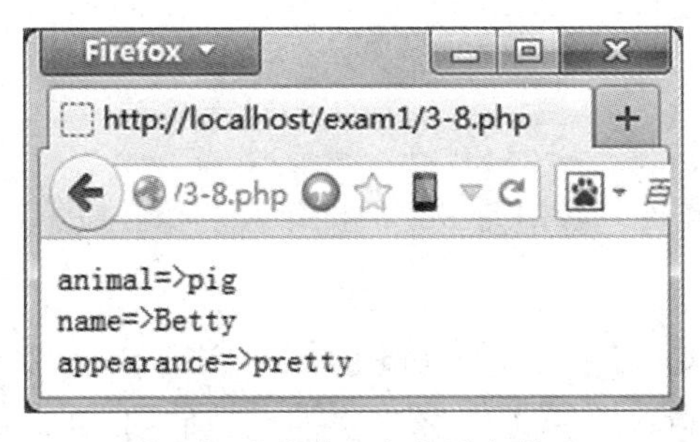

图 3-8　3-8.php 文件运行结果

循环部分代码解释：

当 $i=0 时，循环进行第一次，获取数组 $arr2 中第一个元素的键名和键值信息，放在数组 $print 中，存放形式是 $print[key]= "animal"，$print[value]= "pig"，在第 6 行中使用 echo "$print[key]=>$print[value]
"; 输出内容是 animal=>pig，输出之后换行，其中的 => 只作为一般的字符输出。

当 $i=1 和 $i=2 时，循环进行第二次和第三次，整个执行过程同上。

问题分析：

前面提到，若是遍历过程已经到达数组末尾，则 each() 函数返回 false，根据 each() 函数的这一特性，如何使用 while 循环来修改 3-8.php 文件？

问题解答：

```
while ($print=each($arr2)){
```

```
        echo "$print[key]=>$print[value]<br />";
    }
```

上面代码 while ($print=each($arr2)) 的执行过程分为两步：第一步是从数组 $arr2 中获取元素的信息，返回结果是 false 或者元素的键名和键值信息；第二步，将返回结果作为循环条件，若返回值是 false，则循环条件不成立，直接退出循环，否则执行循环体，输出返回的键名和键值信息。

3.4 数组及日期时间函数综合应用小示例

【例 3-9】创建文件 3-9.php，获取服务器当前日期，并按指定格式输出。例如，若获取的日期是 2013 年 7 月 1 日，则输出“今天是 2013 年 7 月 1 日 星期一”。

注意：输出的是星期一，采用的是大写数字，不是阿拉伯数字 1，也不是英文缩写 Mon。程序代码如下：

```
1：<!-- 3-9.php 文件：数组及日期时间函数的综合应用 -->
2：<?php
3：  echo " 今天是 ".date("Y 年 n 月 j 日 ")." ";
4：  $weekArr=array(" 星期日 "," 星期一 "," 星期二 "," 星期三 "," 星期四 ","
星期五 "," 星期六 ");
5：  $week=date("w");
6：  echo $weekArr[$week];
7：?>
```

程序运行效果如图 3-9 所示。

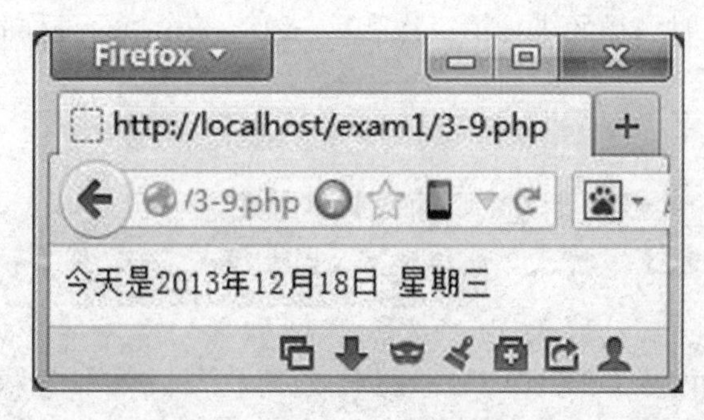

图 3-9 3-9.php 运行效果界面

代码解释：

第 3 行，在 date() 函数中使用字母 n 和 j 是为了在结果中不会出现前导数字 0，最后的空格字符是为了在日期和星期几之间起间隔作用。

第 4 行，定义了数组 $weekArr，有 7 个数组元素，从星期日到星期六，对应的下标是数字 0~6。这种定义方式源自 date("w") 的返回值为 0~6，且 0 对应的是星期日，1 对应的是星期一，因此可在第 6 行中直接使用函数 date("w") 的返回结果作为数组 $weekArr 的下标来输出相应的元素值。

> 问题分析：
> 上例若是使用 switch 结构来实现，如何完成？

3.5 习　题

一、单项选择题

1. PHP5 中最常使用的定界符是______

   A. <? php...?>　　B. <%...%>

   C. <?...?>　　D. <?php...?>

2. 下面哪一组是 PHP5 中的注释符号______

   A. //、'、/*...*/　　B. //、#、/*...*/

   C. \\、#、/*...*/　　D. //、#、/*

3. 下面哪一组是合法的 PHP 变量______

   A. str1、_num1　　B. $5_str、$num1

   C. $str1、$_num1　　D. $str1、$_num1%

4. 假设存在变量 $str1="abc",$str2="ABC",$num1=23,$num2=45，下面哪一组表达式的运算结果是假值______

   A. $str1<$str2 && $num1<$num2

   B. $str1>$str2 && $num1<$num2

   C. $str1<$str2 || $num1<$num2

   D. $str1>$str2 || $num1>$num2

5. 若是存在变量 $age=25，下面哪项中的代码不能输出“My age is 25”______

   A. echo "My age is ".$age;　　B. echo "My age is $age";

   C. echo 'My age is $age';　　D. echo "My age is "."$age";

6. 代码块 $i=1;$sum=0;while($i<=10){$i++;$sum+=$i;} 的执行结果是______

A. 65　　B. 55　　C. 54　　D. 66

7. 在 date() 函数中，能够得到星期几的数字值的参数是______

A. W　　B. w　　C. D　　D. 以上都不是

8. 若系统日期时间是 2013 年 12 月 6 日 9 时 12 分，函数 date("Y-m-d H:i") 的返回值是______

A. 13-12-6 9:12　　B. 2013-12-6 09:12

C. 2013-12-06 9:12　　D. 2013-12-06 09:12

9. 关于循环结构，下列说法中错误的是______

A. for 循环通常是在循环次数确定且循环变量值的变化有规律的情况下选用

B. while 循环至少需要执行一次

C. do while 循环至少需要执行一次

D. for 循环的循环变量有可能只是用于控制循环次数，并不参与循环体的执行过程

10. 关于数组元素的下标，下面说法中错误的是______

A. 元素下标可以采用从 0 开始的递增的自然数列的方式

B. 元素的下标可以采用用户自定义的键名下标方式

C. 使用自定义键名下标的数组元素不能使用自然数作为下标进行访问

D. 任何情况下，都要将键名下标放在引号定界符中才能正确访问数组元素

11. 关于函数 each() 的说法错误的是______

A. 可以用于遍历下标是自然数列的数组

B. 可以用于遍历下标是自定义键名的数组

C. 其参数是数组元素

D. 只要遍历的数组还没有到达末尾，就能返回一个包含了两个元素的数组

二、填空题

1. 在 switch 结构中，每个 case 后面的处理代码需要使用______语句结束。

2.PHP 中常用的定义数组的函数是______，求数组长度的函数是______。

3. 遍历数组的函数是 ______，遍历数组到最后一个元素之后时，函数的返回值是______。

4. 遍历数组没有达到数组末尾时，返回的新数组中两个元素的下标分别是______和______。

三、编程题

1. 使用 switch 结构更改例题 3-4.php。

2. 使用 for 循环完成 1+2+3+……+100 的求和过程，使用变量 $sum 表示结果并输出。

3. 使用 while 循环完成上面求和过程，并输出结果。

表单数据提交

主要知识点

- 表单数据的验证
- 系统数组 $_POST 和 $_GET 在接收表单数据中的应用
- 系统数组 $_FILES 在上传文件中的应用

难　点

NAN DIAN

- 表单数据验证函数的定义与调用
- 系统数组 $_POST 和 $_GET 的应用
- 文件上传功能的实现

动态网站中很重要的一个功能是完成用户信息的提交与处理，收集并提交用户信息则主要是通过表单界面实现（注意，用表单界面提交数据并不是唯一的方法）。该功能的实现包括两个部分的代码设计：静态的表单页面文件设计和动态的服务器端获取表单数据的文件设计。

上面两部分代码完成之后，需要将两者联合执行才能达到最终的要求。

任务说明：创建一个表单界面，收集用户的名字、性别、年龄、密码、兴趣爱好、喜欢的颜色、个人介绍和头像照片等信息，提交到服务器端进行相应处理。

4.1 表单界面设计及表单数据验证

4.1.1 表单界面设计

1. 需要的知识点回顾

（1）设计表单界面时，必须要使用 <form> ... </form> 标记生成表单容器，在该容器中添加各种表单元素或非表单元素，<form> 标记中当前需要设置的属性是 method，取值可以是 post 和 get 两种。

（2）设计表单界面时，经常需要使用表格对表单中的各种元素以及文字标签进行规则的布局设计，表单标记与表格标记的嵌套关系如下：

```
<form ... >
 <table ... >
  <tr>
    <td> 表单元素 </td>
  </tr>
 </table>
</form>
```

即表单 <form> 与 </form> 标记必须放在表格 <table> ... </table> 标记的外围，然后表单各个元素标记必须放在表格单元格 <td> ... </td> 内部。

（3）生成表单元素：文本框、密码框、单选按钮、复选框、提交和重置按钮都需要使用 <input> 标记生成，在 <input> 标记中设置 type 属性取值分别是 text、password、radio、checkbox、submit 和 reset 来生成相关的元素；下拉列表需要使用 <select> ... </select> 和 <option> ... </option> 两对标记来生成，其中 <select> ... </select> 用于生成列表框，而 <option> ... </option> 用于生成各个选项；文本域则需要使用 <textarea> ... </textarea> 标记生成。

自我介绍		
名字:		必须在6～20个字母之间
性别:	男 女	
年龄:		取值在0～100之间
个人密码:		6～10个字符
确认密码:		与个人密码相同
你的爱好:	看书 足球 音乐 爬山	
你最喜欢的颜色:	绿色	
个人介绍:		不能为空
	提交 重置	

图 4-1　表单界面

创建页面文件 4-1.html，在其中设计图 4-1

所示的表单界面。

2. 页面元素的设计要求

这里，为了能够使用脚本获取各个元素的取值来完成表单数据验证，要求为每个需要提交数据的表单元素设置 id 属性；另外，为了能够在服务器端获取表单元素提交的数据，又需要为相应表单元素设置 name 属性，通常，为了减少将两个属性值弄混的麻烦，建议大家直接将各个元素中这两个属性设置为相同的取值即可。

（1）为名字文本框设置的 name 和 id 属性取值都是 uname；

（2）为性别单选按钮组设置的 name 是 sex，选中“男”之后，提交的数据是“男”，选中“女”之后提交的数据是“女”；

（3）为年龄文本框设置的 name 和 id 属性取值都是 age；

（4）为个人密码框设置的 name 和 id 都是 psd1；

（5）为确认密码框设置的 name 和 id 都是 psd2；

（6）爱好复选框组设置的 name 是 like[]（此处采用数组格式设置复选框组的名字，具体作用稍后在数据提交时进行讲解），选中各个复选框之后提交的数据分别是看书、足球、音乐和爬山；

（7）颜色下拉列表框设置的 name 和 id 都是 color；

（8）个人介绍文本域设置的 name 和 id 都是 jieshao。

表单元素的样式要求为：文本框、密码框、下拉列表框的宽度定义为 280px，高度定义为 20px；文本域的宽度定义为 280px，高度为 60px。

其他内容的样式请自己根据效果图进行定义。

3. 程序代码

4-1.html 文件代码如下：

```
1：<html>
2：<head>
3：<meta http-equiv="Content-Type" content="text/html; charset=gb2312" />
4：<title> 无标题文档 </title>
5：<style type="text/css">
6：  table td{ font-size:10pt;}
7：  .td1{font-size:20pt; font-weight:bold; text-align:center;}
8：  #uname,#age,#psd1,#psd2,#color{ width:280px; height:20px;}
9：  #jieshao{ width:280px; height:60px; }
10：</style>
11：</head>
```

```
12：<body>
13：<form id="form1" name="form1" method="post">
14：  <table width="600" border="1" align="center" cellpadding="0"
cellspacing="0">
15：    <tr>
16：      <td colspan="3" height="40" class="td1"> 自我介绍 </td>
17：    </tr>
18：    <tr>
19：      <td width="120" height="30"> 名字：</td>
20：      <td width="300"><input type="text" name="uname" id="uname" /></td>
21：      <td width="180"> 不能为空，只能是字母 </td>
22：    </tr>
23：    <tr>
24：      <td height="30"> 性别：</td>
25：      <td>
26：          男 <input type="radio" name="sex" id="radio" value=" 男 " />
27：          女 <input type="radio" name="sex" id="radio2" value=" 女 " />
28：      </td>
29：      <td> </td>
30：    </tr>
31：    <tr>
32：      <td height="30"> 年龄：</td>
33：      <td><input type="text" name="age" id="age" /></td>
34：      <td> 不能为空，在 0 到 100 之间 </td>
35：    </tr>
36：    <tr>
37：      <td height="30"> 个人密码：</td>
38：      <td><input type="password" name="psd1" id="psd1" /></td>
39：      <td> 不能为空，4 到 10 位数 </td>
40：    </tr>
41：    <tr>
42：      <td height="30"> 确认密码：</td>
43：      <td><input type="password" name="psd2" id="psd2" /></td>
```

```
44：      <td> 与个人密码相同 </td>
45：    </tr>
46：    <tr>
47：      <td height="30"> 你的爱好：</td>
48：      <td>
49：              <input name="like[]" type="checkbox" value=" 看书 " /> 看书
50：              <input name="like[]" type="checkbox" value=" 足球 " /> 足球
51：              <input name="like[]" type="checkbox" value=" 音乐 " /> 音乐
52：              <input name="like[]" type="checkbox" value=" 爬山 " /> 爬山
53：      </td>
54：      <td> </td>
55：    </tr>
56：    <tr>
57：      <td height="30"> 你最喜欢的颜色：</td>
58：      <td><select name="color" id="color">
59：            <option selected="selected"> 绿色 </option>
60：            <option> 蓝色 </option>
61：            <option> 黄色 </option>
62：            <option> 红色 </option>
63：            <option> 紫色 </option>
64：            </select>
65：      </td>
66：      <td> </td>
67：    </tr>
68：    <tr>
69：        <td height="60"> 个人介绍：</td>
70：        <td><textarea name="jieshao" id="jieshao"></textarea></td>
71：        <td> 不能为空 </td>
72：    </tr>
73：    <tr>
74：        <td height="30"> </td>
75：        <td align="center">
76：              <input type="submit" value=" 提 交 " /> 
```

```
77:                 <input type="reset" value=" 重 置 " />
78:             </td>
79:             <td> </td>
80:         </tr>
81:     </table>
82: </form>
83: </body>
84: </html>
```

4.1.2 表单数据验证

表单数据在提交之前经常需要进行验证，目的是保证提交的数据从格式和组成上都是合法合理的，该验证过程是在浏览器端执行脚本代码来完成的，从而减轻服务器端的负担。

1. 数据验证要求

对 4-1.html 页面文件中的数据需要进行的验证如下：

（1）要求姓名必须在 6 到 20 个字母之间（此处只进行字符个数判断，不需判断输入的字符是否是英文字母）；

（2）要求年龄数据要在 0~100 之间；

（3）个人密码需要在 6~10 个字符之间；

（4）两次输入的密码必须相同；

（5）个人介绍文本域不能为空。

上面每个部分只要不符合要求，就直接使用 JavaScript 脚本中的 alert() 函数弹出一个消息框显示相应的错误提示信息即可。

2. 脚本代码

创建脚本文件 4-1.js，保存在 4-1.html 文件所在的位置，在其中输入如下代码：

```
1: function validate(){
2:         var uname=document.getElementById('uname').value;
3:         var len=uname.length;
4:         if (len<6 || len>20){
5:                 alert(" 用户名必须在 6~20 个字符之间，请重新输入 ");
6:                 return false;
7:         }
```

```
8：        var age=document.getElementById("age").value;
9：        if (age<0 || age>100){
10：          alert(" 年龄必须在 0~100 之间 ");
12：          return false;
13：          }
14：          var psd1=document.getElementById('psd1').value;
15：          var len=psd1.length;
16：          if (len<6 || len>10){
17：                alert(" 密码必须在 6~10 个字符之间，请重新输入 ");
18：                return false;
19：          }
20：           var psd2=document.getElementById('psd2').value;
21：           if (psd2!=psd1){
22：                alert(" 两次输入密码必须相同，请重新输入 ");
23：                return false;
24：           }
25：          var jieshao=document.getElementById('jieshao').value;
26：          if (jieshao==""){
27：               alert(" 个人介绍不能为空，请重新输入 ");
28：               return false;
29：           }
30：          }
```

代码解释：

第 1 行，使用关键字 function 定义函数，函数名是 validate，函数名后面的圆括号是必须的。

第 2 行，使用 document.getElementById('uname') 方法获取到 id 属性是 uname 的表单元素，然后再使用 .value 获取到文本框中输入的数据，放在变量 uname 中。

第 3 行，使用 uname.length 属性获取文本框中输入字符的个数，放在变量 len 中。

第 4 行 ~ 第 7 行，判断 len 的取值是否在 6 到 20 个字符之间，若不在，则使用 alert() 函数弹出消息框显示给定的提示信息，然后使用 return false 语句返回函数的结果 false，同时结束函数的执行过程。

第 8 行 ~ 第 13 行，判断输入的年龄是否在 0~100 之间。

第 14 行 ~ 第 19 行，判断输入的密码字符是否在 6~10 个字符之间。

第 20 行 ~ 第 24 行，判断确认密码与密码是否相同。

第 25 行 ~ 第 29 行，判断个人介绍是否为空。

问题分析：

（1）每个小模块中，当给定的条件成立（即输入的数据不符合要求）时，弹出消息框显示提示信息之后的 return false 的作用是什么？是否可以省略？

（2）在判断个人介绍是否为空的模块中，条件的设置还可以如何进行（请参照名字和密码长度判断的形式思考该问题）？

3. 脚本函数的连接与调用

（1）脚本函数的连接

在页面文件 4-1.html 中 </head> 结束首部之前，添加代码 <script type="text/javascript" src="4-1.js"></script>，即可将脚本文件连接到该页面文件中。

（2）函数 validate() 的调用

此处设计的脚本函数 validate() 需要在点击 submit 提交按钮之后调用，点击该按钮后，将会触发 <form> 标记中的 onsubmit 事件，因此需要修改 <form> 标记，在其中增加 onsubmit="return validate()" 完成对函数的调用。

调用函数时，函数名前面 return 的作用说明：若是输入的表单数据不符合要求，在弹出消息框显示相应的提示信息之后，必须要做到将页面运行过程停留在当前界面下，而不要把不符合要求的数据提交到服务器端，此处 return 的作用就是当数据不符合要求时，通过返回的 false 值阻止数据提交到服务器端。

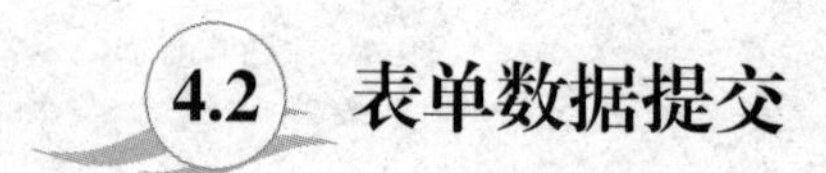

4.2 表单数据提交

当用户在 4-1.html 页面中输入正确的数据并提交之后，看到的将是图 4-2 所示的运行结果界面。

问题分析：

表单数据提交之后存储在哪里？服务器要如何获取到这些数据？

问题解答：

需要使用系统数组 $_POST 或者 $_GET 来获取这些数据。

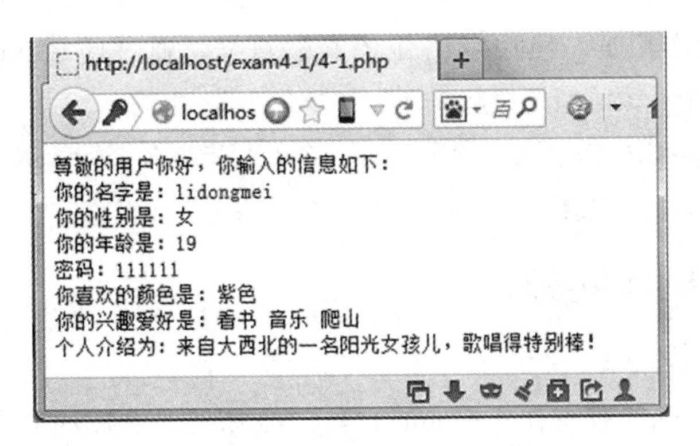

图 4-2 提交数据之后的显示信息界面

4.2.1 系统内置数组 $_POST 和 $_GET

前面已经提到，表单标记 <form> 中属性 method 有 post 和 get 两种取值，若 method="post"，则从表单中提交到服务器的数据将存放到系统数组 $_POST 中；若 method="get"，则从表单中提交到服务器的数据将存放到系统数组 $_GET 中。

作为数组，$_POST 和 $_GET 都需要有下标，它们一般都是采用键名下标形式，在处理表单数据时，它们所使用的键名下标通常是表单元素 name 属性的取值，例如，使用 $_POST['uname'] 可以获取到文本框 uname 中输入并提交到服务器端的数据。

说明：系统数组 $_GET 还可以接收点击超链接时提交给服务器的数据，此处先不做讲解，在后面“任务八”中将进行详细介绍。

4.2.2 复选框组数据的提交

复选框组的数据提交到服务器端后仍旧是一个数组的形式，例如兴趣爱好复选框 like[] 组的数据若提交到系统数组 $_POST 中，在服务器端将使用 $_POST['like'] 接收并保存该组提交的数据，$_POST['like'] 以一个数组的形式存在，数组元素的个数取决于用户选择的复选框的个数，而不是复选框组中包含的复选框的个数，数组元素的下标是从 0 开始的自然数，使用 $_POST['like'][0] 可以获取到用户选择的第一个复选框所提交的数据，其他则以此类推。

例如，若用户选择的是“音乐”和“爬山”两项，则数组 $_POST['like'] 有两个元素，元素 $_POST['like'][0] 的值是“音乐”，元素 $_POST['like'][1] 的值是“爬山”；

再如，若用户选择的是“看书”、“音乐”和“爬山”三项，则数组 $_POST['like'] 有三个元素，元素 $_POST['like'][0] 的值是“看书”，元素 $_POST['like'][1] 的值是“音乐”，元素 $_POST['like'][2] 的值是“爬山”。

获取用户在 4-1.html 页面中选择的复选框的值之后，将这些值使用空格间隔连接在一起，保存在变量 $like 中，需要的代码如下：

```
$like=implode(" ",$_POST['like']);
```

上面代码的作用是，使用空格作为间隔符号，通过函数 implode() 将数组 $_POST['like'] 中各个元素的值连接起来，放在变量 $like 中保存。

其中函数 implode() 需要两个参数，第一个参数指定各个元素值之间的间隔字符，第二个参数则用来指定数组

4.2.3 获取并处理表单数据

1. 创建 4–1.php 文件

创建文件 4-1.php，保存在 4-1.html 文件所在的位置，代码如下：

```
1：<?php
2：  echo " 尊敬的用户你好，你输入的信息如下：<br>";
3：  echo " 你的名字是：$_POST[uname]<br>";
4：  echo " 你的性别是：$_POST[sex]<br>";
5：  echo " 你的年龄是：$_POST[age]<br>";
6：  echo " 密码：$_POST[psd1]<br>";
7：  echo " 你喜欢的颜色是：$_POST[color]<br>";
8：  $like=implode(" ",$_POST['like']);
9：  echo " 你的兴趣爱好是：$like<br>";
10：  echo " 个人介绍为：$_POST[jieshao]<br>";
11：?>
```

代码解释：

第 3 行，代码 echo " 你的名字是：$_POST[uname]
"，使用系统数组 $_POST 获取文本框 uname 提交的数据之后，再使用 echo 语句输出，这里将数组元素 $_POST[uname] 直接放在 echo 输出内容的双引号定界符中，此时，数组元素的键名下标 uname 不可以使用单引号或双引号定界，否则会找不到键名 uname。若是将数组元素从双引号中分离出来，必须按照如下格式输出：

echo " 你的名字是：" . $_POST['uname'] . "<br>"

即数组元素的键名下标必须使用引号定界，可以是单引号，也可以是双引号。

2. 建立 4–1.html 和 4–1.php 文件之间的关联

刚刚建立的4-1.html文件和4-1.php文件是相互独立的，必须要在两个文件之间建立关联，才能保证在4-1.html页面文件中提交数据之后能够运行4-1.php文件，来处理表单提交的数据。

建立关联的方法是，在 4-1.html 文件的 <form> 标记中增加 action="4-1.php" 即可。

表单标记中的 action 属性的作用是设置一个服务器端的脚本文件，本书中使用的都是 PHP 文件，该文件用于获取并处理当前表单提交的数据，处理的方式是可以直接

在浏览器中输出，也可以将其存储到数据库或其他文件中以备后用。

4.2.4　使用 isset() 函数解决单选按钮和复选框的问题

1. 问题的产生

运行 4-1.html 页面文件时，若是用户没有选择性别，会出现下面的提示信息：

```
Notice: Undefined index: sex in E:\apache\htdocs\exam4-1\4-1.php on line 4
```

若是用户没有选择兴趣爱好，则会出现下面的提示信息：

```
Notice: Undefined index: like in E:\apache\htdocs\exam4-1\4-1.php on line 8
Warning: implode(): Invalid arguments passed in E:\apache\htdocs\exam4-1\4-1.php on
line 8
```

这是因为单选按钮或者复选框都属于组元素，若是没有选择选项，相当于该组不存在，因此，从这样的组元素中获取数据之前，需要先判断一下该组是否存在，实现这一功能，要使用的函数是 isset()。

2. isset() 函数

在 PHP 中提供了 isset() 函数专门用于检测某个元素是否设置，函数格式如下：

bool isset(参数 1[, 参数 2...])

参数可以是一个普通变量，也可以是一个数组元素，若是变量或数组元素存在，则返回真值，否则返回假值。

3. 解决问题的方案与代码

解决方案是：在输出性别或者兴趣爱好之前，先判断一下数组是否被设置了，即是否存在，若存在则输出，否则不输出，修改之后的 4-1.php 代码如下：

```
<?php
  echo " 尊敬的用户你好，你输入的信息如下：<br>";
  echo " 你的名字是：$_POST[uname]<br>";
  // 下面三行代码取代原 4-1.php 中的第 4 行代码
  if(isset($_POST['sex'])){
     echo " 你的性别是：$_POST[sex]<br>";
  }
  echo " 你的年龄是：$_POST[age]<br>";
```

```
echo " 密码：$_POST[psd1]<br>";
 echo " 你喜欢的颜色是：$_POST[color]<br>";
 // 下面四行代码取代原 4-1.php 中的第 8 行代码
 if(isset($_POST['like'])){
   $like=implode(" ",$_POST['like']);
   echo " 你的兴趣爱好是：$like<br>";
 }
 echo " 个人介绍为：$_POST[jieshao]<br>";
 $txtimg=$_FILES['tximg']['name'];
 $tmpname=$_FILES['tximg']['tmp_name'];
 move_uploaded_file($tmpname,"upload/".$tximg);
 echo " 你的头像文件名称是：$tximg<br>";
 echo " 你的头像图片是：<img src='upload/$tximg'>";
?>
```

4.3 文件上传功能实现

实现文件上传功能，需要通过浏览器端和服务器端两方面的功能共同完成。

4.3.1 浏览器端的功能设置

浏览器端必须能够上传文件，需要进行如下几方面的设置：

第一，需要在表单标记 <form> 中设置 Enctype 属性值为 multipart/form-data，enctype="multipart/form-data" 的作用是设置表单的 MIME 编码，默认情况下，这个编码格式是 application/x- www-form-urlencoded，不能用于文件上传，只有设置 multipart/form-data 编码格式，才能完成传递文件数据。

第二，action 属性必须指定能够接收并处理上传文件的 PHP 文件。

第三，必须在表单界面中增加文件域元素，使用 <input> 标记的 type 属性值 "File" 来生成文件域元素，该元素需要设置 name 属性的取值。

4.3.2 服务器端的功能设置

1. 系统内置数组 $_FILES

从浏览器端将文件上传到服务器端之后，该文件默认存放在系统盘符下的存放临时文件的文件夹中，文件的名称也采用了临时名称形式，我们需要从系统数组 $_FILES 中获取到上传文件的名称、类型、大小及临时位置临时名称等相关信息，从而进一步完成修改上传文件的存储位置和存储名称的功能。

访问系统内置数组 $_FILES 时需要使用两个下标，两个下标都是键名下标形式。第一个下标是表单界面中文件域元素 name 属性的取值，若是存在多个文件域元素，则它们的 name 属性取值都各不相同；第二个下标则是由系统提供的固定下标，常用的有“name”、“type”、“size”、“tmp_name”和“error”。

假设文件域元素 name 属性取值为 file1，则系统数组 $_FILES 的各个元素的用法和说明如下：

$_FILES["file1"]["name"]：表示被上传文件的名称；

$_FILES["file1"]["type"]：表示被上传文件的类型；

$_FILES["file1"]["size"]：表示被上传文件的大小，以字节计；

$_FILES["file1"]["tmp_name"]：表示存储在服务器中的临时文件的位置及名称；

$_FILES["file1"]["error"]：表示由文件上传导致的错误代码。

2. 函数 move_uploade_file()

文件上传之后以临时文件名方式保存在临时文件夹下，需要将其移至指定的位置按照指定的名称来保存，实现这一功能要使用函数 move_uploaded_file()。

函数格式：move_uploaded_file(参数 1, 参数 2)

说明：

参数 1 需要使用 $_FILES["file"]["tmp_name"] 的内容，表示存储在服务器上的文件的临时副本信息。

参数 2 通常使用“文件夹 / 文件名”形式指定文件上传之后的存储位置及存储名称，其中，文件夹最好创建在当前页面文件所在的位置，文件名则使用 $_FILES["file"]["name"] 来获取。

例如：

move_uploaded_file($_FILES["file1"]["tmp_name"], "upload/".$_FILES["file1"]["name"])。

4.3.3 简单文件上传小实例

1. 创建 HTML 文件

编写文件 up.html，设计文件上传界面，界面中只需要包含表单的一个文件域元素、一个 submit 类型按钮和一个 reset 类型按钮即可。界面如图 4-3 所示。

图 4-3　上传文件界面

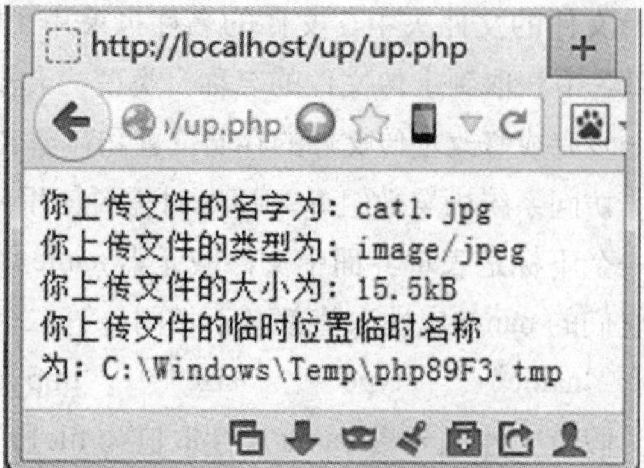

图 4-4　显示上传文件信息的界面

代码如下：

```
1：<html>
2：<head>
3：<meta http-equiv="Content-Type" content="text/html; charset=gb2312" />
4：<title> 无标题文档 </title>
5：</head>
6：<body>
7：<form action="up.php" method="post" enctype="multipart/form-data">
8：  <p> 文件上传地址：<input type="file" name="file1" id="file1" /></p>
9：  <p><input type="submit" value=" 上 传 " />
10：     <input type="reset" value=" 重 置 " /></p>
11：</form>
12：</body>
13：</html>
```

2. 创建 PHP 文件

编写程序 up.php 实现如下功能：

在页面中显示如下内容：上传文件的名字、文件的类型、文件的大小(以 kB 表示)、临时文件的名称。界面如图 4-4 所示。

将被上传的文件保存到文件夹 upload 中，该文件夹必须与文件 up.php 在同一个文件夹内。

代码如下：

```
1：<?php
2：  $name=$_FILES['file1']['name'];
3：  $type=$_FILES['file1']['type'];
4：  $size=round($_FILES['file1']['size']/1024, 2)."kB";
5：  $tmpname=$_FILES['file1']['tmp_name'];
6：  echo " 你上传文件的名字为：".$name."<br>";
7：  echo " 你上传文件的类型为：".$type."<br>";
8：  echo " 你上传文件的大小为：".$size."<br>";
9：  echo " 你上传文件的临时位置临时名称为：".$tmpname."<br>";
10： move_uploaded_file($tmpname,"upload/".$name);
11：?>
```

代码解释：

第 2 行，获取上传文件的名称，保存在变量 $name 中。

第 3 行，获取上传文件的类型信息，保存在变量 $type 中。

第 4 行，使用 $_FILES['file1']['size'] 获取到上传文件的大小，默认是字节数，使用字节数除以 1024，得到千字节数。使用 round($_FILES['file1']['size']/1024,2) 函数将计算结果进行四舍五入之后保留两位小数。

第 5 行，获取上传文件临时存储信息，保存在变量 $tmpname 中。

第 10 行，将上传文件保存到指定的文件夹 upload 中。

4.3.4 上传并显示头像功能实现

在例题 4-1 中增加上传并显示头像的功能。

1. 修改 4–1.html 文件

在页面内容“个人介绍”行下面增加一行，运行效果如图 4-5 所示：

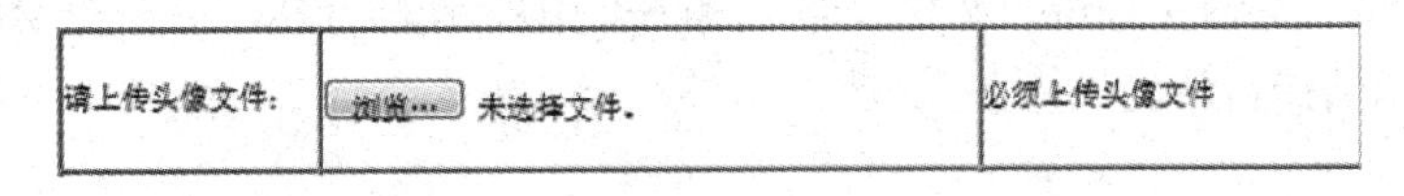

图 4-5 上传头像文件部分页面内容

修改 <form> 标记，增加允许上传文件的属性及取值：enctype="multipart/form-data"。

在原页面代码“个人介绍”所在表格行的下方增加新的行，代码如下：

```
……
```

```
1：<tr>
2：   <td height="60"> 请上传头像文件：</td>
3：   <td><input type="file" name="txing" id="txing"></td>
4：   <td> 必须上传头像文件 </td>
5：</tr>
……
```

2. 修改 4–1.php 文件

在输出个人介绍信息之后增加代码完成如下任务：

（1）获取上传文件的名字；

（2）获取上传文件的副本信息；

（3）将上传的文件存储到当前页面文件同位置的文件夹 upload 中（需要先创建该文件夹）；

（4）显示上传图片文件的名称信息；

（5）显示上传的图片内容。

代码如下：

```
……
1：$txing=$_FILES['txing']['name'];
2：$tmpname=$_FILES['txing']['tmp_name'];
3：move_uploaded_file($tmpname,"upload/".$txing);
4：echo " 你的头像文件名称是：$txing<br>";
5：echo " 你的头像图片是：<img src='upload/$txing'>";
……
```

运行修改之后的 4-1.html 文件，输入图 4-6 中所示的内容，点击提交按钮之后得到图 4-7 所示的运行结果。

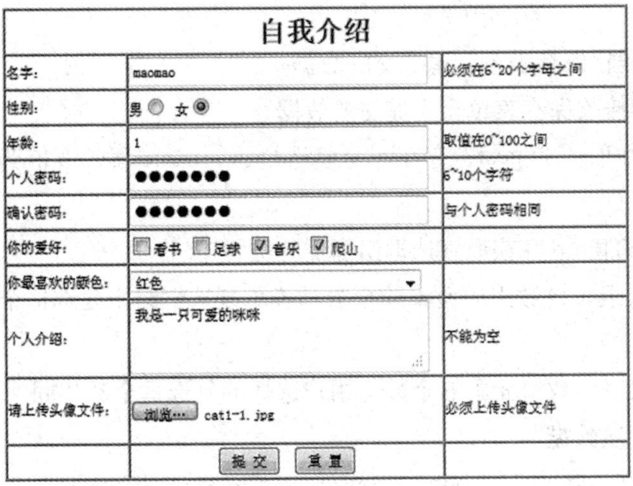

自我介绍		
名字:	maomao	必须在6~20个字母之间
性别:	男 ○ 女 ◉	
年龄:	1	取值在0~100之间
个人密码:	●●●●●●●●	6~10个字符
确认密码:	●●●●●●●	与个人密码相同
你的爱好:	☐看书 ☐足球 ☑音乐 ☑爬山	
你最喜欢的颜色:	红色	
个人介绍:	我是一只可爱的咪咪	不能为空
请上传头像文件:	浏览… cat1-1.jpg	必须上传头像文件
	提交　重置	

图 4-6　4-1.html 运行效果

图 4-7　4-1.html 表单界面提交数据之后的运行效果

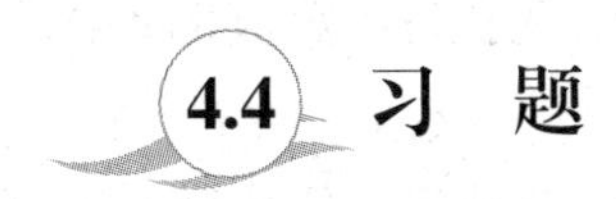

4.4 习　题

一、单项选择题

1. 使用脚本进行表单数据验证时，需要使用 document 对象的哪个方法来获取表单元素______

　A. getElementbyid　　　　B. getElementById

　C. getElementBYId　　　　D. GetElementById

2. 假设脚本中的变量 username 是获取的一个表单元素，username.value 中的 value 是该元素的一个______

　A. 属性　　　　B. 方法

　C. 实例　　　　D. 以上都不正确

3. 在 <form> 标记中使用 onsubmit 调用验证函数时，函数名前面 return 的作用是______

　A. 阻止函数继续执行下去

　B. 没有任何意义，可以去掉的

　C. 当用户输入数据不符合要求时，阻止非法数据提交给服务器

　D. 以上说法都不正确

4. 关于系统数组 $_POST 和 $_GET，下面说法中错误的是______

　A. 数据可以提交到系统数组 $_POST 或者 $_GET 当中

　B. 在处理表单数据时，系统数组 $_POST 或者 $_GET 使用的键名下标必须是

表单元素的名称 name 属性的值

C. 系统数组 $_GET 只能接收保存表单元素提交的数据

D. 系统数组 $_POST 只能接收保存表单元素提交的数据

5. 若表单标记中 method 属性取值为 post，存在一个复选框组，name 属性取值为 intr[]，则下列说法中正确的是______

A. 在服务器端使用 $_POST['intr[]'] 获取复选框组提交的数据

B. $_POST['intr'] 是一个数组，该数组中元素的个数与表单复选框组中复选框个数相同

C. $_POST['intr'] 是一个数组，数组元素的个数与用户选择的复选框个数相同

D. $_POST['intr'] 是一个普通数据

6. 若是在 <form> 标记中存在 action="4-1.php" 和 onsubmit="return validate();"，下面说法中错误的是______

A. 函数 validate() 的调用和文件 4-1.php 的执行都是在点击 submit 按钮之后进行的

B. 点击 submit 按钮之后，先执行函数 validate()，当所有数据都符合要求之后再运行文件 4-1.php

C. 点击 submit 按钮之后，先执行文件 4-1.php，再执行函数 validate()

D. 以上说法中有一条是错误的

7. 进行文件上传时，需要在 <form> 标记中设置属性 enctype 的取值是______

A. multipart/form-data　　B. text/plain

C. application/x-www-form-urlencoded　　D. 以上都不是

8. 关于函数 move_uploade_file()，下列说法错误的是______

A. 该函数需要指定两个参数

B. 第二个参数需要同时指定文件存储的位置和要保存文件的名称

C. 第一个参数需要指定文件的临时存储位置和临时名称

D. 以上说法都是错误的

9. 关于系统数组 $_FILES，第二个下标不包含下面哪一项______

A. tmpname　　B. size

C. name　　D. type

10. 代码 round($_FILES['file1']['size']/1024, 2) 的作用是______

A. 获取千字节为单位的文件长度值，并且保留两位整数

B. 获取千字节为单位的文件长度值，并且在四舍五入后保留两位小数

C. 获取千字节为单位的文件长度值，舍弃所有小数部分的数据

D. 以上说法都不正确

11. 判断服务器端是否存在某个元素的函数是______

A. isset()　　B. iset()

C. iiset()　　　　　　　　　　D. isett()

二、填空题

1. 在 JavaScript 中，获取一个字符串的长度需要使用的属性是__________。

2. 表单提交数据时，若 method 取值为 post，则数据保存到系统数组__________里面，若 method 取值为 get 时，数据保存到系统数组__________中。

3. 建立表单页面文件与接收处理表单数据的 PHP 文件之间的关联需要使用标记 < __________ > 内部的属性__________。

4. 生成文件域元素时，表单 input 标记中 type 属性的取值是__________，服务器端接收上传文件时需要使用的系统数组是__________。

第二部分　核心篇

核心篇中任务五到任务八的学习过程主要围绕着163邮箱部分功能的实现过程来展开，包括邮箱账号的注册、图片验证码的使用、邮箱的登录、写邮件（含有附件）、收邮件、阅读邮件、删除和彻底删除邮件等任务；任务九的学习过程主要围绕着对文本文件的访问过程来展开。

邮箱项目中需要创建的各种文件说明如下：

使用的数据库是email-1，包含的数据表有两个：usermsg表——保存用户注册的账号、密码、手机号等信息，emailmsg表——保存所有用户的邮件信息。

实现注册功能的文件组：界面设计zhuce.html、样式设计zhuce.css、验证脚本设计zhuce.js、创建图片验证码yzm.php、接收注册信息zhuce.php。

实现登录功能的文件组：界面设计denglu.html、样式设计denglu.css、接收登录信息denglu.php。

操作邮件的主窗口设计文件组：界面设计 email.php、样式设计 email.css、脚本设计 email.js。

写邮件功能文件组：界面设计 writeemial.php、样式设计 writeemail.css、脚本设计 writccmail.js、存储邮件 storeemail.php。

收邮件功能文件组：界面设计 receiveemail.php、样式设计 receiveemail.css。

阅读邮件功能文件组：界面设计 openemail.php、样式设计 openemail.css。

删除邮件功能文件组：逻辑删除邮件 delete.php、已删除文件夹 deletedemail.php、彻底删除邮件 deletedchedi.php。

建议大家在 Apache 根目录 htdocs 下面创建一个独立的文件夹，例如 163email，用于存放邮箱项目中需要的所有素材文件以及将要创建的所有 html、css、js 和 php 文件。

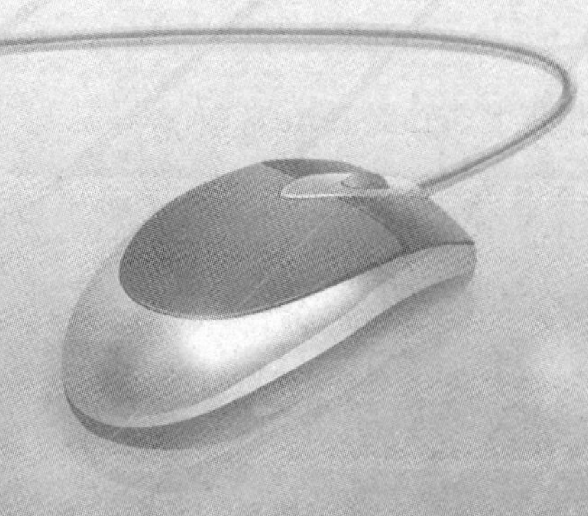

163邮箱注册功能实现

主要知识点

- 使用PHP的图像处理函数创建生成图片验证码
- 图片验证码在页面中的插入与刷新
- 实现图片验证码的验证及表单数据的回填功能
- 使用session机制在网站不同页面文件间传递数据
- 创建与操作MySQL数据库
- PHP中访问MySQL数据库的常用方法

难 点

NAN DIAN

- 使用PHP的图像处理函数创建生成图片验证码
- 图片验证码在页面中的插入与刷新
- 实现图片验证码的验证及表单数据的回填功能
- 使用session机制在网站不同页面文件间传递数据
- PHP中访问MySQL数据库的常用方法

任务说明

实现注册功能的任务中需要完成如下几个子任务：

- 设计注册账号的表单界面

- 对用户注册的表单数据进行合法性验证
- 创建图片验证码
- 将图片验证码应用在页面中并能实现其刷新和验证功能
- 创建 MySQL 数据库和数据表
- 对用户注册的账号进行查重操作，确定无重复后允许注册保存
- 需要创建的文件：zhuce.html、zhuce.css、zhuce.js、zhuce.php、yzm.php

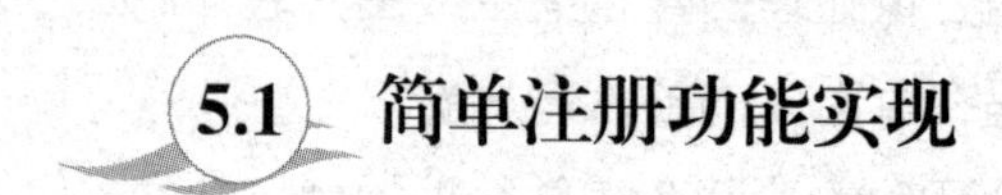

5.1 简单注册功能实现

这里所指的简单注册功能是指不使用验证码进行验证，也没有把注册数据插入数据库，只是设计注册界面，完成界面中的数据验证并提交到服务器端进行简单输出的过程。

5.1.1 邮箱注册界面设计

创建页面文件 zhuce.html，设计如图 5-1 所示的 163 邮箱注册界面（本小节中不需要增加验证码的应用，在 5.2.3 中完成）。

*邮件地址 @163.com
6~18个字符，包括字母、数字、下划线，字母开头、字母或数字结尾
*密码
6~16个字符，区分大小写
*确认密码
请再次输入密码
手机号码
密码遗忘或被盗时，可通过手机短信取回密码
*验证码
请输入图片中的字符 看不清楚？换一张
立即注册

图 5-1 163 邮箱注册界面效果图

为方便后面知识的讲解，此处确定在表单标记 <form> 中的 method 取值为 post。

1. 页面布局

整个页面布局使用了上下排列的三个盒子，分别使用 class 类选择符 divshang、divzhong 和 divxia，三个盒子的排列关系如图 5-2 所示：

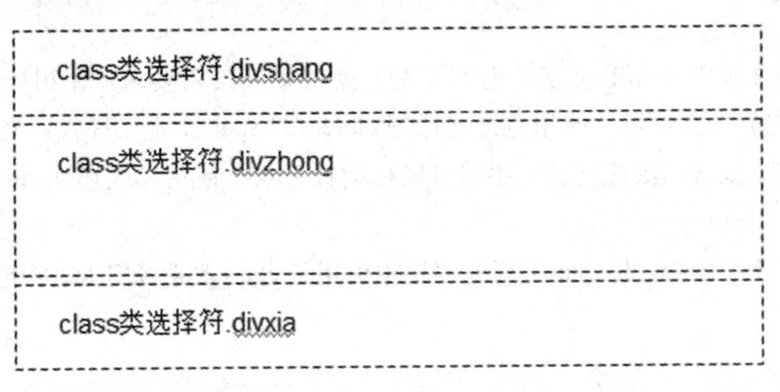

图 5-2　页面布局使用的 div 结构

2. 三个 div 的样式

三个个 div 的样式要求如下：

.divshang：宽 965px，高 55px，填充 0，上下边距 0、左右边距 auto，背景图 wbg_shang.jpg；

.divzhong：宽 965px，高 auto，上填充为 30px、其他填充 0，上下边距 0、左右边距 auto，背景图 wbg_zhong.jpg；

.divxia：宽 965px，高 15px，填充 0，上下边距 0、左右边距 auto，背景图 wbg_xia.jpg。

说明：宽度、高度、填充、边距、背景图对应的样式属性分别是 width、height、padding、margin 和 background。

3. 表格及文字样式要求

在盒子 divzhong 内部，使用 6 行 2 列的表格排列表单元素及相应的文字说明，表格要求如下：

（1）表格宽度 600 像素，在盒子内部居中，单元格边距和单元格间距都是 0；

（2）表格左侧列样式使用 class 类选择符 td1 定义，具体要求为：宽度是 150px，高度是 60px，字号为 12pt，文本在水平方向靠右对齐，在垂直方向顶端对齐；

（3）表格右侧列样式使用 class 类选择符 td2 定义，具体要求为：宽度为 450px，字号为 10pt，文本在垂直方向顶端对齐。

表格右侧列中用来提示表单数据要求的文字都使用段落来添加，需要使用包含选择符 table .td2 p 来定义样式，具体要求为：设置上边距是 8px，其他边距为 0，文本颜色为灰色 #666。

包含选择符 table .td2 p 定义的样式控制了表格中引用 class 类选择符 td2 的单元格

内的段落标记。

问题分析：
在选择符 table .td2 p 中设置上边距 8 像素的意义是什么？

验证码文本框下面的文字“看不清楚？换一张”设置要求：使用标记 <span>…</span> 来定界该文本块；使用包含选择符 table .td2 span{} 定义样式：文本颜色为蓝色 #00f、带下划线、鼠标指针为手状（鼠标指针手状，使用样式属性 cursor，取值为 pointer 定义即可）。

包含选择符 table .td2 span 表示在表格中引用了 class 类选择符 td2 单元格内的文本块标记。

问题分析：
设置“看不清楚？换一张”文本时为什么不使用超链接标记来控制？
问题解答：
使用超链接标记的目的是为了重新运行当前页面文件或者打开一个新的页面文件，而点击这里的“看不清楚？换一张”文本，只需要更换当前页面中显示的验证码图片，不需要重新运行其他页面文件。若是使用超链接，即便只是设置 href 属性为 #，也会存在两个问题：第一，若页面内容很多，整个页面很长，而这些要被点击的文字在页面中很靠后的位置，点击之后，会重新运行页面文件，滚动条会重新回到页面顶端，这不是我们希望的；第二，点击超链接时，在浏览器地址栏 zhuce.html 后面会出现 # 符号，显得比较突兀；
若是将超链接的 href 属性直接设置为 zhuce.html 文件，除了上面提到的第一个问题，还存在一个更严重的问题：在更换验证码时，我们要保留页面中已经输入的其他所有信息，若是使用超链接，点击之后重新运行页面文件，用户已经输入的所有信息都会丢失，这也不是我们希望的。
因此这种文本通常都不使用超链接来设置，只要使用 <span> ... </span> 标记定界后重新定义相关的样式即可。

4. 表单元素要求

（1）邮件地址文本框 name 和 id 属性取值是 emailaddr，使用 id 选择符 emailaddr 定义样式为：宽度是 220px，边框为 1 像素、实线、颜色 #aaf；

（2）密码框 name 和 id 属性取值是 psd1，使用 id 选择符 psd1 定义样式为：宽度是 320px，边框为 1 像素、实线、颜色 #aaf；

（3）确认密码框 name 和 id 属性取值是 psd2，使用 id 选择符 psd2 定义样式为：

宽度是 320px，边框为 1 像素、实线、颜色 #aaf；

(4) 手机号文本框 name 和 id 属性取值是 phoneno，使用 id 选择符 phoneno 定义样式为：宽度是 320px，边框为 1 像素、实线、颜色 #aaf；

(5) 验证码文本框 name 和 id 属性取值是 useryzm，使用 id 选择符 useryzm 定义样式为：宽度是 220px，边框为 1 像素、实线、颜色 #aaf；

5. 样式文件代码

创建样式文件 zhuce.css，输入如下代码：

```
1：.divshang{width:965px; height:55px; padding:0px; margin:0 auto; background:url(images/wbg_shang.jpg);}
2：.divzhong{width:965px; height:auto; padding:40px 0px 0px; margin:0 auto; background:url(images/wbg_zhong.jpg);}
3：.divxia{width:965px; height:15px; padding:0px; margin:0 auto; background:url(images/wbg_xia.jpg);}
4：table .td1{width:150px; height:60px; font-size:12pt; text-align:right; vertical-align: top;}
5：table .td2{width:450px; font-size:10pt; vertical-align: top;}
6：table .td2 p{ margin:8px 0 0 0;color:#666;}
7：table .td2 span{text-decoration:underline; color:#00f; cursor:pointer;}
8：#psd1,#psd2,#phoneno{width:320px; border:1px solid #aaf;}
9：#emailaddr,#useryzm{width:220px; border:1px solid #aaf;}
```

代码解释：

第 8 行和第 9 行，使用群组选择符的形式同时定义多个元素的样式。

6. 页面文件代码

在页面文件 zhuce.html 的 <head>…</head> 之间使用 link 标记引用样式文件：

```
<link rel="stylesheet" type="text/css" href="zhuce.css" />
```

页面主体代码如下：

```
1： <body>
2：  <div class="divshang"></div>
3：  <div class="divzhong">
4：   <form id="form1" name="form1" method="post" action="">
5：     <table width="600"  align="center" cellpadding="0" cellspacing="0">
```

```
6：      <tr><td class="td1">* 邮件地址 </td>
7：          <td class="td2">
8：          <input name="emailaddr" type="text" id="emailaddr" />@163.com
9：              <p>6~18 个字符，包括字母、数字、下划线，字母开头、字母或
数字结尾 </p></td></tr>
10：      <tr><td class="td1">* 密码 </td>
11：          <td class="td2">
12：          <input name="psd1" type="password" id="psd1" />
13：              <p>6~16 个字符，区分大小写 </p></td></tr>
14：      <tr><td class="td1">* 确认密码 </td>
15：          <td class="td2">
16：          <input name="psd2" type="password" id="psd2" />
17：              <p> 请再次输入密码 </p></td></tr>
18：      <tr><td class="td1"> 手机号码 </td>
19：          <td class="td2">
20：          <input name="phoneno" type="text" id="phoneno"/>
21：              <p> 密码遗忘或被盗时，可通过手机短信取回密码 </p></td>
22：      </tr>
23：      <tr><td class="td1">* 验证码 </td>
24：          <td class="td2">
25：          <input name="useryzm" type="text" id="useryzm" />
26：              <p> 请输入图片中的字符 <span> 看不清楚？换一张 </span></
p></td></tr>
27：      <tr><td class=" td1" > </td>
28：          <td class=" td2" >
29：          <input type="submit"  value=" 立即注册 " /></td></tr>
30：    </table>
31：  </form>
32：</div>
33：<div class="divxia"></div>
34：</body>
```

5.1.2　使用脚本验证注册数据

1. 验证要求

这里只对注册界面中输入的数据进行简单的数据验证，要求如下：

（1）要求邮件地址长度必须在 6~18 个字符之间；

（2）要求密码必须在 6~16 个字符之间；

（3）要求两次输入密码必须相同；

（4）手机号如果不为空，必须满足 11 个字符。

2. 脚本文件代码

创建脚本文件 zhuce.js，在其中定义函数 validate()，完成上述功能要求，代码如下：

```
1： function validate(){
2：  var emailaddr=document.getElementById("emailaddr").value;
3：  var len=emailaddr.length;
4：  if(len<6 || len>18) {
5：          alert(" 邮箱地址长度必须在 6~18 个字符之间，请重新输入 ");
6：          return false;
7：  }
8：  var psd1=document.getElementById("psd1").value;
9：  var len=psd1.length;
10： if(len<6 || len>18) {
11：      alert(" 密码长度必须在 6~16 个字符之间，请重新输入 ");
12：      return false;
13： }
14： var psd2=document.getElementById("psd2").value;
15： if(psd1!=psd2) {
16：      alert(" 两次输入密码必须相同，请重新输入 ");
17：      return false;
18： }
19： var phoneno=document.getElementById("phoneno").value;
20： var len=phoneno.length;
20： if(len!=0 && len!=11){
21：      alert(" 手机号可以为空，但是不为空时必须是 11 位 ");
22：      return false;
```

```
23：}
24：}
```

代码解释：

第20行，条件 len!=0 && len!=11 不成立的情况说明，要想不显示手机号输入有问题的提示信息，必须要保证这个条件不成立，不成立的情况有两种：第一，什么也不输入，这是允许的，因为手机号允许为空；第二，一定要输入11个字符。

说明：

我们在这里只是实现了非常简单的数据验证，像用户名的复杂性要求和手机号的数字组成结构，因为牵涉到脚本知识中复杂的正则表达式应用，这里都不做介绍。

有兴趣的同学可以参照本书提高篇任务十中提供的“注册表单的复杂数据验证”内容及代码自行设计。

脚本文件引用和函数调用：

在页面文件 zhuce.html 的 <head>…</head> 之间使用代码 <script type="text/javascript" src="zhuce.js"></script> 引用脚本文件，之后在 <form> 标记内部增加代码 onsubmit="return validate();" 即可完成函数的调用过程。

5.1.3 服务器端获取并输出注册数据

创建文件 zhuce.php，编写代码完成如下功能：

(1) 获取 zhuce.html 页面中 emailaddr 文本框提交的数据，使用变量 $emailaddr 保存；
(2) 获取 zhuce.html 页面中 psd1 密码框提交的的数据，使用变量 $psd 保存；
(3) 获取 zhuce.html 页面中 phoneno 文本框提交的数据，使用变量 $phoneno 保存；
(4) 使用 echo 语句按照如下格式输出所获取的数据：

尊敬的用户您好，您注册的信息如下：
邮箱地址是：XXX
密码是：XXX
手机号是：XXX

代码如下：

```
1：<?php
```

```
2： $emailaddr=$_POST['emailaddr'];
3： $psd1=$_POST['psd1']
4： $phoneno=$_POST['phoneno'];
5： echo " 尊敬的用户您好，您注册的信息如下：<br>";
6： echo " 邮箱地址是：".$emailaddr."<br>";
7： echo " 密码是：".$psd."<br>";
8： echo " 手机号是：".$phoneno."<br>";
9：?>
```

修改 zhuce.html，在 <form> 标记中增加 action="zhuce.php" 代码，将 zhuce.php 文件关联到 zhuce.html 文件中，以便在点击“立即注册”按钮时运行 zhuce.php 文件。

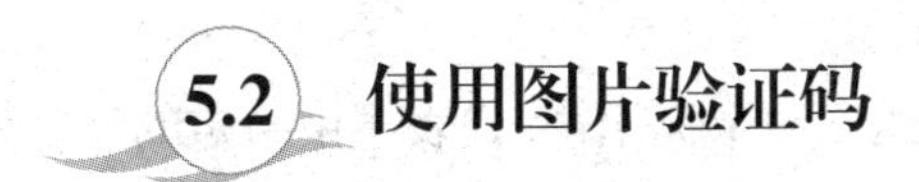

5.2 使用图片验证码

不少网站为了防止用户利用机器人自动注册、登录、灌水，都采用了验证码技术。所谓验证码，就是将一串随机产生的数字或符号，生成一幅图片，图片里加上一些干扰象素或者干扰直线，由用户肉眼识别其中的验证码信息，输入表单提交网站验证，验证成功后才能使用某项功能。

在 PHP 中提供了大量的图像处理函数，可以使用这些函数直接创建并输出验证码图片。

5.2.1 PHP 的图像处理函数

PHP 的图像处理函数都封装在一个函数库中，即 GD 库，GD 库默认存放在 PHP 安装目录的 ext 子目录下，名为 php_gd2.dll。

在 PHP 5 中，php_gd2.dll 默认已经自动载入，可通过查看 PHP 的配置文件 php.ini 进行确认，其中 extension=php_gd2.dll 前面的注释分号并不存在。

PHP5 提供的图像处理函数有 100 多个，此处我们只介绍其中几个用于图片验证码生成的函数。

1. imagecreatetruecolor() 函数

（1）作用：创建一幅真彩色图像；

（2）格式：imagecreatetruecolor (int x_size, int y_size)；

（3）说明：imagecreatetruecolor() 函数返回一个图像标识符，代表了一幅宽为 x_

size 、高为 y_size 的黑色图像。

例如：imagecreatetruecolor (100,50) 表示创建一幅宽 100 像素、高 50 像素的图像，图像的背景为黑色。

2. imagecreate() 函数

（1）作用：新建一个基于调色板的图像；

（2）格式：imagecreate (int x_size, int y_size)；

（3）说明：imagecreate() 返回一个图像标识符，代表了一幅大小为 x_size 和 y_size 的空白图像。

3. imagecolorallocate() 函数

（1）作用：为一幅图像分配颜色；

（2）格式：imagecolorallocate (resource image, int red, int green, int blue)；

（3）说明：

其中的参数 resource image 代表使用 imagecreate() 函数或者 imagecreatetruecolor() 函数创建返回的图像标识符。

imagecolorallocate() 返回一个标识符，代表了由给定的红绿蓝颜色成分组成的颜色，这些参数是十进制的 0 到 255 之间的数字，或者十六进制的 0x00 到 0xFF 之间的数值。

在创建图像的 PHP 文件中，必须要使用函数 imagecolorallocate() ，用以创建要用在图像中的每一种颜色。

imagecolorallocate() 用于设置在指定的图像中可以使用的颜色，在创建图像的 PHP 文件中会多次出现，若生成图像时使用 imagecreate() 函数，则该函数第一次出现时除了创建指定的颜色之外，还要将该颜色设置为图片的背景色，之后则随意设置要用于文本或图形元素的颜色。

例如：$white=imagecolorallocate($img1,255,255,255) 表示为图像 $img1 创建的颜色为白色，并且使用变量 $white 表示。

4. imagefill() 函数

（1）作用：使用指定的颜色填充指定的区域；

（2）格式：imagefill (resource image, int x, int y, int color)；

（3）说明：imagefill() 在指定图像的坐标 x，y（图像左上角的坐标为 0, 0）处用 color 颜色执行区域填充。

例如：imagefill($img1,0,0,$white) 使用白色填充图像 $img1 的整个区域。

5. imagesetpixel() 函数

（1）作用：画一个单一像素；

（2）格式：imagesetpixel (resource image, int x, int y, int color)；

（3）说明：imagesetpixel() 在 image 图像中用 color 颜色在 x，y 坐标位置上画一个点。

例如：imagesetpixel($img1,2,3,$black) 在图像 $img1 中坐标 (2,3) 位置上画一个黑点，$black 是事先使用 imagecolorallocate() 函数创建的黑色标识符。

6. imageline() 函数

（1）作用：画一条线段；

（2）格式：imageline (resource image, int x1, int y1, int x2, int y2, int color)；

（3）说明：imageline() 用 color 颜色在图像 image 中从坐标 (x1,y1) 到 (x2,y2) 画一条线段。

例如：imageline (resource image, 1, 1, 15, 18,$black) 在图像 $img1 中从（1,1）坐标开始到（15,18）坐标处画一条黑线。

7. imagettftext() 函数

（1）作用：用于在指定的图像中输出任意字符，可以是数字、字母或汉字；

（2）格式：imagettftext (resource image, int fontsize, int angle, int x, int y, int color, string fontfile, string text)；

（3）说明：

参数 fontsize：定义要显示的字符的字号；

参数 angle：定义要显示的字符的角度，0 度为从左向右阅读文本（3 点钟方向），更高的值表示逆时针方向（即如果值为 90 则表示从下向上阅读文本）；

参数 x 和 y 是字符的坐标（该下标是字符的左下角坐标值）；

参数 color：定义字符的颜色；

参数 fontfile：指定选用的字体；

参数 text：指定即将输出的字符。

8. imagepng() 函数

（1）作用：以 PNG 格式将图像输出到浏览器或文件；

（2）格式：imagepng (resource image [, string filename])；

（3）说明：imagepng() 将指定的图像 image 以 PNG 格式输出到标准输出（通常为浏览器），或者如果用 filename 给出了文件名则将其输出到该文件。

9. imagedestroy() 函数

（1）作用：销毁一幅图像；

（2）格式：imagedestroy (resource image)；

（3）说明：imagedestroy() 释放与 image 关联的内存。

5.2.2　创建图片验证码

1. 创建字符图片验证码

创建一幅宽 100 像素、高 25 像素的图像，设置图像的背景为白色，在图像中通过随机产生坐标的方式输出 100 个黑色圆点用于做干扰像素，通过随机产生起始和结束坐标的方式输出两条黑色直线作为干扰直线，图像中要显示 4 个验证码字符，包括 26 个大写英文字符和 10 个数字字符的任意组合，每个字符都以随机产生的角度（这里要求是 -45° 到 45° 的范围）和随机产生的颜色以及随机产生的位置输出在图像中。

创建文件 yzm.php，代码如下：

```
1：<?php
2：  header('Content-type:image/png');
3：  $image_w=100;
4：  $image_h=25;
5：  $number=range(0,9);
6：  $character=range("Z","A");
7：  $result=array_merge($number,$character);
8：  $string="";
9：  $len=count($result);
10： for($i=0;$i<4;$i++)
11： {
12：      $index=rand(0,$len-1);
13：      $string=$string.$result[$index];
14： }
15： $img1=imagecreatetruecolor($image_w,$image_h);
16： $white=imagecolorallocate($img1,255,255,255);
17： $black=imagecolorallocate($img1,0,0,0);
18： imagefill($img1,0,0,$white);
19： $fontfile = "times.ttf";
20： for($i=0;$i<100;$i++)
21： {
22：      imagesetpixel($img1,rand(0,$image_w),rand(0,$image_h),$black);
23： }
24： for($i=0;$i<2;$i++){
25：      imageline($img1,mt_rand(0,$image_w),mt_rand(0,$image_h),
mt_rand(0,$image_w),mt_rand(0,$image_h),$black);
26： }
27： for($i=0;$i<4;$i++)
28： {
```

```
29：	$x=$image_w/4*$i+8;
30：	$y=20-mt_rand(1,$image_h/6);
31：	$color=imagecolorallocate($img1,mt_rand(0,180),mt_rand(0,180),
mt_rand(0,180));
32：	imagettftext($img1, 14, mt_rand(-45,45), $x,$y, $color, $fontfile,
$string[$i]);
33：}
34：imagepng($img1);
35：imagedestroy($img1);
36：?>
```

上面代码完成之后，在浏览器地址栏中输入地址 http://localhost/163email/ yzm.php 运行该页面文件，看到的结果如何？不断刷新页面，观察图片中的验证码字符是否会发生变化？

> 问题分析：
> 独立运行 yzm.php 文件时，图片中的验证码字符什么时候会发生变化？

注意事项：

（1）关于 header('Content-type:image/png')，在该页面代码开始处需要使用该函数提示用户即将生成并保存一个 png 文件，而该函数必须在任何实际的输出被发送之前被调用，因此该文件中不可以在开头和结尾处增加 <html>…</html> 一类的标记，否则会出现问题。

（2）该文件中不可以使用 echo 输出任何字符，否则会与 imgpng() 函数产生输出冲突，若是 echo 语句出现在 imgpng() 函数之前，会导致两者都无法输出；反之则只能输出图像而无法输出 echo 语句的内容。

代码解释：

第 5 行和第 6 行，使用 range() 函数创建了包含数字字符 0~9 的数组 $number 和包含大写英文字符 A~Z 的数组 $character。

range() 函数用于创建一个指定范围的数组，需要指定两个参数，分别表示范围中的最小值和最大值。

第 7 行，使用 array_merge() 函数将数组 $number 和 $character 联合起来，生成包含 36 个字符的数组 $result。

array_merge() 函数的作用是将一个或多个数组联合成一个大数组，函数的参数是是一个个数组的名称；

第8行，定义字符串变量$string，初始值为空串，用于存放验证码图片中的4个字符。

第10~14行，使用循环结构逐个随机生成验证码字符并连接到$string变量中，其中第12行使用rand(0,$len-1)产生0~35之间的随机整数，并将该数作为$result数组的下标来使用，获得其中一个字符，即随机产生的是字符的数字下标值，例如若产生的随机数是34，则得到的字符是“Y”。

rand()函数是PHP中提供的用来产生随机数的函数，函数中必须要给定两个参数，分别指定产生的随机数所在范围的最小值和最大值。

第15行，使用imagecreatetruecolor()函数创建宽100像素、高25像素的图像，保存为图像标识$img1。

第16行和第17行，使用imagecolorallocate()函数创建在图像中将要使用的白色和黑色两种颜色，并分别使用变量$white和$black表示。

第18行，使用imagefill()函数将整个图像区域填充为白色（可以看做是白色背景）。

第19行，设置输出字符时使用的字体，该字体必须从系统盘符的windows/fonts文件夹中找到之后复制到yzm.php文件所在的文件夹中。

第20~23行，使用循环语句在图像中产生100个用于干扰的黑点，其中使用rand(0,$image_w)随机产生0~100之间的数字作为黑点的横坐标，使用rand(0,$image_h)随机产生0~25之间的数字作为黑点的纵坐标，其中横坐标范围的0~100和纵坐标范围的0~25是为了将黑点约束在画布内部。

第24~26行，使用循环语句在图像中产生两条用于干扰的黑线，其中每条线的起始坐标和终止坐标都是随机产生的，并且要约束在画布内部。

第27~33行，使用循环结构逐个输出生成的字符。

第29行，用$image_w/4*$i+8生成字符的横坐标，$image_w/4先将整个画布按照宽度划分为4个区域，每个区域25像素宽，使用25*$i之后得到4个区域的起点横坐标分别是0、25、50、75，一个区域中输出一个字符，因为每个字符的输出角度都在-45°到45°之间，为了保证左侧字符能够完整的显示在画布中，而不会被截去一部分，同时也为了保证字符在倾斜时不会与其他字符重叠，需要将每个字符的起点横坐标右移几个像素，这里需要右移的是8个像素，因此4个字符的起点横坐标分别是8、33、58、83。

第30行，用rand()函数随机生成字符的纵坐标，生成的随机数的范围在1~4之间，计算的纵坐标范围则在17~19之间，将字符的左下角纵坐标约束在这个范围之后，即便字符倾斜显示也保证能够将整个字符在25像素高度的区域内完整显示出来。

第31行，随机生成将要输出的字符的颜色，使用的三原色颜色取值都在0 ~ 180之间，这样设计的目的是保证输出的字符颜色不会太浅，避免在白色背景中看不清。

第32行，使用imagettftext()在画布上输出字符，字号14像素，角度采用-45° ~ 45°

之间的随机数，坐标采用 29 行和 30 行中生成的坐标值，颜色采用 31 行生成的颜色值，字体采用 19 行所设置的字体。

第 34 行，使用 imagepng() 函数输出生成的图像。

第 35 行，使用 imagedestroy() 函数销毁图像，释放内存。

2. 创建汉字图片验证码

以下代码不做详细解释，供大家参考使用（使用时需要从系统盘符 windows/fonts 文件夹下复制 simhei.ttf 字体文件）。

```
1：<?php
2：  header('Content-type:image/gif');
3：  $image_w=80;
4：  $image_h=30;
5：  $result=" 吉渗瑞惊顿挤秒悬空烂森糖圣留动闪词迟蚕亿矩 ";
6：  // 上面代码设置的是将要子验证码图片中显示的汉字，可以随意增加
7：  $string="";
8：  $len=strlen($result);
9：  for($i=0;$i<2;$i++)
10：  {
11：      $index=rand(0,$len-2);
12：      if($index%2==1) {
13：              $index++;
14：      }
15：      $string=$string.substr($result,$index,2);
16：  }
17：  $word1= iconv("GB2312","UTF-8",substr($string,0,2));
18：  $word2= iconv("GB2312","UTF-8",substr($string,2,2));
19：  $_SESSION['string']=$string;
20：  $check_image=imagecreatetruecolor($image_w,$image_h);
21：  $white=imagecolorallocate($check_image,255,255,255);
22：  $black=imagecolorallocate($check_image,0,0,0);
23：  imagefill($check_image,0,0,$white);
24：  $fontfile = "simhei.ttf";
25：  for($i=0;$i<100;$i++){
26：      imagesetpixel($check_image,rand(0,$image_w),rand(0,$image_
```

```
h),$black);
27：}
28：for($i=0;$i<2;$i++){
29：    imageline($check_image,mt_rand(0,$image_w),mt_rand(0,$image_h), mt_rand(0,$image_w), mt_rand(0,$image_h),$black);
30：}
31：$color=imagecolorallocate($check_image,mt_rand(0,180),mt_rand(0,180), mt_rand(0,180));
32：imagettftext($check_image, 14, mt_rand(-45,45), 15,20, $color, $fontfile, $word1);
33：$color=imagecolorallocate($check_image,mt_rand(0,180),mt_rand(0,180), mt_rand(0,180));
34：imagettftext($check_image, 14, mt_rand(-45,45), 50,20, $color, $fontfile, $word2);
35：imagepng($check_image);
36：imagedestroy($check_image);
37：?>
```

5.2.3 图片验证码的插入与刷新

需要解决的问题：

第一，生成的图片验证码文件如何插入到注册界面中验证码文本框的右侧？

第二，点击“看不清楚？换一张”之后，如何实现验证码的刷新？

1. 图片验证码的插入

图片验证码是以文件的形式保存的，创建时使用的文件名称是 yzm.php，该文件中保存的是我们创建的图片，因此在插入图片验证码时，只需要使用 HTML 中的 <img> 图像元素，具体代码为 <img src="yzm.php" name="yzm" id="yzm" align="top" />，将这行代码插入到页面文件 zhuce.html 第 25 行代码后面即可。

在进行验证码刷新时，我们需要使用脚本获取该图片元素，所以元素的 name 和 id 至少要定义其中一个。

这里设置 align="top"，是为了保证与验证码图片在同一行中的文本框 useryzm 能够与图片的顶端对齐，使得页面比较美观，也可以在样式中增加如下代码进行设置：#yzm{vertical-align:top;}

2. 图片验证码的刷新

图片验证码的刷新必须是在重新运行 yzm.php 文件之后才能完成，使用 http://localhost/163email/yzm.php 单独运行该文件时，我们可以不断点击刷新按钮完成其刷新变化过程，把该文件加载到页面文件 zhuce.html 内部之后，因为页面上可能已经输入了大量其他信息，不能再通过点击刷新按钮刷新 zhuce.html 文件的方式来完成验证码的刷新，因此图片验证码的刷新需要借助于 JavaScript 函数来实现。

在脚本文件 zhuce.js 中新增函数 yzmupdate()，代码如下：

```
1：function yzmupdate(){
2：  document.yzm.src="yzm.php?"+Math.random();
3：}
```

代码解释：

第 2 行代码中，yzm 是图片元素的 name，使用 document.yzm 可以获取到显示验证码的图片元素，然后设置该元素的 src 属性即可修改所显示的图片内容；此处也可将 document.yzm 更换为 document.getElementById("yzm")，此时引号中的 yzm 是图片元素的 id 属性取值。

代码 "yzm.php?"+Math.random() 的作用是每次点击“看不清楚？换一张”时都重新加载 yzm.php 文件，通过 Math.random() 函数随机产生的数字激活 yzm.php 文件的重新运行，从而获得新的验证码字符并输出。这里强调的是每次加载 yzm.php 文件时都重新激活，相当于独立运行 yzm.php 文件时点击刷新按钮一样，此处的随机数可以看做是激活文件重新运行的种子。

函数调用：

在页面文件 zhuce.html 代码“<span> 看不清楚？换一张 </span>” 的 <span> 标记内部增加 onclick="yzmupdate();"，即可完成函数的调用过程。

5.2.4　session 机制的原理与应用

1. zhuce.php 文件的核心问题

在 zhuce.php 文件中的核心问题是对用户输入的验证码进行判断，并且根据判断结果完成相应的操作。

> 注意：
>
> 对用户输入的验证码进行判断这个过程需要在服务器端完成，而不是在浏览器端。

若输入的验证码正确，则在页面文件 zhuce.php 中获取并显示用户提交的注册信息（把注册数据插入到数据库中的相关知识我们稍后讲解）。

若是错误，则需要在页面文件中实现如下功能：

（1）重新运行页面文件 zhuce.html；

（2）回填邮件地址文本框、密码框、确认密码框和手机号文本框的数据；

（3）在文本框 useryzm 中用红色文本显示提示信息“验证码输入错误，请重新输入”；

（4）当用户再次将光标置位到 useryzm 文本框中时，错误提示信息消失。

验证码输入错误之后的页面效果如图 5-3 所示：

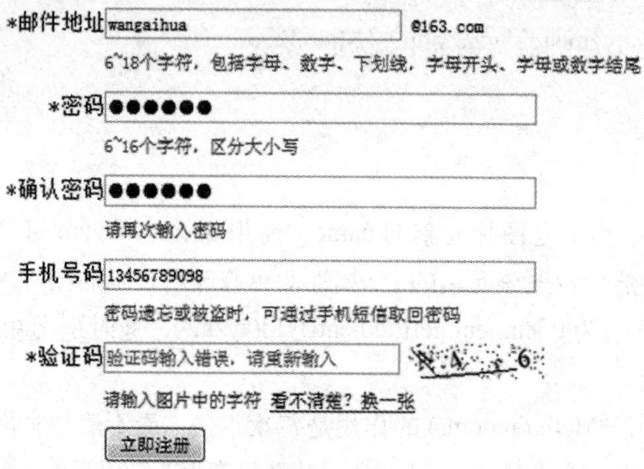

*邮件地址 wangaihua @163.com
6~18个字符，包括字母、数字、下划线，字母开头、字母或数字结尾
*密码 ●●●●●●
6~16个字符，区分大小写
*确认密码 ●●●●●●
请再次输入密码
手机号码 13456789098
密码遗忘或被盗时，可通过手机短信取回密码
*验证码 验证码输入错误，请重新输入
请输入图片中的字符 看不清楚？换一张
立即注册

图 5-3　验证码输入错误后的页面运行效果

问题分析：

在进行验证码判断时，参与比较的两个数据分别是什么？这两个数据分别从哪里获取到？

问题解答：

参与比较的两个数据分别是：系统生成的验证码图片中的字符和用户输入的字符；其中验证码图片中的字符要从 yzm.php 文件中获取，而用户输入的验证码字符则是从系统数组 $_POST 或者 $_GET 中获取，这要取决于 <form> 标记中 method 属性的取值。

获取用户输入的验证码字符：

修改 zhuce.php 文件，在获取手机号的代码后面增加代码 $useryzm=$_POST['useryzm']，获取用户输入的验证码字符。

获取 yzm.php 中生成的验证码字符：

yzm.php 中生成的验证码字符在变量 $string 中存放着。

问题分析：

能否将 yzm.php 文件中存放验证码字符的变量 $string 直接应用到 zhuce.php 文件中？为什么？

问题解答：

不可以将 yzm.php 文件中的 $string 变量直接应用到 zhuce.php 文件中，每个变量都有自己的生存环境，它们的生存环境是创建了这个变量的文件，只要脱离了这个文件，变量就不复存在，即变量就失去了自己的生命，毫无意义的。

例如，若是在 yzm.php 文件中生成的验证码字符是 A4UJ，则变量 $string 的取值为 A4UJ，但是当我们在 zhuce.php 文件中试图使用变量 $string 中存储的数据时，该变量将被告知是不存在的。

要想在 zhuce.php 文件中得到生成于 yzm.php 文件中的验证码字符，必须要使用动态网站技术中提供的 session 机制。

2. session 机制的原理与应用

session，可以简单理解为用户访问某个网站的一次会话过程：用户开始访问该网站时会话开始，session 开始产生；用户完成访问关闭网站的所有页面时会话结束，session 也就消失。

session 的工作原理是：服务器为每个访问者创建一个唯一的 id，并基于这个 id 来存储变量，也就是说任何用户去访问任何网站，无论用户是否直接使用，服务器都会为该用户创建一个唯一的 session。

服务器为所有用户创建的 session 都存储于服务器端，用户可以使用 session 保存自己的私密数据，例如登录时的账号和密码信息等，当用户访问网站的不同页面时，服务器将根据客户端提供的 session id 得到用户的信息，取得 session 变量的值。

强调：Session 变量保存的信息是单一用户的，并且可供应用程序中的所有页面使用。

session 机制的作用：

（1）服务器端通过不同的 session id 识别每个用户；

（2）单个用户的信息在网站的不同页面之间传递时，需要使用 session 机制，也就是说 session 为用户数据在同一网站不同页面之间的传递搭建了桥梁，具体的用法则要通过使用系统数组 $_SESSION 来实现。

例如，要将 yzm.php 文件中生成的验证码字符传递到同一个网站内部的 zhuce.php 文件内就属于这种情况的应用。

再如，网络中应用 session 的实际案例：大家使用淘宝进行网购时，只要在登录界面中输入了账号密码登录成功之后，可以在淘宝上的任意一家网店购买东西而不需要反复登录。

使用邮箱时，经常要接收邮件，也要发送邮件，只要登录成功打开了邮箱，用户就可以随意完成收发邮件的操作。

总之，session 在动态网站中是一种不可或缺的机制。

那么，我们要如何在页面中使用 session 机制完成数据的传递呢？

session 机制的功能需要通过系统数组 $_SESSION 体现出来，使用该数组时，数组元素要由开发人员自己确定，使用的键名下标也由开发人员自己指定，数组元素的取值是用户要在不同页面中传递的数据，需要使用的数组元素的个数则由用户需要传递的数据个数来确定。通常的做法是：在一个文件中生成一个数组元素，在该网站的其他页面中使用该数组元素。

例如，在 yzm.php 文件中生成验证码字符 UA3E 保存在变量 $string 中，使用代码 $_SESSION['string']= $string，生成系统数组 $_SESSION 的一个元素，元素的下标是 string，保存的内容是 UA3E。

更形象一些，我们可以将 session 看做是一个管道，在该管道下面挂着本网站中多个 php 页面文件（最少需要两个，最多不计），每个页面文件都可以使用 $_SESSION 系统数组向管道提供需要传递的数据，其他文件则可以使用 $_SESSION 系统数组从管道中取用数据。如图 5-4 所示。

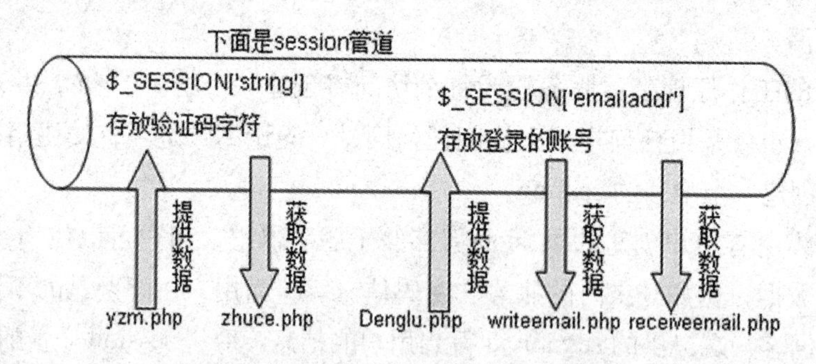

图 5-4　使用 session 管道传递数据

图 5-4 中 session 管道下面共挂有 4 个 php 文件，其中 yzm.php 文件通过数组元素 $_SESSION['string'] 向管道中提供系统生成的验证码字符，然后 zhuce.php 文件再通过 $_SESSION['string'] 从管道中取用验证码字符；denglu.php 文件通过 $_SESSION['emailaddr'] 元素向管道中提供用户登录时使用的账号信息，然后 writeemail.php 和 receiveemail.php 文件再通过数组元素 $_SESSION['emailaddr'] 从管道中取用用户账号信息，其中 denglu.php 文件是输入登录信息之后运行的文件，writeemail.php 是写邮件页面文件，receiveemail.php 是收邮件页面文件。

说明，一旦数据放到了 session 管道中，在本网站中的所有 php 文件都可以在启用 session 之后来取用这个数据。

3. 启用 session

在页面中使用 $_SESSION 系统数组之前，必须使用 session_start() 函数启动会话，该函数需要在使用 session 的每个页面中应用，否则 session 不起作用；也可以直接在 php.ini 文件中设置 session.auto_start=1 取代函数 session_start() 的应用。

本书中，我们采用在需要的页面中使用 session_start() 函数启动会话。

4. session 机制的使用环境

要想正常使用 session 机制，需要在图 5-5 所示的 internet 属性界面中“选择 internet 区域设置”不能设置为中高以上。

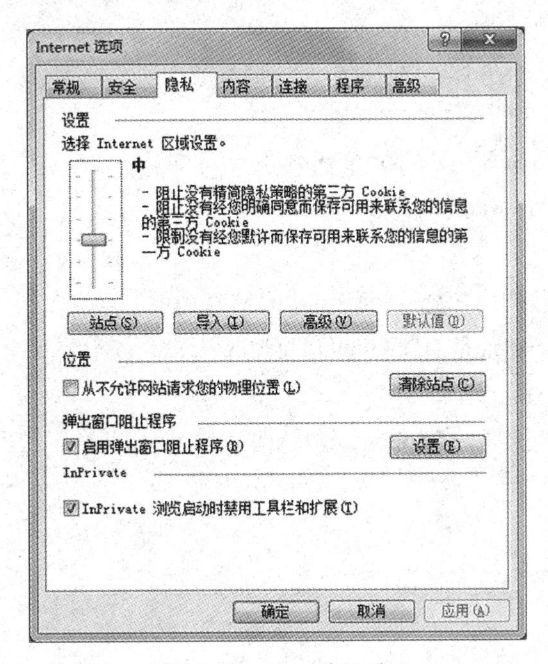

图 5-5 internet 属性界面

5.2.5 实现图片验证码的验证功能

1. 修改 yzm.php 文件，向 session 管道中提供数据

对 yzm.php 文件需要进行如下两个方面的修改：

（1）在开始处增加代码 session_start();，启动本页面对 session 机制的应用；

（2）在生成验证码字符串之后，增加代码 $_SESSION['string']=$string;，使用系统数组 $_SESSION 保存生成的验证码字符串，从而达到向 session 管道中提供数据的目的。

2. 修改 zhuce.php 文件，完成验证码的判断

（1）在文件开始处使用代码 session_start(); 启动本页面对 session 机制的应用；

（2）在获取其他表单元素数据之后增加代码，用变量 $useryzm 获取 zhuce.html 页面中输入的验证码信息，即 $useryzm=$_POST['useryzm'];；

（3）用变量 $yzmchar 获取 $_SESSION 数组中保存的原始验证码信息，即

$yzmchar=$_SESSION['string'];；

（4）将 $useryzm 中存放的用户输入的验证码字符使用 strtoupper() 函数转换为大写字符后与 $yzmchar 内容进行比较，如果输入验证码正确，则显示用户注册时输入的所有信息。

完成上述修改之后，zhuce.php 文件的代码如下：

```
1：<?php
2：  session_start();
3：  $emailaddr=$_POST['emailaddr'];
4：  $psd=$_POST['psd1'];
5：  $phoneno=$_POST['phoneno'];
6：  $useryzm=$_POST['useryzm'];
7：  $yzmchar=$_SESSION['string'];
8：  if (strtoupper($useryzm)==$yzmchar)
9：  {
10：    echo " 尊敬的用户您好，您注册的信息如下：<br>";
11：    echo " 邮箱地址是：".$emailaddr."<br>";
12：    echo " 密码是：".$psd1."<br>";
13：    echo " 手机号是：".$phoneno."<br>";
14：  }
15：  else{
16：    echo " 验证码输入错误，本次注册没有成功 ";
17：  }
18：?>
```

重新运行 zhuce.html 文件，输入正确的验证码之后，程序的运行结果如何？若是输入错误验证码呢？

问题分析：

第 8 行中将用户输入验证码与系统生成的验证码字符进行比较之前，为何需要将用户输入的验证码字符转换为大写状态？

问题解答：

系统生成的验证码图片的字母字符固定为大写状态，而用户输入验证码时大小写状态是随意的，为了保证能够将用户输入的验证码字符与系统生成的验证码字符正确进行比较，需要先将用户输入的验证码字符转换为大写状态再比较。

3. 验证码输入错误之后需要完成的功能

在验证码输入错误之后，需要完成如下功能：

（1）重新运行页面文件 zhuce.html；

（2）将用户填写好的数据（邮件地址、密码、手机号）重新回填到注册界面中；

（3）在验证码文本框中使用红色文本显示“验证码错误，请重新输入”；

（4）当用户将光标置位到验证码文本框中时，让提示信息消失；

对于问题（1）至问题（3），需要将 zhuce.php 文件代码第 16 行到 18 行的 else{…} 替换为如下代码（此处为描述方便，对增加的代码行仍旧从行号 1 开始进行编号）：

```
1：else
2：{
3：    include 'zhuce.html';
4：    echo "<script>";
5：    echo "document.getElementById('emailaddr').value='$emailaddr';";
6：    echo "document.getElementById('psd1').value='$psd';";
7：    echo "document.getElementById('psd2').value='$psd';";
8：    echo "document.getElementById('phoneno').value='$phoneno';";
9：    echo "document.getElementById('useryzm').style.color='#f00';";
10：    echo "document.getElementById('useryzm').value=' 验证码输入错误，请
重新输入 ';";
11：   echo "</script>";
12：}
```

代码解释：

第 3 行，使用 include 'zhuce.html'; 设置在 zhuce.php 文件中包含 zhuce.html 文件，即重新运行 zhuce.html 文件。

第 4 行，输出 <script> 标记，用以定界接下来要输出的脚本代码。

第 5 行，输出脚本代码 document.getElementById('emailaddr').value= '$emailaddr';，若用户输入的邮件地址是“liminghua”，则变量 $emailaddr 中存放的内容是 liminghua，所以传送到浏览器端的代码是 document.getElementById ('emailaddr').value='liminghua';，通过该代码设置邮件地址文本框的内容为用户之前输入的邮件地址信息，即进行邮件地址的回填。

第 6 行，输出脚本代码 document.getElementById('psd1').value='$psd';，若用户之前输入的密码是 123456，则变量 $psd 中存放的内容是 123456，所以传递到浏览器端的

代码是 document.getElementById('psd1').value='123456';，通过该代码设置密码框的内容是用户之前输入的密码信息，即进行密码的回填。

第 7 行，同第 6 行。

第 8 行，输出脚本代码 document.getElementById('phoneno').value='$phoneno';，若用户输入的手机号是 13467899087，则变量 $phoneno 中存放的内容是 13467890987，所以传递到浏览器端的代码是 echo "document.getElementById ('phoneno').value=13467890987';，通过该代码设置手机号文本框的内容为用户之前输入的手机号信息，即进行手机号的回填。

到此，完成用户注册数据的回填操作。

第 9 行，输出脚本代码 document.getElementById('useryzm').style.color='#f00';，通过该代码设置验证码文本框中字符的颜色为红色；

第 10 行，输出脚本代码 document.getElementById('useryzm').value=' 验证码输入错误，请重新输入 ';，通过该代码设置验证码文本框中显示的内容为需要的提示信息。

第 11 行，输出 </script>，用于结束第 4 行输出的 <script> 标记

对于需要解决的问题（4），当用户将光标置位到验证码文本框中时，让提示信息消失，采用的解决方案是，在 zhuce.html 文件的验证码文本框 useryzm 标记中使用代码 onfocus="this.value=''; "（灰色底纹区域中是两个单引号）实现，其中，this 代表文本框 useryzm，代码的作用是当用户将光标放入文本框 useryzm 中时，设置该文本框的 value 属性值为空。

5.2.6 在 PHP 中引用外部文件

PHP 程序的特色之一是它的文件引用，用这种方法可以将常用的功能或代码写成一个文件，也可以将一个内容非常多的页面文件分割成几个页面文件，在需要的地方直接引用即可，这种方法既可以简化程序流程，又可以实现代码的复用。

引用文件的方法有两种：include 和 require。

这两种方法除了在处理引用失败时的方式不一样之外，其余功能完全相同。使用 include() 引用文件，在引用失败时将产生一个警告，然后页面代码会继续执行下去；而使用 require() 在引用失败时则导致一个致命错误，将停止处理页面内容。

假设要引用的文件名是 zhuce.html，则使用 include 引用时可以采用以下形式：

（1）include("zhuce.html")

（2）include "zhuce.html"

（3）include('zhuce.html')

（4）include 'zhuce.html'

使用 require 引用时同样可以使用上面四种形式之一。

5.3 操作 MySQL 数据库

MySQL 是 MySQL AB 公司开发的一种开放源代码的关系型数据库管理系统，与 SQL 一样，也是使用结构化查询语言进行数据库管理。

PHP 的开发者建立了完美的 MySQL 数据库支持，用于操作 MySQL 的函数都是 PHP 标准内置函数。

5.3.1 MySQL 数据库操作界面简介

在任务二 2.3 中已经完成了 MySQL 数据库和图形化界面的安装，从图 2-29 界面中点击 ok 按钮之后，进入图 5-6 所示操作界面。

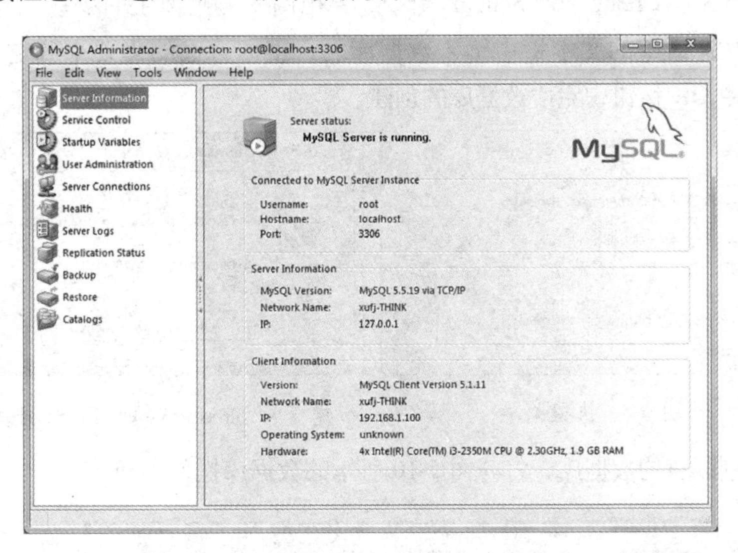

图 5-6 MySQL 数据库图形化操作界面

在图 5-6 所示的界面中，左侧是命令列表，右侧是选择相关命令之后显示的信息，当前显示的是 Server Information（数据库服务器信息），包括服务器状态——正在运行，服务器连接实例——根用户 root、主机 localhost、端口 3306，服务器信息——MySQL 版本信息、网络标识信息和 IP 地址信息，客户端用户信息等。

在命令列表中，我们经常需要使用的命令有 Backup——数据库导出命令、Restore——数据库导入命令和 Catalogs——目录命令。

点击运行 Catalogs 命令之后，得到图 5-7 所示的目录列表界面。

目录列表中显示出当前服务器中存在的系统内置数据库和用户创建的所有数据库。

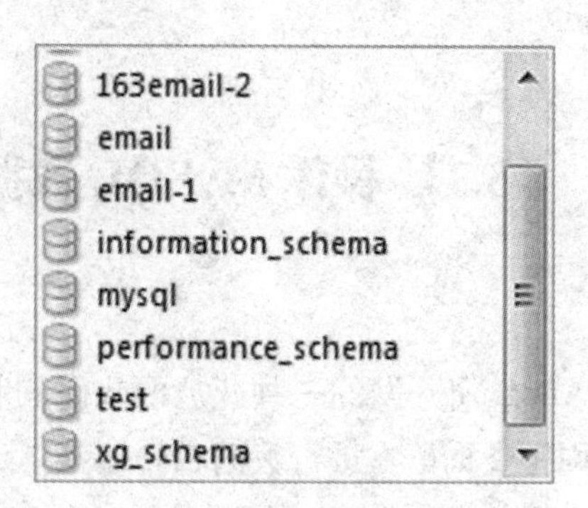

图 5-7 目录列表界面

5.3.2 创建数据库和数据表

1. 创建数据库

在图 5-7 所示列表框中，点击鼠标右键，弹出图 5-8 所示的快捷菜单。

选择图 5-8 中 Create New Schema 命令，弹出图 5-9 所示的对话框。

在图 5-9 对话框的文本框中输入数据库名，根据自己的需要来确定，此处使用 email-1，点击 OK 按钮，完成数据库的创建。

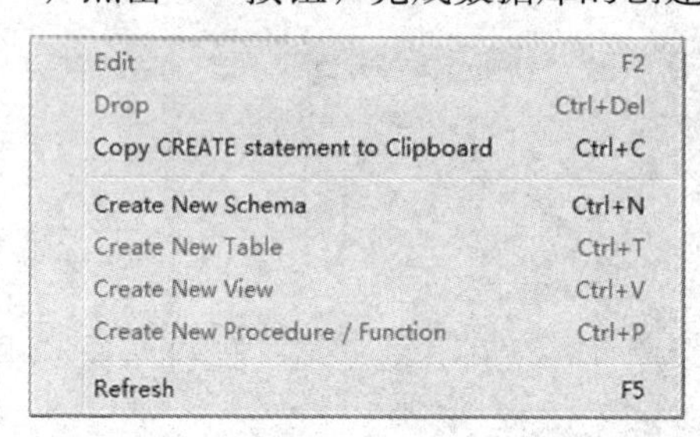

图 5-8 快捷菜单

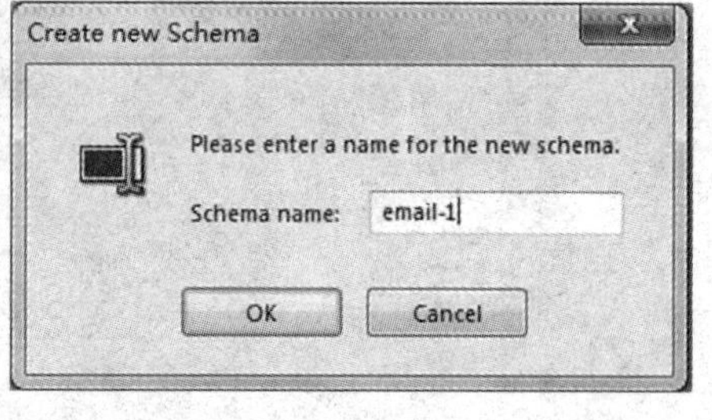

图 5-9 Create New Schema 对话框

选择刚刚创建的数据库，打开图 5-10 所示的数据库操作界面

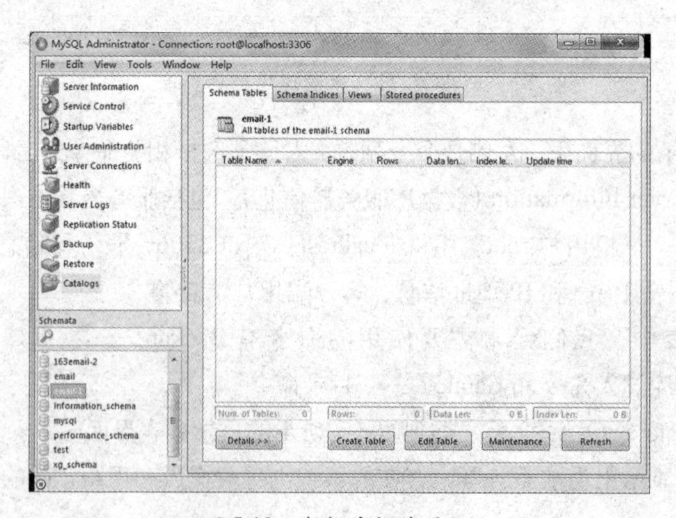

图 5-10 数据库操作界面

2. 创建数据表

创建数据表 usermsg，用于保存用户注册时输入的邮件地址、密码、手机号和注册日期信息，数据表中对应的列名、类型和长度等信息要求如表 5-1 所示。

表 5–1　　数据表 usermsg 的结构

保存的信息	列名	类型和长度	是否允许为空	是否为主键
邮件地址	emailaddr	varchar(18)	not null	是
密码	psd	varchar(16)	not null	
手机号	phoneno	varchar(11)		
注册日期	zhucedate	datetime	not null	

注意：因为用户注册时可以不输入手机号的，所以数据表中的 phoneno 列允许为空。

问题分析：请大家思考这里邮件地址、密码和手机号为什么都使用 varchar 类型，而不使用 char 类型？

在图 5-10 左下角 schema 列表中右键点击需要创建数据表的数据库，此处选用 email-1，弹出图 5-8 所示的快捷菜单，此时 Create New Table 命令处于可点击执行状态，选择该命令进入图 5-11 所示的数据表编辑界面。

也可以在图 5-10 右侧 Schema Tables 选项卡下空白位置右键点击弹出图 5-12 所示的快捷菜单。

选择图 5-12 中的 Create Table 命令也进入图 5-11 所示的数据表编辑界面。

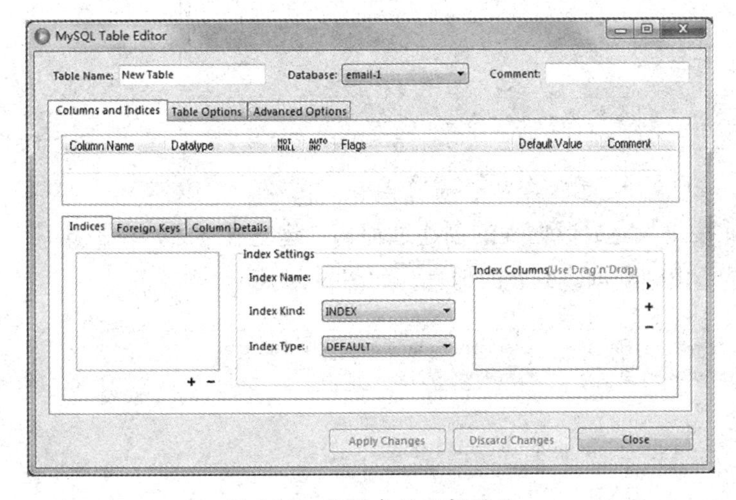

图 5-11　数据表的编辑界面

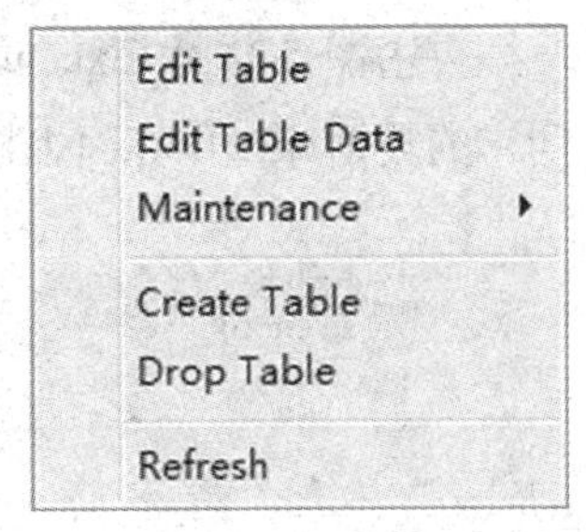

图 5-12　快捷菜单

在编辑界面顶部 Table Name 右侧文本框中输入需要的数据表的名称 usermsg。在 Columns and Indices 选项卡下面分别输入表 5-1 所示的列名、数据类型、长度以及是否为空等信息，输入完成后得到图 5-13 所示的数据表 usermsg 设计界面。

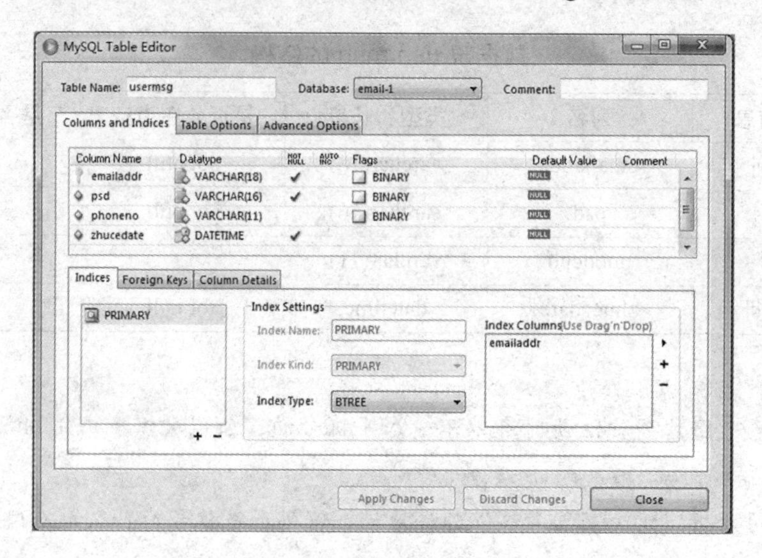

图 5-13　数据表 usermsg 设计界面

点击图 5-13 中 Apply Changes 按钮，弹出图 5-14 所示的完成数据表编辑的消息框。

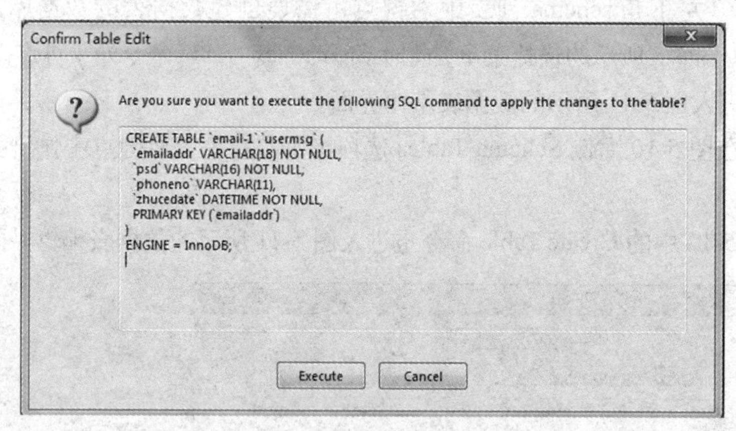

图 5-14　完成数据表编辑界面

点击图 5-14 中 Execute 按钮，完成数据表的创建过程，创建完成之后，在图 5-10 所示的数据库操作界面中显示出刚刚创建的表的信息，如图 5-15 所示。

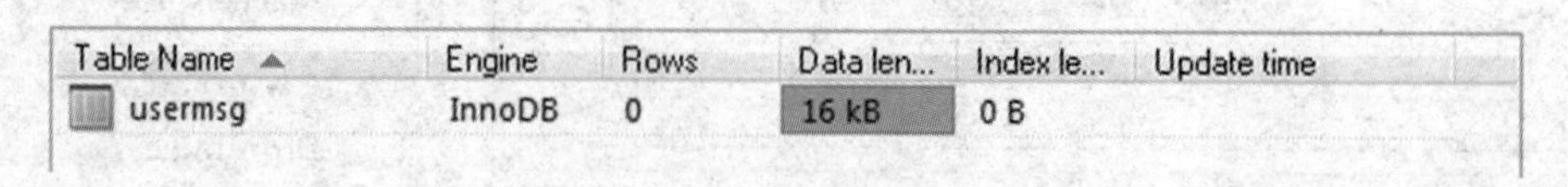

Table Name	Engine	Rows	Data len...	Index le...	Update time
usermsg	InnoDB	0	16 kB	0 B	

图 5-15　数据表 usermsg 信息

说明：

刚刚创建的数据表中没有任何数据记录，所以行数 Rows 为 0，为数据表分配的最小存储空间是16k。

5.3.3　数据库的导入与导出

1. 导出

点击数据库操作界面中的Backup命令，显示图5-16所示的导出数据库界面之一。

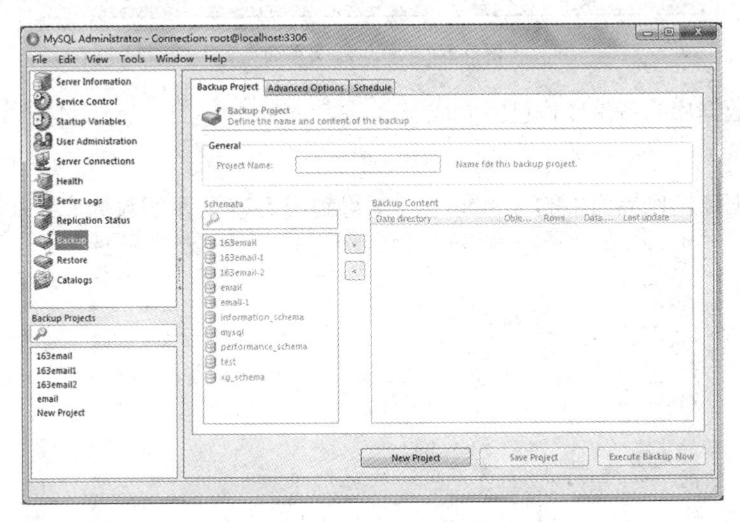

图5-16　导出数据库界面之一

点击图5-16中的New Project按钮，在Project Name右侧文本框中输入名称email1，在Schemata列表中选择email-1数据库，然后点击向右移动小箭头按钮，得到图5-17所示的导出数据库界面之二。

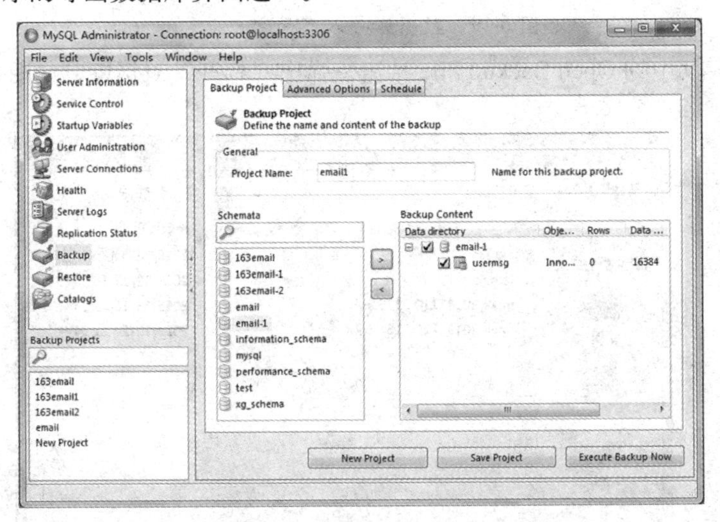

图5-17　导出数据库界面之二

点击图5-17中的Save Project按钮之后，再点击Execute Backup Now按钮，弹出“另存为”对话框，选择要保存备份文件的位置和名称（直接使用默认的名称），点击“保存”按钮弹出图5-18所示的导出完成界面。

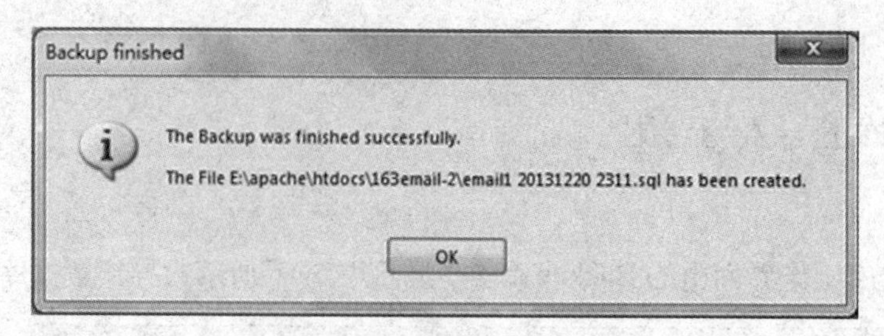

图 5-18　导出完成界面

到此，数据库的备份操作已经完成。

2. 导入

点击数据库操作界面中的 Restore 命令，得到图 5-19 所示的数据库导入界面之一。

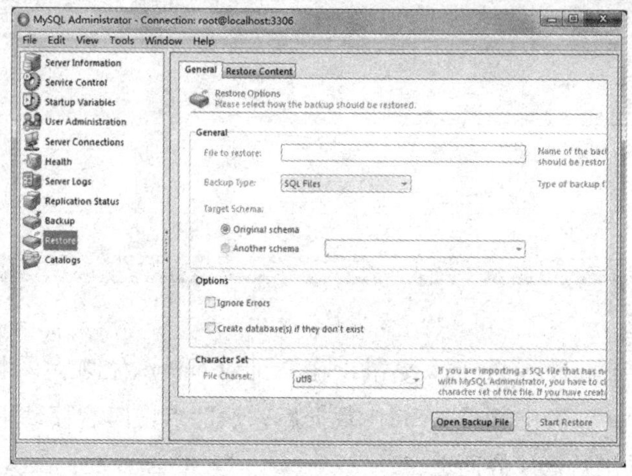

图 5-19　数据库导入界面之一

点击图 5-19 中的 Open Backup File 按钮，弹出“打开”对话框，如图 5-20 所示。

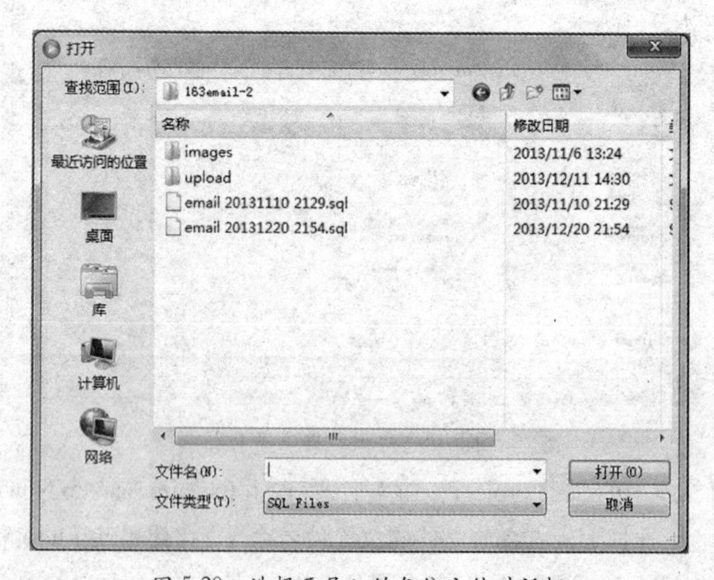

图 5-20　选择要导入的备份文件对话框

选择并打开要导入的数据库，得到图 5-21 所示的数据库导入界面之二。

图 5-21 中 Target Schema 下面有两个选项，默认选中第一个选项 Original schema（原始 schema），表示使用的仍旧是创建时的数据库名称，第二个选项是 Another schema（另一个 schema），若是想换掉原先定义的库名，可以选用第二个选项，然后在右侧文本框中输入新的数据库名称；

在 Options 下面有两个复选框，第一个选项是忽略错误，第二个选项是如果数据库不存在则创建，导入数据时，这两个选项都要选择。

在 Character Set 下面有下拉列表可以选择导入文件的字符集，此处使用默认的 utf8 即可，不要选择其他选项。

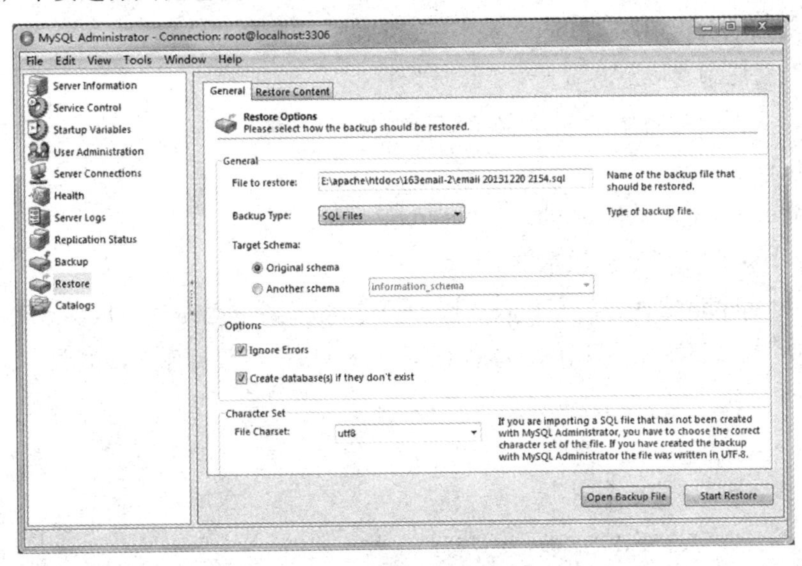

图 5-21　数据库导入界面之二

完成上面操作步骤之后，点击 Start Restore 按钮，弹出图 5-22 所示的数据库导入完成界面。

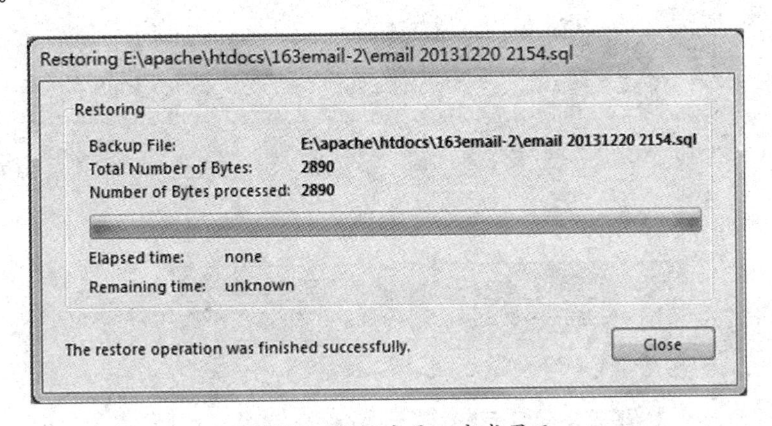

图 5-22　数据库导入完成界面

5.3.4 PHP 文件访问 MySQL 数据库

PHP 中提供的访问 MySQL 数据库的函数有很多，这里我们只介绍几个最常用的函数。其他函数大家可以参阅附件 A.6 的函数简介表。

1. mysql_connect() 函数

在 PHP 程序中操作 MySQL 数据库中的数据，第一步就是连接到数据库服务器，也就是建立一条 PHP 程序到 MySQL 数据库之间的通道，完成该功能需要使用 mysql_connect() 函数，mysql_connect() 函数有 5 个参数，但是一般而言，只需要使用前 3 个，格式如下：

mysql_connect(sting server, string username, string password)

三个参数分别表示数据库服务器名称或地址、用户名和密码；

该函数在应用之后会返回一个连接标识符。

例如，下面语句将使用 MySQL 的超级管理员（根用户）身份建立一个到本地服务器的连接：

$conn=mysql_connect('localhost','root','root');

mysql_connect() 函数应用示例：

新建 mysql.php 文件，编写代码连接 MySQL 数据库，若是连接成功则输出“数据库连接成功”，同时输出返回的连接标识符，否则输出“数据库连接失败”。

代码如下：

```
1：<?php
2：  $conn=mysql_connect("localhost","root","root");
3：  if($conn){
4：        echo " 数据库连接成功，连接标识符是 $conn";
5：  }
6：  else{
7：        echo " 数据库连接失败 ";
8：  }
9：?>
```

运行结果如图 5-23 所示。

图 5-23　mysql.php 运行效果

代码解释：

第3行，直接将mysql_connect()函数返回的标识符$conn作为判断的条件，若是数据库连接成功，则该标识符存在。

2. mysql_select_db()函数

连接到数据库以后，还不能操作访问数据表，而是先选择要操作的数据库之后，才能对这个库中的表进行各种操作，选择数据库的函数是mysql_select_db()，可以使用两个参数，格式如下：

mysql_select_db(dbname, connID)

参数dbname表示要选择的数据库，参数connID表示生成的数据库连接标识，可以省略connID，省略时，默认使用当前连接标识。

该函数使用之后，返回一个布尔值，若是打开数据库成功则返回ture，否则返回false。

mysql_select_db()函数应用举例：

修改mysql.php文件，连接数据库成功之后，直接选择打开指定的数据库email-1，若打开成功则输出“打开数据库email-1成功”，否则输出“打开数据库email-1失败”。

mysql.php文件代码如下：

```
1：<?php
2：  $conn=mysql_connect("localhost","root","root");
3：  if($conn){
4：       if(mysql_select_db("email-1",$conn)){
5：                echo "打开数据库email-1成功";
6：               }
7：               else{
8：                echo "打开数据库email-1失败";
9：               }
10：  }
11：  else{
12：       echo "数据库连接失败";
13：  }
14：?>
```

代码解释：

第4行，将mysql_select_db()函数的运行结果直接作为条件进行判断，该行代码的执行过程是先执行mysql_select_db("email-1",$conn)，再执行条件判断语句。

3. mysql_query() 函数

连接打开数据库成功之后，接下来是对指定的数据表进行增删查改操作，做其中任何一种操作都需要设计相应的 SQL 语句，要执行这些 SQL 语句，则需要使用 mysql_query() 函数，该函数中通常需要使用两个参数，格式如下：

mysql_query(SQL, connID)

参数 SQL 表示设计的 SQL 中的增删查改语句，参数 connID 表示生成的数据库连接标识，可以省略 connID，省略时，默认使用当前连接标识。

4. mysql_num_rows() 函数

对数据表进行查询操作之后，通常需要获取查询结果记录集中的记录数，用于判断查询结果是否存在，或者用于控制输出查询结果记录的次数，获取查询结果集中的记录数需要使用 mysql_num_rows() 函数，该函数通常只需要一个参数，格式如下：

mysql_num_rows(resultset)

参数 resultset 表示查询结果记录集。

mysql_query() 和 mysql_num_rows() 函数应用举例：

修改 mysql.php 文件，打开数据库 email-1 之后，设计查询语句，查询数据表 usermsg 中的全部记录，并输出记录个数，修改之后的代码如下：

```
1：<?php
2：  $conn=mysql_connect("localhost","root","root");
3：  if($conn){
4：        if(mysql_select_db("email-1",$conn)){
5：                    $sql="select * from usermsg";
6：                    $result=mysql_query($sql,$conn);
7：                    $rows=mysql_num_rows($result);
8：                    echo " 数据表 usermsg 中的记录数是 $rows";
9：                  }
10：                 else{
11：                    echo " 打开数据库 email-1 失败 ";
12：                  }
13：  }
14：  else{
15：        echo " 数据库连接失败 ";
16：  }
17：?>
```

数据表 usermsg 刚刚创建，里面的记录数为 0，所以代码运行结果如图 5-24 所示。

图 5-24　应用函数 mysql_query 和 mysql_num_rows 的结果

代码解释：

第 5 行，设计查询语句用于查询数据表 usermsg，使用变量 $sql 保存。

第 6 行，使用 mysql_query() 函数执行变量 $sql 中保存的查询语句，将查询结果记录集使用变量 $result 表示。

第 7 行，使用 mysql_num_rows() 函数获取查询结果记录集 $result 中的记录个数，使用变量 $rows 保存。

第 8 行，输出 $rows 变量中保存的记录个数。

使用 mysql_num_rows() 函数常见的错误：

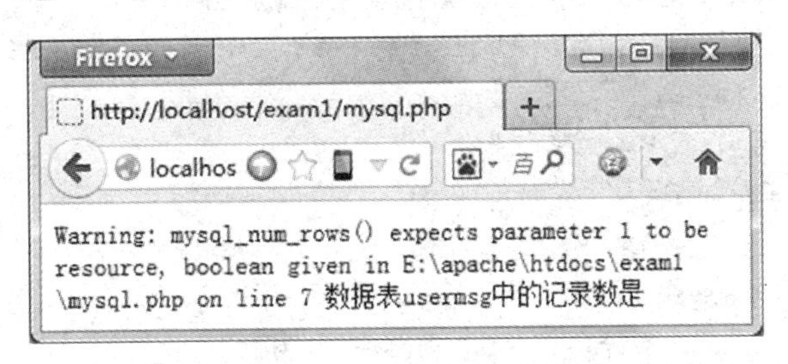

图 5-25　使用 mysql_num_rows() 函数常见的错误

若是运行界面中出现图 5-25 所示的错误信息，通常是因为设计的查询语句有错误，错误的查询语句无法执行得到结果记录集，所以会导致函数 mysql_num_rows 缺少参数。

5. mysql_close() 函数

任何 PHP 文件中访问数据库完成之后都需要关闭当前的数据库连接，这时候需要使用 mysql_close() 函数，其中只需要一个参数，格式如下：

mysql_close(connID)

参数 connID 表示生成的数据库连接标识，可以省略 connID，省略时，默认使用当前连接标识。

本小节中我们只介绍上述几个函数，其他几个常用的函数我们会在后续章节中需要时再进行详细的讲解。

5.4 使用数据库保存注册信息

5.4.1 保存注册信息

修改 zhuce.php 文件，在判断验证码之前增加代码获取用户注册时的日期时间信息，然后在验证码判断正确之后增加代码，完成如下功能：

（1）连接 MySQL 数据库；

（2）打开 email-1 数据库；

（3）查询数据表 usermsg 中是否已经存在用户注册的邮箱地址信息，若是存在则在 zhuce.html 文件页面的邮件地址文本框中显示红色文本“该账号已经存在，请重新注册”用于提示用户；

（4）若是不存在则将用户的注册信息以及注册的日期信息保存到表 usermsg 中。

邮件账户注册重复后的页面运行效果如图 5-26 所示：

*邮件地址 该账号已经存在，请重新注册 @163.com
6~18个字符，包括字母、数字、下划线，字母开头、字母或数字结尾
*密码
6~16个字符，区分大小写
*确认密码
请再次输入密码
手机号码
密码遗忘或被盗时，可通过手机短信取回密码
*验证码
请输入图片中的字符 看不清楚？换一张
立即注册

图 5-26 邮件账户注册重复后的页面运行效果

修改之后，完整的 zhuce.php 文件代码如下，其中带底色的部分是在当前子任务中要增加的代码。

```
1：<?php
2：  session_start();
3：  $emailaddr=$_POST['emailaddr'];
4：  $psd1=$_POST['psd1'];
5：  $phoneno=$_POST['phoneno'];
```

```
6: $useryzm=$_POST['useryzm'];
7: $yzmchar=$_SESSION['string'];
8: $zhucedate=date('Y-m-d H:i');
9: if (strtoupper($useryzm)==$yzmchar)
10: {
11:     $conn=mysql_connect('localhost','root','root');
12:     mysql_select_db('email-1',$conn);
13:     $sql="select * from usermsg where emailaddr='$emailaddr'";
14:     $result=mysql_query($sql,$conn);
15:     $datanum=mysql_num_rows($result);
16:     if($datanum==0)
17:     {
18:     $sql="insert into usermsg values('$emailaddr','$psd1','$phoneno','$zhuceda
te')";
19:     mysql_query($sql,$conn);
20:     echo " 尊敬的用户您好，您注册的信息如下：<br>";
21:     echo " 邮箱地址是：".$emailaddr."<br>";
22:     echo " 密码是：".$psd1."<br>";
23:     echo " 手机号是：".$phoneno."<br>";
24:     }
25:     else {
26:     include 'zhuce.html';
27:     echo "<script>";
28:     echo "document.getElementById('emailaddr').style.color='#f00';";
29:     echo "document.getElementById('emailaddr').value=' 该账号已经存在，
请重新注册 ';";
30:     echo "</script>";
31:     }
32: }
33: else
34: {
35:     include 'zhuce.html';
36:     echo "<script>";
```

```
37：        echo "document.getElementById('emailaddr').value='$emailaddr';";
38：        echo "document.getElementById('psd1').value='$psd1';";
39：        echo "document.getElementById('psd2').value='$psd1';";
40：        echo "document.getElementById('phoneno').value='$phoneno';";
41：        echo "document.getElementById('useryzm').style.color='#f00';";
42：        echo "document.getElementById('useryzm').value=' 验证码输入错误，
请重新输入 ';";
43：        echo "</script>";
44：}
45：mysql_close();
46：?>
```

代码解释：

第 8 行，在 date() 函数中使用格式串 'Y-m-d H:i' 获取当前服务器中的日期时间信息，例如获取到的信息是“2013-06-12 09:32”，使用变量 $zhucedate 保存。

第 9 行和第 32 行是判断验证码输入正确时代码块开始与结束的位置。

第 11 行，连接数据库，生成标识符变量 $conn。

第 12 行，打开数据库 email-1。

第 13 行，设计查询语句，使用变量 $sql 保存，查询 usermsg 表中 emailaddr 列值为用户注册的邮件地址 $emailaddr 的记录。

第 14 行，执行查询语句，将查询结果放在变量 $result 中保存。

第 15 行，获取 $result 记录集中的记录个数，使用变量 $datanum 保存。

第 16 行，判断 $datanum 中的取值是否是 0，若是 0，说明 $emailaddr 中保存的账号没有被注册过，此时将继续执行第 18~23 行代码；若不是 0，说明 $emailaddr 中保存的账号已经被注册过，此时将执行第 26~30 行代码。

第 18 行，定义插入语句，使用变量 $sql 保存，将用户的注册信息插入到数据表 usermsg 中。

第 19 行，执行插入语句。

第 20 行 ~ 第 23 行，输出用户的注册信息。

第 26 行，重新运行页面文件 zhuce.html。

第 27 行，输出脚本定界标记 <script>；。

第 28 行，输出脚本代码 document.getElementById('emailaddr').style. color='#f00';，用于设置邮件地址文本框中将要显示的文本为红色。

第 29 行，输出脚本代码 document.getElementById('emailaddr').value=' 该账号已经

存在，请重新注册 ';，用于设置邮件地址文本框中显示的文字信息。

第 30 行，输出脚本定界标记 </script>，用于结束 <script> 标记。

问题分析：

第 7 行中获取的结果记录集中的记录数只可能是哪几个取值？为什么？

问题解答：

只可能是 0 或者 1，若是该账号没有被注册过，记录数一定是 0；若是被注册过，也只能被使用一次，记录数一定是 1。

5.4.2　md5() 函数加密

1. md5() 函数

当前很多网站中提供的一些功能，用户若是想使用，也都必须要进行注册，按照上面做法保存用户注册信息时存在这样一个问题：只要有人能够打开数据库 email-1，就能够很轻松地获取到用户邮箱的账号和密码，很轻松登录到用户的邮箱中随意窃取数据，例如网管就有这个特权。为了避免这种问题的发生，在注册之后保存数据时，都需要将密码数据进行加密之后再保存到数据库中，PHP 中可以使用函数 md5() 来完成这一功能

函数格式：md5(string, raw)

参数 string：必需，指定要进行计算转换的字符串；

参数 raw：可选，规定十六进制或二进制输出格式，取值 TRUE，输出格式为原始 16 字符二进制，取值 FALSE，设置为 32 字符十六进制数，默认。

Md5() 函数是进行单向加密的，有两个特性是很重要的，第一是任意两段明文数据，加密以后的密文不能是相同的；第二是任意一段明文数据，经过加密以后，其结果必须永远是不变的。前者的意思是不可能有任意两段明文加密以后得到相同的密文，后者的意思是如果我们加密特定的数据，得到的密文一定是相同的。

2. 修改 usermsg 表和 zhuce.php 文件

（1）修改 usermsg 表

在 usermsg 表中，我们定义的密码列 psd 的最大长度为 16 个字符，使用 md5() 加密处理之后，得到的结果取用的是 32 个字符的十六进制数，所以需要将该列的最大长度修改为 32。

（2）修改 zhuce.php 文件

在 zhuce.php 文件的第 4 行代码 $psd1=$_POST['psd1']; 后面增加代码 $psd=md5($psd1);，使用变量 $psd 保存加密之后的密码信息，然后将原来第 18 行代码 insert 语句中使用的变量 $psd1 更换为 $psd 即可。

完成上述修改之后，若是用户注册时输入的密码是 dong11%，加密后得到的密码串是 4bf9df247a49fd6f21d224469a2fa2e7。

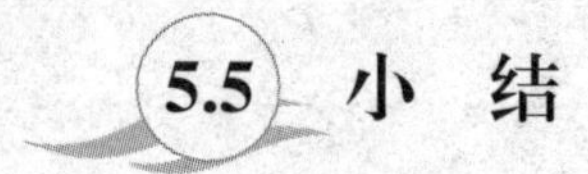

5.5 小 结

任务五中包含了邮箱注册界面的设计、注册界面中表单数据的验证功能实现、图片验证码的创建、插入、刷新以及对验证码的验证过程功能实现、数据库的创建、保存用户注册数据等功能的实现，创建的文件如下：

用于设计注册界面的样式文件 zhuce.css 和页面文件 zhuce.html；

用于进行表单数据验证码的脚本文件 zhuce.js；

用于生成图片验证码的 PHP 文件 yzm.php；

用于服务器端接收处理注册数据的 PHP 文件 zhuce.php。

整个任务结束后，要注册账号时，只需要输入 http://localhost/163emaill/zhuce.html 地址运行 zhuce.html 文件即可，其他 4 个文件都要关联到该文件中。

zhuce.php 文件中实现功能的过程比较复杂，下面通过图 5-27 所示的流程图方式进一步说明其功能实现的过程，帮助读者加深理解。

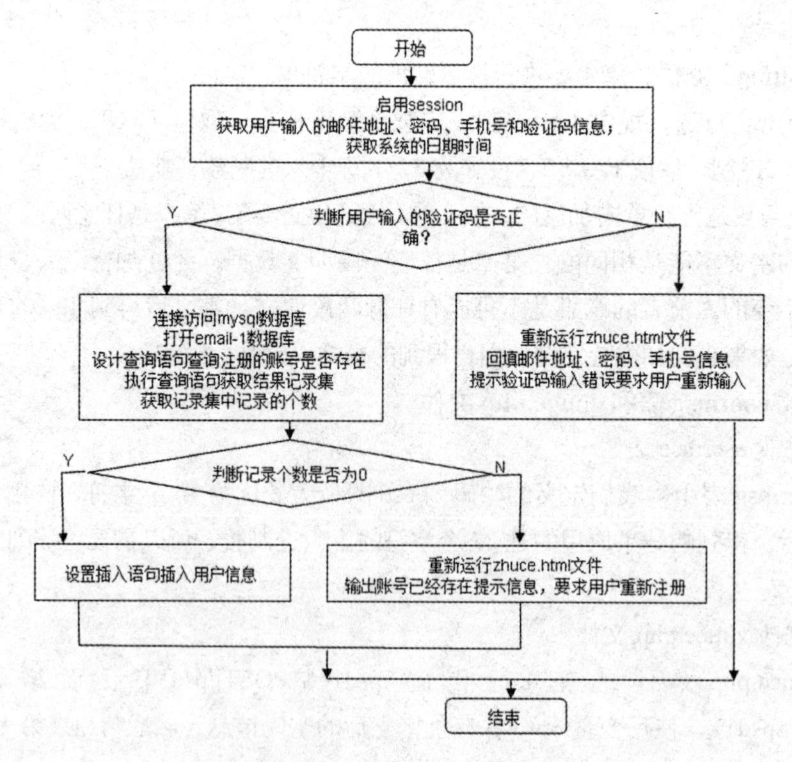

图 5-27　zhuce.php 文件的功能实现过程

5.6 习 题

一、单项选择题

1. 用于创建一幅真彩色图像的函数是______

A. imagecreatetruecolor()　　B. imagecreate()

C. imagecolorallocate()　　D. imagefill()

2. 用于为指定图像分配颜色的函数是______

A. imagecreatetruecolor()　　B. imagecreate()

C. imagecolorallocate()　　D. imagefill()

3. 下面哪一个不是函数 imagettftext() 的参数______

A. 字号　　B. 输出字符的角度

C. 输出字符的颜色　　D. 加粗输出的字符

4. 函数 imagesetpixel() 的作用是______

A. 在指定位置画一条直线　　B. 在指定位置画一个单一像素

C. 使用指定的颜色填充指定的区域　　D. 新建一个基于调色板的图像

5. 函数 array_merge() 的作用是______

A. 定义一个数组

B. 定义一个指定内容范围的数组

C. 将指定的多个数组合并为一个大数组

D. 以上说法都不正确

6. 下列各种描述中，说法正确的是______

A. PHP 中生成的图片验证码是以 jpg、png 或 gif 文件的形式保存的

B. 在生成验证码图片的文件中也可以使用 echo 输出其他字符

C. 生成验证码图片的 php 文件直接作为 <img> 标记的 src 属性值使用即可将验证码插入到页面中

D. 只能通过刷新整个页面来刷新页面中的验证码

7. 下面哪行代码可以完成图片验证码的刷新______

A. document.yzm.src="yzm.php"+Math.random();

B. document.yzm.src="yzm.php?"+Math.random();

C. document.yzm.src="yzm.php?"+math.random();

D. document.yzm.src="yzm.php";

8. 下面哪一项不是系统数组______

A. $_FILE　　B. $_POST

C. $_SESSION　　D. $_GET

9. 下面关于系统数组的描述中，哪一项是错误的______

A. 我们已经接触过的所有系统数组的下标都是键名下标

B. $_SESSION 的下标来自于表单元素 name 属性的取值

C. 对于 $_SESSION 数组中的元素，通常是在一个文件中定义，在另一个文件中引用

D. $_SESSION 数组中元素的下标是由用户在编写代码时根据需要独立定义的，与其他元素无关

10. 关于 session 机制的描述中错误的是______

A. 服务器可通过 sessionID 来区分各个不同用户

B. 一旦某个页面向 session 管道中提供了数据，当前网站中在该页面之后执行的页面文件都可以根据需要从管道中获取该数据

C. 不同网站的页面之间可以通过 session 机制来传递数据

D. 要提供数据的页面和要获取数据的页面都要启用 session

11. 使用 include 引用外部文件时，下列哪种做法是错误的______

A. include("zhuce.html")　　B. include"zhuce.html"

C. include 'zhuce.html'　　D. include zhuce.html

12. PHP 中将小写字母转换为大写字母的函数是______

A. strtoUpper()　　B. strtoupper()

C. strToUpper()　　D. strToupper()

13. Create New Schema 命令的作用是______

A. 创建数据表　　B. 创建数据表中一个列名

C. 创建数据库　　D. 以上说法都不正确

14. 关于数据库的导入操作，下列说法中错误的是______

A. 使用的命令是 Restore

B. 导入过程中可以更改原来数据库的名称

C. 导入过程中必须要选择忽略错误选项，否则导入无法完成

D. 若安装数据库时选择的字符集是 GBK，则导入过程中，必须要选择字符集是 GBK

15. 关于 PHP 访问 MySQL 数据库的各种方法，下列说法中正确的是______

A. 在使用 mysql_connect() 连接数据库成功之后，就可以直接访问数据表完成各种操作

B. mysql_num_rows() 的作用是获取查询结果记录集中记录的个数，其参数可

以省略

C. mysql_select_db() 的作用是选择打开指定的数据库，可以只指定一个参数

D. mysql_query() 函数只能执行查询语句，不能执行插入、删除、更新语句

二、填空题

1. 能够在同一网站不同页面之间传递数据的机制是__________，在程序代码开始处启用该机制时需要使用的代码是__________________。

2. 使用脚本设置验证码文本框中的文本为红色，需要的代码是 document.getElementById('useryzm').____________.____________='#f00'。

163 邮箱登录功能实现

主要知识点

- 页面中 tab 选项卡的实现方法
- 判断用户输入的账号是否存在以确定登录成功与否

- 页面中 tab 选项卡的实现方法

任务说明

实现登录功能的任务中需要完成如下几个子任务：

- 设计用于登录的表单界面
- 设计接收并处理登录账号和密码的 php 文件，判断用户登录的账号和密码是否存在，若是不存在需要给与错误提示，存在则进入邮箱界面
- 需要创建的文件有 denglu.css、denglu.html 和 denglu.php

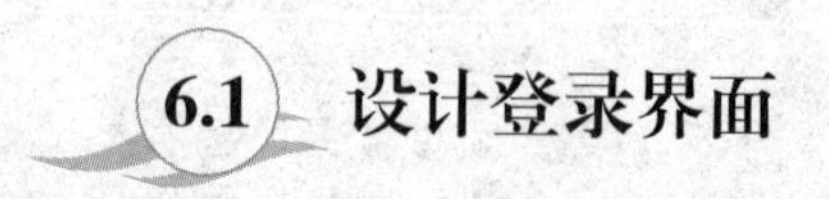

6.1 设计登录界面

6.1.1 设计普通的登录界面

创建页面文件 denglu.html，设计如图 6-1 所示的普通登录界面。

若是输入的用户名或者密码有问题，无法正常登录，则显示图 6-2 所示的界面效果。

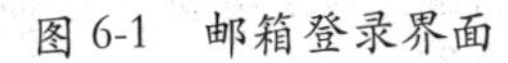
图 6-1 邮箱登录界面

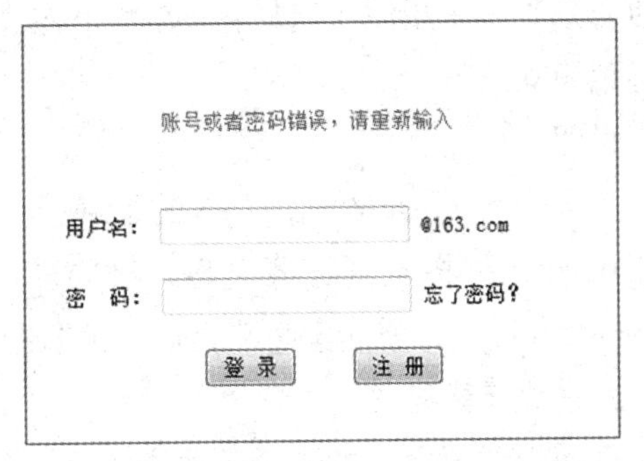

图 6-2 登录失败之后的界面

1. 界面布局及样式要求

登录界面中需要使用的盒子及盒子的排列关系如图 6-3 所示。

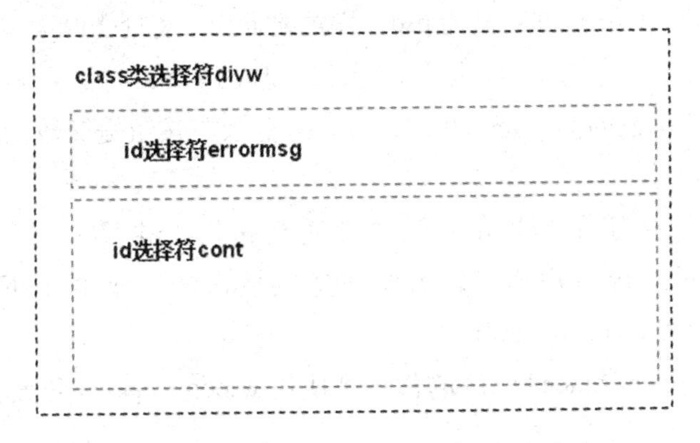

图 6-3 登录界面中使用的盒子布局关系

各个盒子的内容及样式要求如下：

class 类选择符 divw 样式要求：宽度为 370px，高度为 200px，上填充为 50px，其余填充为 0，上下边距为 0，左右边距为 auto（设置盒子在浏览器窗口中居中），边框为 1 像素实线、蓝色。

在 .divw 中包含上下两个小盒子，上面小盒子的内容是设置了账号或者密码输入错误时要显示的错误提示信息，使用 id 选择符 errormsg 定义，下面的盒子则设计表单元素，使用 id 选择符 cont 定义。

id 选择符 errormsg 的样式要求：宽度为 200px，高度为 40px，填充是 0，上下边距是 0，左右边距是 auto（设置盒子在父元素 divw 中水平居中），盒子的初始状态为隐藏，盒子中文本的字号为 10pt，文本颜色是红色。

id 选择符 cont 的样式要求：宽度为 300px，高度为 160px，填充是 0，上下边距是 0，左右边距是 auto，盒子中文本字号为 10pt。

在 cont 盒子内部使用段落标记控制表单元素的布局（大家也可以使用表格单元格控制布局），采用派生选择符 #cont p 定义段落标记的样式为：上下边距为 20px，左右边距为 0。

说明：

盒子 #errormsg 初始状态的隐藏可以选用两种不同的方法：第一，使用 display:none;，将元素隐藏之后，被隐藏的元素不占用页面中的空间；第二，使用 visibility:hidden;，将元素隐藏之后，仍旧占用着原来的页面空间。

2. 表单元素要求

页面中需要定义的表单元素有 4 个，4 个元素使用三对段落标记控制，各个表单元素的 name、id 及样式要求如下：

（1）用户名文本框 name 和 id 都定义为 emailaddr，样式要求为：宽度 180px，高度 16px，上下填充为 2px，左右填充为 0，边框为 1px、实线、颜色 #aaf；

（2）密码框 name 和 id 都定义为 psd，样式要求为：宽度 180px，高度 16px，上下填充为 2px，左右填充为 0，边框为 1px、实线、颜色 #aaf；

（3）“登录”按钮的类型是 submit，点击“登录”按钮提交数据之后，将执行文件 denglu.php；

（4）“注册”按钮是 button 类型的普通按钮，点击“注册”按钮之后，打开 zhuce.html 页面进行用户注册，需要在生成按钮的 <input> 标记内部使用代码 onclick="window.open('zhuce.html');" 实现。

代码 window.open('zhuce.html') 的作用是使用 window.open() 函数在新窗口中运行页面文件 zhuce.html。

3. 样式代码

创建样式文件 denglu.css，代码如下：

```
.divw{width:370px; height:200px; padding:50px 0 0 0margin:0 auto; border:1px solid #00f;}
#cont{width:320px; height:160px; padding:0; margin:0 auto; font-size:10pt;}
#cont p{margin:20px 0;}
#emailaddr,#psd{width:180px; height:16px; padding:2px 0; border:1px solid #aaf;}
#errormsg{width:200px; height:40px; margin:0 auto; display:none; font-size:10pt; color:#f00;}
```

4. 页面代码

创建页面文件 denglu.html，代码如下：

```
<!DOCTYPE html PUBLIC "-//W3C//DTD XHTML 1.0 Transitional//EN" "http://www.w3.org/TR/xhtml1/DTD/xhtml1-transitional.dtd">
<html xmlns="http://www.w3.org/1999/xhtml">
<head>
<meta http-equiv="Content-Type" content="text/html; charset=gb2312" />
<title> 邮箱登录界面 </title>
<link type="text/css" rel="stylesheet" href="denglu.css" />
</head><body>
 <div class="divw">
   <div id="errormsg"> 账号或者密码错误，请重新输入 </div>
   <div id="cont">
    <form id="form1" name="form1" method="post" action="denglu.php">
     <p> 用户名：input name="emailaddr" type="text" id="emailaddr" />@163.com</p>
     <p> 密    码：<input name="psd" type="password" id="psd" /> 忘了密码？ </p>
     <p align="center">
      <input type="submit" name="Submit" value=" 登 录 " />    
       <input type="button" name="Submit2" value=" 注 册 "  onclick="window.open('zhuce.html');"/>
     </p>
    </form>    </div></div></body></html>
```

6.1.2　设计 tab 选项卡式登录界面

这一部分内容作为大家提高能力的练习。

创建 denglu-tab.html 文件，设计图 6-4 所示的登录界面。

在图 6-4 中点击“手机号登录”选项卡时，显示图 6-5 所示的界面。

在图 6-5 中点击“用户名登录”选项卡时，将回到图 6-4 所示的界面。

在图 6-4 中，若输入的账号或者密码错误，则弹出图 6-6 所示的界面。

1. 关于 tab 选项卡

Tab 是一个常见的交互元素——将不同的内容重叠放置在某一布局区块内，重叠的内容区中每次只有一个层是可见的。用户通过鼠标点击或移到内容区所对应的标签

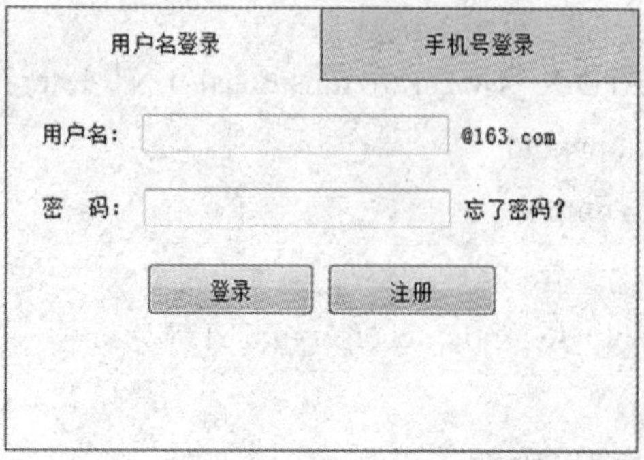

图 6-4 tab 选项卡用户名登录界面

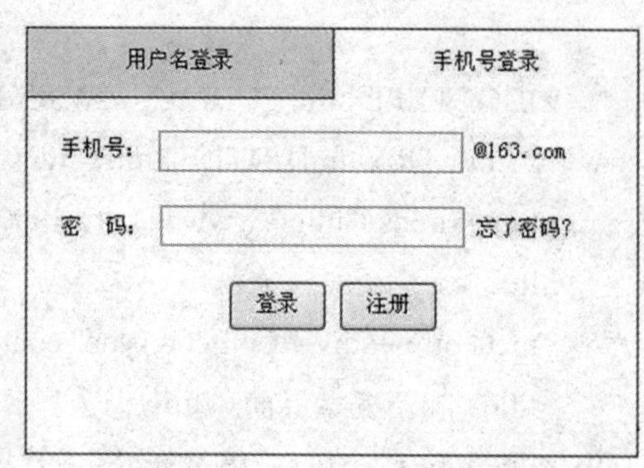

图 6-5 tab 选项卡手机号登录界面

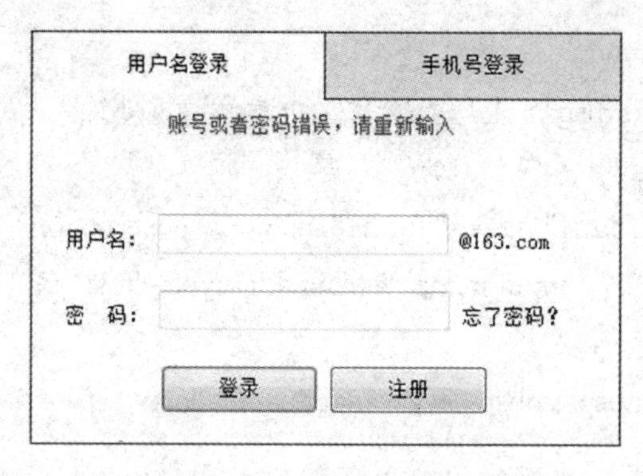

图 6-6 账号或者密码错误提示信息显示界面

上，来请求显示该层内容区。

Web 界面的设计趋势是缩短页面屏长，降低信息的显示密度，但同时又不能牺牲可视的信息量。在这种趋势下，Tab 交互元素成为了一个越来越普遍的应用。

Tab 选项卡结构包括上下两个大层：上层为 tab 选项卡区（是重叠区域），选项卡有选中和未选中两种状态，选中者通常为亮色显示；鼠标移动到选项卡上时最好显示手状以提示用户；下层为内容区（也是重叠区域），内容根据选中的选项卡来变化。

选项卡的文字标识必须能准确描述出它所对应的内容区的信息特征；选项卡与内容看上去是一个整体。

选项卡区设计：选项卡区中的多个选项卡使用没有符号的无序列表 <ul> 设计；重叠的 <ul> 的个数由选项卡的个数来决定，多个 <ul> 中只有一个是显示的；一个 <ul> 中列表项的个数也由选项卡的个数来决定，其中只有一个是亮色的（与显示的 <ul> 的序号对应）；所有列表项都在一个行内显示（通过设置 li 向左浮动完成）。

内容区设计：每个选项卡都对应自己独特的内容，因此重叠的内容区块个数由选项卡个数来决定。

2. 界面布局及样式要求

页面中使用的所有盒子元素的布局关系如图 6-7 所示。

外围层使用 class 类选择符 divw: 宽 371px，高度 250px，浅蓝色边框，填充 0，居中显示；

图 6-7 中 tabdiv 表示选项卡区，contdiv 表示内容区。

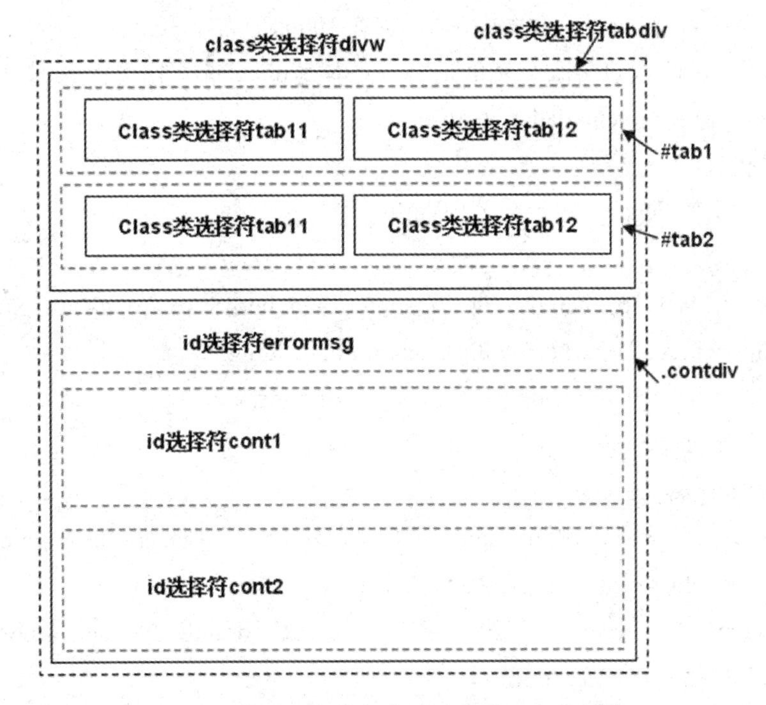

图 6-7　使用 tab 选项卡的登录界面布局结构

（1）tab 选项卡区的设计要求

选项卡层 #tabdiv：宽 371px，高 40px，边距和填充为 0；

层内使用两个无序列表，样式要求：边距是 0，填充是 0，无列表符号；

第一个列表元素的 id 是 tab1，初始状态显示；第二个列表元素的 id 是 tab2，初始状态隐藏；

列表项 li 的样式：宽度 185px，高度 40 px，边距 0，填充 0，向左浮动，文本大小 10pt，文本居中，文本行高 40px；

第一个列表第二项使用 class 类选择符 tab12 定义，第二个列表第一项使用 class 类选择符 tab21 定义，样式要求为：设置浅灰色背景，都带有下边框，鼠标手状；tab12 带有左边框；tab21 带有右边框；

（2）内容区的设计要求

内容区使用 contdiv 定义，样式要求：宽度 330 px，高度 160px，，填充 0 上边距 10 px，下边距为 0，左右边距 auto；

内容层包含两个内容区块，分别使用 id 选择符 #cont1 和 #cont2 定义，二者共同样式要求为：宽度 330px，高度 160px，填充 0，上下边距 0，左右边距 auto，字号 10pt；

cont1 初始状态显示，cont2 初始状态隐藏；

内容区块 cont1 内包含四个表单元素：文本框 emailaddr、密码框 psd、提交按钮

sbt 和注册按钮 btn；

#emailaddr 和 #psd 的样式要求相同：宽度 180px，高度 16px，上下填充 2px，左右填充 0；按钮 sbt 和 btn 两者样式相同：宽度 100px，高度 30px。

内容区块 cont2 内包含四个表单元素：文本框 phoneno、密码框 psd、提交按钮，其中 #phoneno 样式与 #emailaddr 和 #psd 相同。

3. 样式代码

创建样式文件 denglu-tab.css，代码如下：

```
.divw{width:371px; height:250px; margin:0 auto; border:1px solid #00f; padding:0;}
.tabdiv{width:371px; height:40px; margin:0; padding:0;}
.tabdiv ul{margin:0; padding:0;list-style-type:none; }
#tab1{display:block;}
#tab2{display:none;}
.tabdiv ul li{width:185px; height:40px; padding:0; margin:0; float:left; font-size:10pt; text-align:center; line-height:40px; }
.tab12,.tab21{ border-bottom:1px solid #00f; background:#ddd; cursor:pointer;}
.tab12{border-left:1px solid #00f;}
.tab21{border-right:1px solid #00f;}
.contdiv{width:330px; height:160px; padding:0; margin:10px auto 0; }
#cont1,#cont2{width:330px; height:160px; padding:0; margin:0 auto; font-size:10pt;}
#cont1{display:block;}
#cont2{display:none;}
#emailaddr,#psd,#phoneno{width:180px; height:16px; padding:2px 0;}
#errormsg{width:200px; height:40px; margin:0 auto; color:#f00; font-size:10pt; display:none;}
.sbt,.btn{width:100px; height:30px; }
```

4. 页面文件代码

denglu-tab.html 页面文件的代码如下：

```
<!DOCTYPE html PUBLIC "-//W3C//DTD XHTML 1.0 Transitional//EN" "http://www.w3.org/TR/xhtml1/DTD/xhtml1-transitional.dtd">
<html xmlns="http://www.w3.org/1999/xhtml">
```

```
<head>
<meta http-equiv="Content-Type" content="text/html; charset=gb2312" />
<title> 无标题文档 </title>
<link type="text/css" rel="stylesheet" href="denglu-tab.css" />
</head>
<body>
 <div class="divw">
 <div class="tabdiv">
 <ul id="tab1"><li class="tab11"> 用户名登录 </li><li class="tab12"> 手机号登录 </li></ul>
    <ul id="tab2"><li class="tab21"> 用户名登录 </li><li class="tab22"> 手机号登录 </li></ul>
 </div>
  <div class="contdiv">
   <div id="errormsg"> 账号或者密码错误，请重新输入 </div>
   <div id="cont1">
     <form id="form1" name="form1" method="post" action="">
       <p> 用户名：<input name="emailaddr" type="text" id="emailaddr" />@163.com</p>
      <p> 密    码：<input name="psd" type="password" id="psd" />忘了密码？ </p>
      <p align="center">
        <input type="submit" name="Submit" class="sbt" value=" 登录 " />
           <input type="button" name="Submit2" class="btn" value=" 注册 " onclick="window.open('zhuce.html');"/>
      </p></form></div>
  <div id="cont2">
      <form id="form1" name="form1" method="post" action="">
   <p> 手机号 <input name="phoneno" type="text" id="phoneno" />@163.com</p>
   <p> 密    码：<input name="psd" type="password" id="psd" /> 忘了密码？ </p>
      <p align="center">
        <input type="submit" name="Submit" class="sbt" value=" 登录 " />
```

```
    <input type="button" name="Submit2" class="btn" value=" 注册 "
onclick="window.open('zhuce.html');"/>
      </p></form></div></div></div></body></html>
```

5. 脚本部分功能实现

tab 选项卡中每个选项卡在需要时都可以点击选择（也可以设置为鼠标移过来时选择），被选择的选项卡与其内容区块要同时显示出来，而当前正显示的选项卡与其内容区块则要同时隐藏起来。

上述功能需要使用脚本代码来实现，创建脚本文件 denglu-tab.js，定义脚本函数 tab()，实现功能如下：判断 tab1 若为隐藏，则显示 tab1 和 cont1，隐藏 tab2 和 cont2，否则显示 tab2 和 cont2，隐藏 tab1 和 cont1，代码如下：

```
1：function tab(){
2：     if(document.getElementById('tab1').style.display=='none') {
3：           document.getElementById('tab1').style.display='block';
4：           document.getElementById('tab2').style.display='none';
5：           document.getElementById('cont1').style.display='block';
6：           document.getElementById('cont2').style.display='none';
7：}
8：     else{
9：           document.getElementById('tab1').style.display='none';
10：          document.getElementById('tab2').style.display='block';
11：          document.getElementById('cont1').style.display='none';
12：          document.getElementById('cont2').style.display='block';
13：     }
14：}
```

代码解释：

第 2 行，判断无序列表 tab1 是否是隐藏的，若是隐藏的，则执行第 3 到第 6 行的代码块；否则执行第 9 行到第 12 行的代码块。

脚本文件的引用和函数的调用：

（1）在 denglu-tab.html 页面代码的首部，使用 <script type="text/javascript" src="denglu-tab.js"></script> 代码将脚本文件引用到页面文件中；

（2）在 <li class="tab12"> 和 <li class="tab21"> 标记内部增加代码 onclick="tab();"

完成函数的调用。

6.2 完成登录功能

创建 denglu.php 文件，完成如下功能：

（1）获取 denglu.html 页面中提交的账号和密码信息，并且将用户名保存到 $_SESSION 系统数组中（这是因为在完成登录之后，打开写邮件界面的 writeemail.php 文件或者收邮件的 receiveemail.php 文件时，都需要在页面中使用该用户名信息：当用户要发送邮件时，该用户名信息直接作为发件人信息来使用，当用户接收邮件时，则将该用户名信息作为收件人信息使用，因此必须在登录过程中将用户名信息保存到系统数组 $_SESSION 中）。

（2）连接打开 email-1 数据库，在 usermsg 表中查询是否存在相应的账号密码，如果不存在，重新运行 denglu.html 文件（使用 include "denglu.html" 包含），使用 echo 语句输出脚本代码，显示错误提示信息层 errormsg；

（3）如果存在相应的账号密码，则使用 include 包含文件 email.php 打开邮箱主窗口界面，准备编辑发送或者接收阅读邮件；

说明：这里采用的设计方法是只要登录成功就直接打开邮箱界面。

代码如下：

```
1：<?php
2：  session_start();
3：  $emailaddr=$_POST['emailaddr'];
4：  $psd=$_POST['psd'];// 若是任务五中使用了加密算法，这里要改为 $psd=md5($_POST['psd']);
5：  $_SESSION['emailaddr']=$emailaddr;
6：  $conn=mysql_connect('localhost','root','root');
7：  mysql_select_db('email-1',$conn);
8：  $sql="select * from usermsg where emailaddr='$emailaddr' and psd='$psd'";
9：  $result=mysql_query($sql,$conn);
10：  $datanum=mysql_num_rows($result);
11：  if ($datanum==0) {
12：       include 'denglu.html';
```

```
13:     echo "<script>";
14:     echo "document.getElementById('errormsg').style.display='block';";
15:     echo "</script>";
16: }
17: else {
18:     include 'email.php';
19: }
20: mysql_close();
21: ?>
```

代码解释：

第 2 行，在 denglu.php 文件中启用 session。

denglu.php 文件需要把获取到的登录账号信息传递到收发邮件的页面文件中，这样可以在发送邮件时作为发件人，在接收邮件时作为收件人使用，在不同文件中传递数据需要使用 session 机制，因此此处先启用 session，为后面使用 $_SESSION 数组存储数据做准备。

第 3 行，获取用户输入的登录账号信息，使用变量 $emailaddr 存放。

第 4 行，获取用户输入的登录密码信息，使用变量 $psd 存放。

第 5 行，定义数组元素 $_SESSION['emailaddr']，存放变量 $emailaddr 的值。

第 6 行，连接 MySQL 数据库，返回标识符 $conn。

第 7 行，选择打开数据库 email-1。

第 8 行，设计查询语句，以用户输入的账号和密码作为查询条件查询 usermsg 表。

第 9 行，执行查询语句，将查询结果使用变量 $result 保存。

第 10 行，使用 mysql_num_rows() 函数获取查询结果记录集 $result 中的记录数，使用 $datanum 变量保存。

第 11 行，判断 $datanum 变量的值是否是 0，若是 0，说明没有查询到用户输入的账号和密码，执行第 12 行到第 16 行代码块，否则执行第 17 行到第 19 行代码块。

第 12 行，使用 include 语句包含 denglu.html 页面文件，目的是账号或者密码输入错误时重新打开 denglu.html 文件，重新输入账号密码。

第 13 行，输出脚本代码的起始定界标记 <script> 标记。

第 14 行，输出脚本代码 document.getElementById('errormsg').style.display ='block';，将 denglu.html 页面中隐藏的错误提示信息层 errormsg 显示出来；若是在样式设置时使用的是 visibility:hidden;，则 14 行代码中需要将 display='block' 换做 visibility ='visible'，即两种样式属性及取值不可交叉使用。

第 15 行，输出 </script> 标记，结束 <script> 标记。

第 18 行，使用 include 语句包含 email.php 页面文件，当用户输入的账号密码正确时直接运行 email.php 文件。

将 denglu.php 文件关联到 denglu.html 文件中

在 denglu.html 代码的 <form> 标记中设置 action="denglu.php"，建立两个文件之间的关联。

说明：

denglu.php 文件也可以直接关联到 denglu-tab.html 文件中运行，只是这里没有实现接收手机号登录时的账号密码信息，有兴趣的读者可自行加入。

6.3 习 题

一、单项选择题

1. 要通过脚本代码设置盒子 div1 为显示状态，需要使用的代码是______

   A. document.getElementById('div1').display='block'

   B. document.getElementById('div1').style.display='none'

   C. document.getElementById(div').style.display='block'

   D. document.getElementById('div1').style.display='block'

2. 点击“注册”按钮在新窗口中打开文件 zhuce.html，需要使用代码______实现

   A. onsubmit="window.open(zhuce.html);"

   B. onsubmit="window.open('zhuce.html');"

   C. onclick="window.open('zhuce.html');"

   D. onclick="window.open(zhuce.html);"

3. 假设用户在登录时，输入的用户名信息保存在变量 $emailaddr 中，密码保存在变量 $psd 中，查询数据表 usermsg 中是否存在该用户名和密码信息，需要定义的查询语句是______

   A. select * from usermsg where emailaddr='$emailaddr' or psd='$psd'

   B. select * from usermsg where emailaddr='$emailaddr' and psd='$psd'

   C. select * from usermsg where emailaddr=$emailaddr and psd=$psd

   D. select * from usermsg where emailaddr=$emailaddr or psd=$psd'

4. 查询用户名和密码信息是否存在时，关于查询结果记录集 $result 的说法错误的是______

   A. 该记录集中的记录数只能是 0 或者 1

B. 该记录集中的记录数无法预知

C. 若记录数是 0，说明用户输入的账号或者密码信息有误

D. 若记录数是 1，说明用户输入的账号和密码信息正确

5. 要获取记录集 $result 中的记录数，需要使用代码______

A. count($result)

B. mysql_num_row($result)

C. mysql_nums_rows($result)

D. mysql_num_rows($result)

6. 关于盒子的显示或隐藏的样式定义，下列说法正确的是______

A. 若是使用 display 属性定义，隐藏盒子时，该盒子不占用页面空间

B. 若是使用 display 属性定义，隐藏盒子时，该盒子仍旧占用页面空间

C. 若是使用 visibility 属性定义，隐藏盒子时，该盒子不占用页面空间

D. 使用 visibility 定义时，隐藏盒子要使用 none

二、填空题

1. 使用 visibility 设置盒子显示时，使用的取值是__________，使用 display 设置盒子显示时，使用的取值是__________。

2. 在 denglu.php 文件中获取用户输入的用户名信息之后，需要将其保存到系统数组__________中。

163 邮箱写邮件功能实现

主要知识点

- 浮动框架高度与宽度的动态变化
- 写邮件界面中表单元素宽度的动态变化
- 写邮件界面中附件的添加与删除
- 服务器端处理附件的方法
- 系统退信功能的实现

难　点

NAN DIAN

- 写邮件界面中附件的添加与删除
- 服务器端处理附件的方法
- 系统退信功能的实现

任务说明

实现写邮件功能的任务中需要完成如下几个子任务：

- 设计邮箱的主窗口界面，应用浮动框架的宽度与高度变化
- 设计写邮件的表单界面，实现表单数据验证
- 设计添加附件的界面，实现附件的添加与删除
- 完成发送邮件和系统退信的功能

7.1 设计主窗口界面文件

用户登录成功之后，打开的是一个包含了浮动框架子窗口的界面文件，在该文件内部的浮动框架子窗口中可以运行写邮件页面文件、收邮件页面文件、查阅邮件页面文件及已删除邮件页面文件等。

这里要设计的主窗口界面文件 email.php 就是指在登录完成之后进入的页面，页面的宽度始终与浏览器窗口的宽度保持一致，页面运行效果如图 7-1 所示。

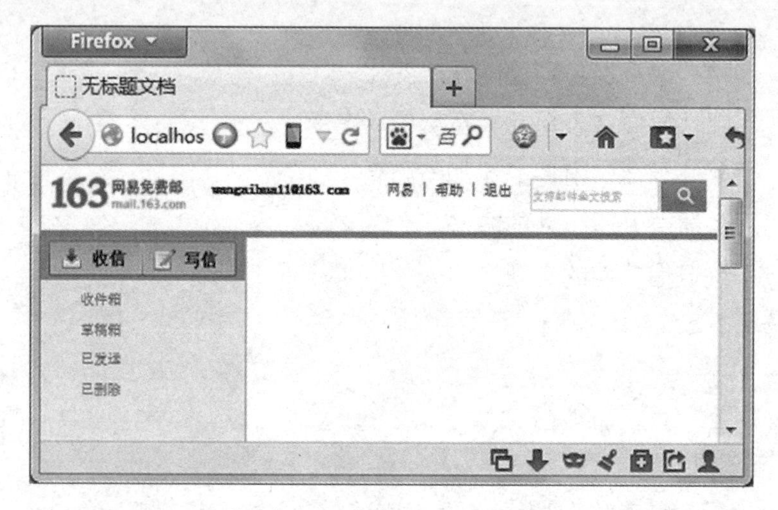

图 7-1　email.php 文件运行界面

图 7-1 是在登录界面中输入了正确的账号密码之后得到的界面，该页面的整体布局分为上下两个区域，布局结构如图 7-2 所示：

上面区域中的内容除了用户账号信息会因为登录用户的不同而不同，其他内容都是固定的；

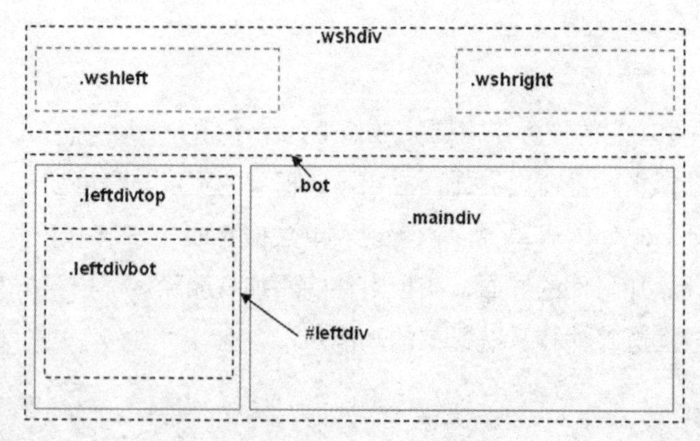

图 7-2　email.php 的布局结构

下面区域又分为左右两个部分，左边内容是几个固定的超链接，右边则设计了一个浮动框架，浮动框架的内容将跟随所点击的超链接的变化而变化，写邮件、收邮件、阅读邮件等过程都在浮动框架中完成。

整个页面功能的实现包含了样式代码、页面文件代码和脚本代码三个部分，分别创建 email.css、email.php 和 email.js 三个文件来保存相关的代码。

7.1.1　设计顶部区域

1. 整个区域的样式说明

整个区域定义为一个盒子，这里采用 class 类选择符 wshdiv，样式定义要求如下：

宽度与边距说明：该页面运行之后与浏览器窗口的宽度保持一致，需要随着窗口大小变化而变化，因此该区域的宽度需要取用浏览器窗口宽度，具体做法是设置 width 为 auto，左右边距取值为 0 实现；上下边距则根据实际需要设置为 0 即可；

> 注意：若设置某个盒子 width 为 auto，左右边距为 0，并且设置向左或向右浮动，则该盒子的宽度将根据盒子内部元素的总宽度来确定；

高度说明：高度直接定义为固定高度 50px 即可；

填充说明：考虑到该区域中的内容与浏览器窗口上边框和左右边框之间有一定的空白，因此设置上填充为 10 px，下填充 0 px，左右填充 10px；

边框说明：该区域下方的横线直接使用当前盒子的下边框定义，宽度 6px、实线、颜色为 #88f；

2. 区域内部的元素样式说明

思考问题：盒子的宽度要随浏览器窗口宽度变化，分成左右两组的内容位于同一水平位置并且分别靠左和靠右，如何实现？

实现方法：靠左者使用向左浮动，靠右者则要使用向右浮动，分别使用 class 类选择符 wshleft 和 wshright 定义样式：

.wshleft：边距为 0，向左浮动，内部文本字号 10pt；内容依次为：图片 163logo.gif；文本框（使用 class 类选择符 emailaddr 定义，宽度 150px，无边框，内部字体加粗）；超链接（要求初始状态、访问过状态和鼠标悬停状态时都按照颜色 555、无下划线样式显示）。

注意：要保证图片 163logo.gif 右侧的文本框与超链接都与图片的中线对齐，需要使用图片的属性 align="middle" 进行设置，也可以在样式中设置图片的垂直对齐为居中。

.wshright：向右浮动，边距为 0；内容为文本框 search（使用 class 类选择符 search 定义宽 200px，高 26px，边框为灰色 #ddd、1px、实线，文本颜色为灰色 #ccc，字号 8pt，行高 26px—用于设置框内文本在文本框中垂直方向居中对齐；）和图片 search.

png（该图片使用 align="top" 属性设置文本框 search 与其顶端对齐）。

3. **部分元素的功能要求说明**

（1）文本框 emailaddr 中需要显示用户登录时使用的账号信息；

（2）点击超链接“退出”时需要退回到登录界面，其他几个超链接的 href 属性设置为 # 即可，这里不做要求；

（3）用户将光标聚焦到 search 文本框中时，文本框中的默认文本要清空。

4. **设计顶部区域的代码**

（1）样式文件 email.css 代码如下：

```
1：body{margin:0px;}
2：.wshdiv{width:auto;height:50px; padding:10px 10px 0; margin:0; border-bottom:6px solid #88f;}
3：.wshleft{width:auto; height:auto; padding:0; margin:0; float:left; font-size:10pt; }
4：.wshright{width:auto; height:auto; padding:0; margin:0;float:right; }
5：.emailaddr{width:150px; border:0; font-weight:bold;}
6：.wshleft a{color:#555; text-decoration:none;}
7：.search{ width:200px; height:26px; border:1px #ddd solid; font-size:8pt; color:#ccc; line-height:26px;}
```

代码解释：

第 6 行代码，使用派生选择符 .wshleft a{} 定义了超链接各个不同状态的样式。

> 问题分析：
>
> 第 3 行代码中，能否将 float:left; 替换成 text-align:left;？为什么？
>
> 第 4 行代码中，能否将 float:right; 替换成 text-align:right;？为什么？
>
> 第 7 行代码中为什么要使用 line-height:26px; 设置文本行高为 26px？如果去掉会有什么影响？

（2）页面文件 email.php 代码

首先在页面首部增加代码 <link type="text/css" rel="stylesheet" href="email.css" /> 引用样式文件，然后在主体部分增加下面的代码：

```
1：<div class="wshdiv">
2：   <div class="wshleft">
```

```
3：　<img src="images/163logo.gif"  align="middle" />  
4：　 <input name="emailaddr" type="text" class="emailaddr" value="<?php
echo $_SESSION['emailaddr'].'@163.com'; ?>" />  
5：　<a href="#"> 网易 </a> | <a href="#"> 帮助 </a> | <a
href="denglu.html"> 退出 </a>
6：　</div>
7：　<div class="wshright">
8：　 <input type="text" name="search" class="search" value=" 支持邮件全文搜
索 " onfocus="this.value='';" /><img src="images/search.png" align="top" />
9：　</div>
10：</div>
```

代码解释：

第 4 行代码中，使用 value="<?php echo $_SESSION['emailaddr']. '@163.com'; ?>" 将用户登录时使用的账号信息与 @163.com 连接之后设置为文本框 emailaddr 的值，用户登录时的账号信息在 denglu.php 文件中使用代码 $_SESSION['emailaddr']=$emailaddr 保存在数组元素 $_SESSION['emailaddr'] 中，因此可以在这里直接使用该数组元素。

相关的账号信息是存储在服务器端的，因此需要使用 PHP 中的 echo 语句将存储于服务器端的账号信息输出到浏览器端，然后再作为文本框 emailaddr 中 value 属性的值。

由此也可以看出，PHP 文件中任何位置都可以根据需要随时嵌入 <?php…?> 定界符插入需要的 PHP 代码。

第 8 行代码中，onfocus="this.value='';" 的作用是当用户将光标聚焦到文本框 search 中时，清空该文本框中的默认值，onfocus 事件在光标聚焦时被触发；this 根据自己所处的环境来决定自己代表的是哪个元素，此时，this 处于文本框 search 中，所以就代表该文本框；value='' 这里的引号是两个单引号，之间没有任何内容，表示为空。

问题分析：

在 email.php 文件中使用了 $_SESSION 系统数组，但是此处并没有使用 session_start(); 来启用 session，为什么？

解答：email.php 文件是在页面文件 denglu.php 中使用 include 语句包含之后来执行的，我们可以理解为整个 email.php 文件的代码都属于 denglu.php 文件，而在 denglu.php 文件中已经使用 session_start(); 启用了 session，也就是说在执行 email.php 文件中的代码时，session 一直处于启用状态，若是在 email.php 文件中再使用一次 session_start()，就会造成重复启用的问题。

7.1.2 设计左下部区域

左下部分和右下部分都包含在下部区域的大盒子中，这里使用 class 类选择符 bot，具体样式要求为：宽度自动、高度自动、填充为 0，边距为 0，代码为：

```
.bot{width:auto; height:auto; margin:0; padding:0;}
```

1. 左下区域的样式与功能说明

整个区域定义为一个大盒子，这里采用 id 选择符 leftdiv，具体样式要求为：宽 200px，高 600px，填充 0，边距 0，右边框和下边框宽度 1px、实线、颜色为 #aaf，背景色为 #eef，向左浮动。

思考问题：盒子 leftdiv 的总宽度是多少？

在盒子 leftdiv 内部包含了上下两个盒子，分别使用 class 类选择符 leftdivtop 和 leftdivbot 定义。

盒子 leftdivtop 样式要求为宽度 200px，高度 40px，填充 0，边距 0，内容是图片 writerecieve.jpg，对于图片 writerecieve.jpg 需要做两个区域的图像映射。

盒子 leftdivbot 样式要求：宽度 160px，高度 auto（此处也可以直接取用 leftdiv 的高度值 600 减去 leftdivtop 的高度值 40 得到的结果 560px），边距为 0；

关于盒子 leftdivbot 的宽度与填充的说明：这里考虑到盒子中所有导航都没有靠左对齐，也并不是居中对齐，而是偏离了盒子左边框一定的距离，因此设置左填充为 40px，其余填充为 0，所以，我们在上面定义的盒子的宽度 width 为 160px，而不是 200px；

盒子 leftdivbot 内部可以使用多种不同的方案排列各个链接热点，这里我们使用段落来排列，段落的前后间距在不同浏览器中会有不同的默认值，为保证在各种浏览器中的运行效果一致，设置段前间距为 10px，段后间距为 0，分别使用 margin-top 和 margin-bottom 定义，段落中的字号为 10pt，超链接初始状态和访问过状态都是灰色 #999，没有下划线；鼠标悬停时为蓝色 #ddf，显示下划线。

盒子中所有收信和收邮件超链接的 href 属性设置为 receiveemail.php，写信超链接的 href 属性设置为 writeemail.php，已删除超链接设置为 deletedemail.php，这几个超链接的 target 属性都设置为 main（这是接下来要设置的右侧浮动框架的 name），其他超链接的 href 属性临时设置为 # 即可。

2. 设计左下部区域的代码

（1）样式代码

在 email.css 文件中增加下面的代码：

```
1：#leftdiv{width:200px; height:600px; margin:0; padding:0; border-right:1px solid #aaf; border-bottom:1px solid #aaf; background:#eef; float:left;}
2：.leftdivtop{width:200px; height:40px; padding:0; margin:0; }
3：.leftdivbot{ width:160px; height:auto; padding:0 0 0 40px; margin:0;}
4：.leftdivbot  p{ margin-top:10px; margin-bottom:0; font-size:10pt;}
5：.leftdivbot  a:link, .leftdivbot  a:visited{color:#66f; text-decoration:none;}
6：.leftdivbot  a:hover{color:#00f; text-decoration:underline;}
```

代码解释：

第5行，使用群组选择符和包含选择符定义超链接伪类的初始状态和访问过状态，两个并列的包含选择符 .leftdivbot a:link 和 .leftdivbot a:visited 使用逗号间隔之后组成了群组选择符，也就是这两个选择符之间的逗号将其分为前后两个部分，后面选择符的 .leftdivbot 不可省略。

（2）页面内容代码

在 email.php 文件的主体部分增加下面的代码：

```
1：<div class="bot">
2：  <div id="leftdiv">
3：    <div class="leftdivtop">
4：        <img src="images/writerecieve.jpg" width="200" height="40" border="0" usemap="#Map" />
5：      <map name="Map" id="Map">
6：          <area shape="rect" coords="8,5,98,37" href="receiveemail.php" target="main" />
7：          <area shape="rect" coords="99,4,190,37" href="writeemail.php" target="main" />
8：      </map>
9：    </div>
10：    <div class="leftdivbot">
11：      <p><a href="receiveemail.php" target="main"> 收件箱 </a></p>
```

```
12：        <p><a href="#"> 草稿箱 </a></p>
13：        <p><a href="#"> 已发送 </a></p>
14：        <p><a href="deletedemail.php" target="main"> 已删除 </a></p>
15：     </div>
16：   </div>
17：</div>
```

代码解释：

第 5 行到第 8 行是在 dreamweaver 设计视图中使用图像映射创建超链接之后生成的代码。

点击 leftdiv 中所有超链接，都要从右侧的框架区域 main 中打开链接的页面，所以需要在超链接中设置 target="main"。

7.1.3 设计右下部区域

1. 整个右下部区域的设计要求

整个区域定义为一个大盒子，这里使用 class 类选择符 maindiv 定义。这个区域的宽度与高度都不是固定的，两个值分别取用区域中浮动框架窗口的宽度以及浮动框架内部加载的页面文件的高度，需要通过脚本来实现。具体的样式要求为：宽度和高度都是 auto，填充为 0，边距为 0，向左浮动与 leftdiv 排列在同一水平位置上。

盒子 maindiv 中设计浮动框架，浮动框架的 name 和 id 属性都设置为 main，初始高度和宽度都是自动，在页面运行时将使用脚本函数设置相应的高度和宽度取值，边框设置为 0，滚动条为 no，初始加载的页面文件是 writeemail.php。

> 问题分析：这里为什么将浮动框架中的滚动条设置为 no？
>
> 解答：因为浮动框架的高度将跟随内部加载的页面文件内容的高度来确定，也就是说浮动框架中任何时候都不需要使用滚动条来查看所加载页面的内容，所以将其滚动条设置为 no。

2. 设置右下部区域的样式代码和页面代码

（1）样式代码

在 email.css 文件中增加如下代码：

```
.maindiv{width:auto; height:auto; padding:0; margin:0; float:left;}
```

（2）页面代码

在 email.php 文件中 leftdiv 盒子结束标记 </div> 之后增加如下代码：

```
<div class="maindiv">
    <iframe src="writeemail.php" name="main" id="main" width="auto"
height="auto" frameborder="0" scrolling="no"></iframe>
</div>
```

接下来需要设计用于设置浮动框架宽度和高度的脚本代码，需要创建脚本文件 email.js，在 email.php 的首部增加代码 <script type="text/javascript" src="email.js"></script> 来引用脚本文件。

3. 浮动框架的宽度设置

整个邮箱主窗口界面 email.php 的宽度始终与浏览器窗口宽度保持一致，在盒子 bot 内部左侧的 leftdiv 的宽度是固定的，右侧的 maindiv 宽度为自动，因此要求 maindiv 内部的浮动框架的宽度必须能够适应浏览器窗口的变化，若窗口变宽，浮动框架宽度要变宽，若窗口变窄，浮动框架宽度要变窄，从而做到由浮动框架窗口的宽度来决定盒子 maindiv 的宽度。

具体实现方法是：将浏览器窗口宽度减去左侧盒子 leftdiv 的总宽度 201 之后的值作为浮动框架的宽度。

接下来的关键问题是，要如何获取浏览器窗口的宽度？

获取浏览器窗口宽度的时候需要考虑当前页面文件在创建时是否使用了 xhtml 标准，若是没有使用 xhtml 的相关标准，即在页面代码开始时直接使用标记 <html> 时，需要使用代码 document.body.clientWidth 获取到浏览器窗口中可见区域的宽度；若是使用了 xhtml 标准，即在页面代码开始时使用 <!DOCTYPE html PUBLIC "-//W3C//DTD XHTML 1.0 Transitional//EN" "http://www.w3.org/TR/xhtml1/DTD/xhtml1-transitional.dtd"> 时，需要使用代码 document. documentElement.clientWidth 获取到浏览器窗口中可见区域的宽度。

在脚本文件 email.js 中定义函数 iframeWidth() 来实现上面功能。

定义函数及调用函数的代码如下：

```
1：function iframeWidth(){
2：        if(document.body) {
3：                windowWidth=document.body.clientWidth;
4：        }
5：        else if(document.documentElement){
```

```
6:            windowWidth=document.documentElement.clientWidth;
7:        }
8:        document.getElementById('main').width=windowWidth-201;
9: }
10: window.onload=iframeWidth;
11: window.onresize=iframeWidth;
```

代码解释：

第2行和第3行，关于条件document.body，若是在页面文件中没有使用xhtml标准，该条件就是成立的，之后使用代码document.body.clientWidth获取到浏览器窗口中可见区域的宽度，保存在变量windowWidth中；

第5行和第6行，关于条件document. documentElement，只要在页面中使用了xhtml标准，该条件就是成立的，之后使用代码document. documentElement.clientWidth获取到浏览器窗口中可见区域的宽度，保存在变量windowWidth中；

第8行，将windowWidth中保存的宽度值减去左侧盒子leftdiv的宽度201之后设置为浮动框架main的宽度值；

第10行，设置页面文件email.php加载完成后即调用函数iframeWidth，页面加载完成时触发的是window对象的onload事件；

第11行，设置在窗口大小发生变化时调用函数iframeWidth，窗口大小变化时触发的是window对象的onresize事件；

说明：这里采用的调用函数的做法是对象名 . 事件名 = 函数名；。

作者注：

上面代码已经使用多年，反复在Windows 7和Windows XP操作系统的各种浏览器下进行过测试，都未曾出现过问题，但是最近笔者再次在Windows 7操作系统的火狐浏览器下运行email.php文件时，发现浮动框架整体移到了盒子leftdiv的下方，没有按照要求的左右排列效果来显示，反复测试之后，发现无论怎样获取浏览器窗口的宽度，在实际使用时都差了一个像素。但是，在Windows XP操作系统的同样版本的火狐浏览器下，就没有问题。到目前为止，笔者尚未找到出现这个问题的原因，只能先给大家提供一个解决方法，若是大家在完成这个页面时也出现过这个问题，请按照下面提供的方法进行修改：

首先，在function iframeWidth() 函数前面增加如下代码：

```
var Sys = {};
```

```
var ua = navigator.userAgent.toLowerCase();
var s;
(s = ua.match(/msie ([\d.]+)/)) ? Sys.ie = s[1] :
(s = ua.match(/firefox\/([\d.]+)/)) ? Sys.firefox = s[1] :
(s = ua.match(/chrome\/([\d.]+)/)) ? Sys.chrome = s[1] :
(s = ua.match(/opera.([\d.]+)/)) ? Sys.opera = s[1] :
(s = ua.match(/version\/([\d.]+).*safari/)) ? Sys.safari = s[1] : 0;
```

上面的代码用于获取浏览器的版本信息。

接下来，在 iframeWidth() 函数代码第 7 行与第 8 行之间增加如下代码：

```
if(Sys.firefox){windowWidth--}
```

上面代码的作用是判断浏览器若是火狐浏览器,就将获取的窗口宽度值减1。

4. 浮动框架的高度设置

在一个使用了浮动框架子窗口的页面中，因为加载到浮动框架中的页面高度并不固定，因此要求浮动框架的高度能够随着加载进来的页面的高度的变化而变化，这样能够避免出现两个问题：

第一，若浮动框架初始高度小于加载进来的页面高度，在内部需要出现滚动条，存在了内外双滚动情况，会影响页面的美观性；

第二，若浮动框架初始高度高于加载进来的页面高度，浮动框架底部页面内容下方将出现大片的空白区域，也会影响页面的美观性。

接下来的关键问题是：要如何获取加载到浮动框架中的页面的高度？

获取页面高度时，需要考虑运行页面文件时使用的浏览器，不同浏览器下面运行的页面，获取其高度的方法是不完全相同的，主要分为 IE 内核和 webkit 内核两种情况：若浏览器内核为 IE，则使用代码“iframe1.contentWindow.document.body.scrollHeight”获取页面的高度；若浏览器内核为 webkit，则使用代码 iframe1.contentDocument. documentElement.scrollHeight 获取页面的高度，其中 iframe1 表示浮动框架元素。

另外，考虑到页面的美观性，在浮动框架窗口高度超过 600 像素时，需要同步调整左侧盒子 leftdiv 的高度，保证该盒子的高度与浮动框架窗口高度一致。

在 email.js 文件中定义函数 iframeHeight()，代码如下：

```
1：function iframeHeight(){
2：        var iframe1=document.getElementById('main');
```

```
3：        if(iframe1.contentWindow) {
4：            height1=iframe1.contentWindow.document.body.scrollHeight;
5：        }
6：        else if(iframe1.contentDocument) {
7：        height1=iframe1.contentDocument.documentElement.scrollHeight;:
8：        }
9：  iframe1.height=height1;
10： var leftdiv=parent.document.getElementById('leftdiv');
11： if(height1<600){
12：      leftdiv.style.height=600+"px";
13： }
14： else{
15：      leftdiv.style.height=height1+"px";
16： }
17：}
```

代码解释：

第 2 行，使用 document.getElementById('main') 获取到指定的浮动框架元素，使用变量 iframe1 表示。

第 3 行，关于条件 iframe1.contentWindow，若页面文件是在 IE 内核的浏览器中运行，则该条件一定成立，成立之后就可以使用第 4 行代码获取页面中正文内容的高度，保存在变量 height1 中。

第 6 行，关于条件 iframe1.contentDocument，若页面文件是在 webkit 内核的浏览器中运行，则该条件一定成立，成立之后就可以使用第 7 行代码获取页面中正文内容的高度，保存在变量 height1 中。

第 9 行，将保存在变量 height1 中的页面内容的高度作为浮动框架 iframe1 的高度。

第 11 行到第 13 行，若是获取到的浮动框架页面内容的高度低于 600 像素，则保持左侧盒子 leftdiv 的高度为 600 像素。

第 14 行到第 16 行，若是获取到的浮动框架页面内容的高度高于 600 像素，则设置左侧盒子 leftdiv 的高度与浮动框架高度一致。

> 注意：在脚本中设置 div 的高度或宽度时，务必要在取值之后增加量度单位 px，否则在部分浏览器中会出现问题。

调用函数 iframeHeight()

该函数需要在email.php文件浮动框架标记<iframe>内部使用代码onload="iframeHeight();" 完成调用。

7.1.4　email.php 的完整代码

```
<!DOCTYPE html PUBLIC "-//W3C//DTD XHTML 1.0 Transitional//EN" "http://www.w3.org/TR/xhtml1/DTD/xhtml1-transitional.dtd">
<html xmlns="http://www.w3.org/1999/xhtml"><head>
<meta http-equiv="Content-Type" content="text/html; charset=gb2312" />
<title> 无标题文档 </title><link type="text/css" rel="stylesheet" href="email.css" />
<script type="text/javascript" src="email.js"></script></head>
<body>
 <div class="wshdiv"> <div class="wshleft">
   <img src="images/163logo.gif" align="middle" />  
   <input name="emailaddr" type="text" class="emailaddr" value="<?php echo $_SESSION['emailaddr'].'@163.com'; ?>" />  
   <a href="#"> 网易 </a> | <a href="#"> 帮助 </a> | <a href="denglu.html"> 退出 </a> </div>
  <div class="wshright">
   <input type="text" name="search" class="search" value=" 支持邮件全文搜索 " onfocus="this.value=';" /><img src="images/search.png" align="top" />
  </div> </div> <div class="bot"> <div id="leftdiv"> <div class="leftdivtop">
   <img src="images/writerecieve.JPG" width="200" height="40" border="0" usemap="#Map" />
   <map name="Map" id="Map"><area shape="rect" coords="8,5,98,37" href="receiveemail.php" target="main" />
 <area shape="rect" coords="99,4,190,37" href="writeemail.php" target="main" />
 </map></div>
  <div class="leftdivbot">
   <p><a href="receiveemail.php" target="main"> 收件箱 </a></p>
  <p><a href="#"> 草稿箱 </a></p>
  <p><a href="#"> 已发送 </a></p>
  <p><a href="deletedemail.php" target="main"> 已删除 </a></p>
  </div></div>
```

```
        <div class="maindiv">
            <iframe src="writeemail(kong).php" name="main" id="main" width="auto"
height="auto" frameborder="0" scrolling="no" onload="iframeHeight(this);"></iframe>
        </div></div></body></html>
```

7.2 实现写邮件页面功能

说明：这一部分我们要设计的是图 7-3 所示的内容，不包含添加附件功能的写邮件界面。

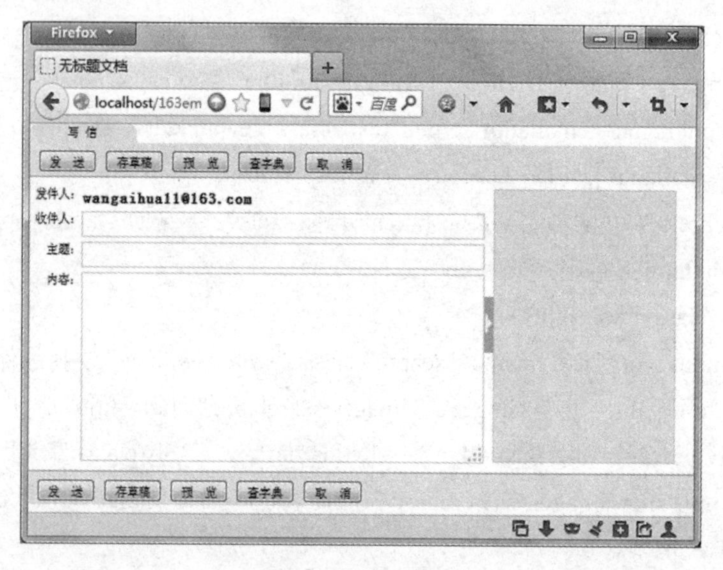

图 7-3　写邮件界面

7.2.1　布局、样式及页面元素插入

1. 页面的布局及元素样式定义

整个页面的边距设置为 0。

整个页面使用的 div 及各个 div 的排列关系如图 7-4 所示。

下面是各个盒子的内容及样式定义要求：

（1）盒子 write

宽度为 120px，高度 20px，填充为 0，边距为 0，背景图为 writebg,jpg，字号 10pt，文本在水平方向居中，文本行高 20px（该行高用于设置垂直方向居中）。

（2）盒子 butdivsh

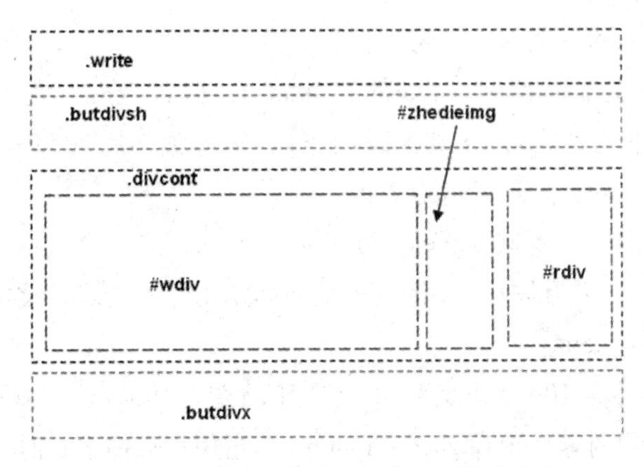

图 7-4 写邮件界面使用的 div 排列关系

宽度为自动（该盒子的宽度与浮动框架窗口宽度一致，使用宽度自动来实现），高度 28px，上填充为 8px，左右填充为 10px，下填充为 0，边距是 0，背景色为浅灰色 #eee，下边框 1 像素实线，边框颜色为 #aaf；

盒子中包含 5 个按钮，“发送”按钮是 submit 类型，“取消”按钮是 reset 类型，其他三个按钮都是 button 类型，所有按钮的样式定义要求：高度为 25px，文本字号为 10pt。

（3）盒子 divcont

宽度为自动（该盒子的宽度与浮动框架窗口宽度一致），高度为自动（高度根据内部表单元素的总高度来确定），填充为 0，上下边距为 10px，左右边距为 0。

盒子 divcont 中包含了左右排列的三个盒子，分别使用 id 选择符 wdiv、zhedieimg 和 rdiv 定义。

盒子 wdiv：宽度为自动，高度为自动，填充为 0，边距为 0，向左浮动。

盒子 wdiv 中使用 4 行 2 列的表格排列了发件人、收件人、主题和内容四个表单元素。

表格宽度需要与盒子 wdiv 的宽度一致，因此设置为 100%，单元格内容不允许换行，这是为了保证用户将窗口变得非常窄之后，显示在左侧列中的提示文本不会被换行，需要为表格标记 table 设置样式 table-layout:fixed; 来实现；

表格所有单元格中的文本字号都是 10pt，文本在垂直方向顶端对齐；表格左侧列宽度为 60px，文本在水平方向靠右对齐；表格右侧列宽度为自动（在左侧列宽度固定的基础上，必须设置右侧列宽自动，这样才能保证表格总宽度能适应盒子 wdiv 的宽度的变化，最终适应浏览器窗口宽度的变化）。

表单元素发件人文本框 name 和 id 都是 sender，样式定义：宽度是 200px，高度是 25px，填充是 0，下边距是 5px，其他边距为 0，边框为 0，文本字号 12pt，文本行高 25px；该文本框中直接显示用户登录邮箱时使用的账号信息。

表单元素收件人文本框 name 和 id 都是 receiver，样式定义：宽度是自动，高度是 25px，填充是 0，下边距是 5px，其他边距是 0，边框颜色是 #ddd，1 像素实线，文本框中的文本字号是 12pt，文本行高为 25px。

表单元素主题文本框 name 和 id 都是 subject，样式定义：宽度是自动，高度是 25px，填充是 0，下边距是 5px，其他边距是 0，边框颜色是 #ddd，1 像素实线，文本框中的文本字号是 12pt，文本行高为 25px。

表单元素邮件内容文本域 name 和 id 都是 content，样式定义：宽度是自动，高度是 350px，填充是 0，边距是 0，边框颜色是 #ddd，1 像素实线，文本域中的文本字号是 10pt，文本行高为 25px。

盒子 zhedie：宽度为 10px，高度为 60px，上下填充为 190px，左右填充为 0，边距为 0，向左浮动；盒子中的内容是图片 zhedieright.jpg，当用户点击图片时可以完成右侧盒子 rdiv 的显示或隐藏。

盒子 zhedie 的上下填充及高度说明：高度 60 像素是直接取用了盒子中要放的图片 zhedieright.jpg 的高度；上下填充为 193 像素则是根据四个表单元素占据的高度总和 446 像素（三个文本框的高度 (25+5)*3+ 文本域的高度 350+receiver、subject 和 content 的上下边框 6=446）减去高度 60 像素之后平分为上下填充值，目的是设置图片 zhedieright.jpg 在垂直方向居中。

盒子 rdiv：宽度为 200px，高度为 444px（高度 444px 加上上下边框 2px，正好是表单元素占据的总高度 446px），填充是 0，边距是 0，边框颜色是 #ddd，1 像素实线，背景色为浅灰色 #eee，向左浮动；这个盒子作为空盒子，可以自己设计在其中显示通讯录等信息。

说明：上面使用的计算总高度 446 的方法在 IE 浏览器下面存在一定的偏差，因为在 IE 浏览器下，表单元素上下各有默认的一个像素，为了做到浏览器的兼容性，需要在 writeemail.php 文件代码首部增加用于判断浏览器的代码，设置在 IE 下的样式效果。

（4）盒子 butdivx

宽度为自动（该盒子的宽度与浮动框架窗口宽度一致，使用宽度自动来实现），高度 28px，上填充为 8px，左右填充为 10px，下填充为 0，边距是 0，背景色为浅灰色 #eee，上边框 1 像素实线，边框颜色为 #aaf；

盒子中包含的所有按钮的样式定义要求：高度为 25px，文本字号为 10pt。

2. 样式代码

创建样式文件 writeemail.css，定义代码如下：

```
1：body{margin:0;}
2：.write{width:120px; height:20px; padding:0; margin:0; background:url(images/
writebg.jpg); font-size:10pt; text-align:center; line-height:20px;}
3：.butdivsh{width:auto; height:28px; padding:8px 10px 0; margin:0; border-
```

```
bottom:1px solid #aaf; background:#eee;}
    4：.butdivx{width:auto; height:28px; margin:0; padding:8px 10px 0; border-
top:1px solid #aaf; background:#eee;}
    5：.butdivsh input,.butdivx input{ height:25px; font-size:10pt;}
    6：.divcont{width:auto; height:auto; padding:0; margin:10px 0;}
    7：#wdiv{ width:auto; height:auto; padding:0; margin:0; float:left;}
    8：#zhedieimg{width:10px; height:60px; padding:193px 0; margin:0; float:left}
    9：#rdiv{width:200px; height:444px; padding:0; margin:0; border:1px solid #ddd;
background:#eee; float:left;}
    10：#wdiv table{width:100%; table-layout:fixed;}
    11：#wdiv table  td{ font-size:10pt; vertical-align:top;}
    12：#wdiv table  .tdleft{width:60px; text-align:right;}
    13：#wdiv table  .tdright{width:auto;}
    14：#sender{width:200px; height:25px; padding:0; margin:0 0 5px; border:0;
font-size:12pt; line-height:25px; font-weight:bold;}
    15：#receiver,#subject{width:auto; height:25px; padding:0; margin:0 0 5px;
border:1px solid #ddd; font-size:12pt; line-height:25px;}
    16：#content{width:auto; height:350px; padding:0; margin:0; border:1px solid
#ddd; font-size:10pt; line-height:25px;}
    17：.clear{clear:both;}
```

代码解释

第 17 行，清除浮动的样式定义是为了解决盒子 divcont 的高度塌陷问题增加的，盒子 divcont 的高度设置为 auto，而且其中三个子元素 wdiv、zhedieimg 和 rdiv 都是浮动的元素，因此，在部分浏览器中这个盒子的高度会塌陷，影响整个页面的运行效果，所以需要针对这个盒子增加清除浮动的功能设置。

> 问题分析：
> 第 16 行，文本域元素 content 中能够显示的文本有多少行？如何计算？

3. 页面元素代码

创建页面文件 writeemail.php，在首部使用代码 <link type="text/css" rel="stylesheet" href="writeemail.css" /> 引用样式文件，在该行代码的下方增加如下代码：

```
<!--[if IE]>
 <style type="text/css">
 #rdiv{height:450px;}
 #zhedieimg{padding:196px 0 0;}
 </style>
<![endif]-->
```

上面代码用于判断当前使用的是否是IE浏览器，若是IE，要重新定义rdiv的高度为450px，zhedieimg的上填充为196px。

在页面主体中增加如下代码：

```
1： <?php session_start(); ?>
2： <form id="form1" name="form1" method="post" action="">
3：   <div class="write"> 写   信 </div>
4：   <div class="butdivsh">
5：     <input name="send" type="submit" value=" 发 送 " />
6：     <input name="but1" type="button" value=" 存草稿 " />
7：     <input name="but2" type="button" value=" 预 览 " />
8：     <input name="but3" type="button" value=" 查字典 " />
9：     <input name="rst" type="reset" value=" 取 消 " />
10：  </div>
11：  <div class="divcont">
12：    <div id="wdiv">
13：      <table border="0" cellpadding="0" cellspacing="0">
14：        <tr>
15：      <td class="tdleft"> 发件人：</td>
16：        <td class="tdright"><input name="sender" type="text" id="sender"
value="<?php echo $_SESSION['emailaddr'].'@163.com'; ?>" /></td>
17：      </tr>
18：      <tr>
19：          <td class="tdleft"> 收件人：</td>
20：          <td class="tdright"><input name="receiver" type="text" id="receiver"
/></td>
```

```
21：    </tr>
22：    <tr>
23：      <td class="tdleft"> 主题：</td>
24：      <td class="tdright"><input name="subject" type="text" id="subject" /></
td>
25：    </tr>
26：    <tr>
27：      <td class="tdleft"> 内容：</td>
28：      <td class="tdright"><textarea name="content" id="content" ></textarea></td>
29：    </tr>
30：     </table>
31：         </div>
32：    <div id="zhedieimg"><img src="images/zhedieright.jpg" id="zhedie" /></div>
33：    <div id="rdiv"></div>
34：    <div class="clear"></div>
35：  </div>
36：  <div class="butdivx">
37：    <input name="send" type="submit" value=" 发 送 " />
38：    <input name="but1" type="button" value=" 存草稿 " />
39：    <input name="but2" type="button" value=" 预 览 " />
40：    <input name="but3" type="button" value=" 查字典 " />
41：    <input name="rst" type="reset" value=" 取 消 " />
42：  </div>
43：</form>
```

代码解释：

第 1 行，嵌入 php 代码 session_start()，用于启用 session，该页面中要使用保存在数组元素 $_SESSION['emailaddr'] 中的用户账号信息，所以需要启用 session 获取数据。

第 2 行到第 43 行，整个页面内容都包含在表单容器中。

第 4 行到第 10 行，增加盒子 divbutsh，并在其中设置五个按钮，五个按钮中只有“发送”按钮是 submit 类型的，用于提交邮件内容，“取消”按钮为 reset 类型，其他三个按钮都是 button 类型，这里没有定义这三个按钮的功能。

第 11 行到第 35 行，定义盒子 divcont 中的所有内容。

第 12 行到第 31 行，定义盒子 wdiv 中的所有内容。

第 14 行到第 17 行，设置发件人元素的相关信息，在页面加载完成后，发件人文本框 sender 中默认显示用户的登录账号信息，所以在第 16 行中使用代码 value="<?php echo $_SESSION['emailaddr'].'@163.com'; ?>"，将保存在服务器端系统数组 $_SESSION 中的用户账号信息连接上 @163.com，输出到浏览器端之后，作为文本框的 value 属性取值。

第 18 行到第 21 行，设置收件人元素的相关信息。

第 22 行到第 25 行，设置邮件主题元素的相关信息。

第 26 行到第 29 行，设置邮件内容元素的相关信息。

第 32 行，插入折叠图片。

第 33 行，插入盒子 rdiv。

第 34 行，插入空白盒子，引用样式 clear，用于清除浮动造成的盒子 divcont 的高度塌陷问题。

第 36 行到第 42 行，增加盒子 divbutx，并在其中设置五个按钮。

7.2.2 实现脚本功能

在写邮件界面中需要使用脚本函数实现表单数据验证、文本域 content 中滚动条的显示与隐藏、表单元素的宽度设置、盒子 rdiv 的显示与隐藏等几个功能，创建脚本文件 writeemail.js，分别定义函数实现上述功能。

在 writeemail.php 首部增加 <script type="text/javascript" src="writeemail.js"></script> 代码关联脚本文件。

1. 函数 validate() 的定义与调用

点击“发送”按钮发送邮件时，需要先判断用户是否输入了收件人和邮件主题信息，若是没有输入收件人信息，则在文本框 receiver 中用红色文本显示“必须要填写收件人信息”，同时返回 false 结果，用于结束函数的执行过程，并阻止发送邮件的过程，效果如图 7-5 所示；若是没有输入邮件主题信息，则在文本框 subject 中用红色文本显示“必须要填写邮件主题”，同时返回 false 结果，用于结束函数的执行过程，并阻止发送邮件的过程，效果如图 7-6 所示。

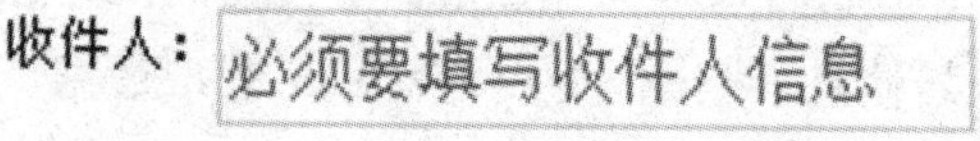

收件人： 必须要填写收件人信息

图 7-5　未填写主题的页面效果

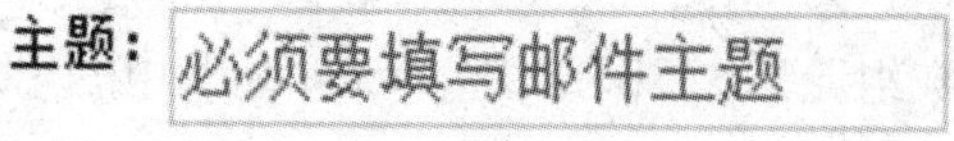

主题： 必须要填写邮件主题

图 7-6　未填写收件人信息的页面效果

这里定义函数 validate() 完成上述功能。

函数代码如下：

```
1：function validate(){
2：    var receiver=document.getElementById('receiver');
3：    var subject=document.getElementById('subject');
4：    if (receiver.value==''){
5：        receiver.value=' 必须要填写收件人信息 ';
6：        receiver.style.color='#f00';
7：        return false;
8：    }
9：    if (subject.value==''){
10：       subject.value=' 必须要填写邮件主题 ';
11：       subject.style.color='#f00';
12：       return false;
13：}
14：}
```

代码解释：

第 2 行，使用 document.getElementById('receiver') 获取到文本框元素 receiver，并使用脚本变量 receiver 表示。

第 3 行，使用 document.getElementById(' subject ') 获取到文本框元素 subject，并使用脚本变量 subject 表示。

第 4 行到第 8 行，若是文本框 receiver 中的内容为空，则使用第 5 行代码设置提示信息，使用第 6 行代码设置提示信息显示为红色，使用第 7 行代码返回 false 结果，结束函数的执行过程。

第 9 行到第 13 行，若是文本框 subject 中的内容为空，则使用第 10 行代码设置提示信息，使用第 11 行代码设置提示信息显示为红色，使用第 12 行代码返回 false 结果，结束函数的执行过程。

> 问题分析：
> 第 7 行和第 12 行的代码 return false 是否可以省略？为什么？

函数调用：

在 writeemail.php 文件第 2 行代码的 <form> 标记内部增加代码 onsubmit="return validate();"，作用是当点击表单中的 submit 类型按钮时触发表单中的 onsubmit 事件，从而完成函数 validate() 的调用。

问题分析：

上面调用函数的代码中 return 的作用是什么？是否可以省略？为什么？

2. 清除收件人和主题文本框中的提示信息

若是用户发送邮件时没有输入收件人或者邮件主题信息，在上面的 validate() 函数中使用了红色文本在文本框中显示相应的提示信息，当用户返回到文本框中输入收件人或者邮件主题信息时，要去掉提示信息，并将文本颜色恢复为初始状态的黑色，采用的方法是直接在页面文件中 <input name="receiver" type="text" id="receiver" /> 和 <input name= "subject" type="text" id="subject" /> 标记内部使用代码 onfocus="this.value=''; this.style.color='#000';" 完成设置即可。

注意：上面代码中 this.value 等号后面带有底纹的区域中是两个单引号。

3. 函数 wdivWidth() 的定义与调用

页面元素 wdiv 的宽度在初始状态通过样式设置为 auto，该元素及其内部的表单元素 receiver、subject 和 content 的宽度都要求能够适应页面文档 writeemail.php 的宽度，并且在点击图片元素 zhedie 时，能够根据右侧元素 rdiv 的显示与隐藏状态来改变自己的宽度：

若是 rdiv 为显示状态，则盒子 wdiv 的宽度需要取用页面文档宽度减去盒子 rdiv 和 zhedieimg 的宽度之后的结果；

若盒子 rdiv 为隐藏状态，则盒子 wdiv 的宽度需要取用页面宽度减去盒子 zhedieimg 的宽度之后的结果；

而表单元素 receiver、subject 和 content 的宽度则需要使用 wdiv 的宽度减去表格左侧列宽 60 像素以及表单元素的左右边框之后来得到。

这里定义函数 wdivWidth() 来实现。

函数代码如下：

```
1:  function wdivWidth() {
2:     var w=(window.document.body.offsetWidth || window.document.
documentElement.offsetWidth);
3:    if(document.getElementById('rdiv').style.display=="none"){
4:       leftdivw=w-10;
5:    }
```

```
6:  else{
7:      leftdivw=w-10-(200+2);
8:   }
9:   document.getElementById('wdiv').style.width=leftdivw+"px";
10:   document.getElementById('receiver').style.width=(leftdivw-62)+"px";
11:   document.getElementById('subject').style.width=(leftdivw-62)+"px";
12:   document.getElementById('content').style.width=(leftdivw-62)+"px";
13:   }
```

代码解释：

第 2 行，获取页面文档 writeemail.php 的可见区域宽度，使用变量 w 表示，若是页面文档中使用了 xhtml 标准，则通过 window.document.documentElement.offsetWidth 来获取页面可见区域宽度，否则就通过 window.document.body.offsetWidth 来获取页面可见区域宽度，使用或运算连接这两个取值，是在脚本代码中经常采用的做法，二者之中有且仅有一个能够成立。

第 3 行到第 8 行，使用 document.getElementById('rdiv') 获取到页面中的元素 rdiv，判断它是否是隐藏的，若是隐藏的，则使用变量 w 的值减去盒子 zhedieimg 的宽度 10，结果保存在变量 leftdivw 中；若是显示的，则使用变量 w 的值减去盒子 zhedieimg 的宽度 10，再减去盒子 rdiv 的宽度 200 和左右边框 2，结果保存在变量 leftdivw 中。

第 9 行，将变量 leftdivw 中保存的值作为盒子 wdiv 的宽度值，必须要在后面增加单位 px。

第 10 行到第 12 行，使用 leftdivw 减去盒子 wdiv 中表格左侧列宽 60 像素和表单元素的左右边框 2 像素之后，将结果作为表单元素的宽度。

问题分析：

在第 10 行到 12 行中设置表单元素宽度时，为什么必须要减去表单元素左右边框所占用的 2 像素？

问题解答：

假设盒子 rdiv 是显示的，当前获取到的窗口宽度为 600px，此时为 wdiv 设置的宽度是 388px，使用 388 去掉表格左侧列的固定宽度 60px 得到 328px，这一取值要作为表单元素的总宽度来使用，而表单元素的总宽度包含了 width+2px 的边框，所以最后为表单元素的 width 属性设置取值时必须使用

328-2 得到 326px 才可以。

读者可以自己尝试若是没有减去这两个像素的页面效果是怎样的。

函数调用：

函数 wdivWidth() 在页面加载时需要调用，在浏览器窗口大小发生变化时也需要调用，因此直接在函数定义完毕之后增加下面的代码完成函数调用：

```
1：window.onload=wdivWidth;
2：window.onresize=wdivWidth;
```

作者注：

与 email.php 文件中的函数 iframeWidth() 存在一样的问题，在 Window 7 操作系统的火狐浏览器下差了一个像素的宽度，导致盒子 divcont 内部右侧的 rdiv 总是排列在 wdiv 的下方发，没有按照要求的左右排列效果来显示，若是大家在完成这个页面时也出现过这个问题，请按照下面提供的方法进行修改：

首先，在 function wdivWidth() 函数前面增加如下代码：

```
var Sys = {};
var ua = navigator.userAgent.toLowerCase();
var s;
(s = ua.match(/msie ([\d.]+)/)) ? Sys.ie = s[1] :
(s = ua.match(/firefox\/([\d.]+)/)) ? Sys.firefox = s[1] :
(s = ua.match(/chrome\/([\d.]+)/)) ? Sys.chrome = s[1] :
(s = ua.match(/opera.([\d.]+)/)) ? Sys.opera = s[1] :
(s = ua.match(/version\/([\d.]+).*safari/)) ? Sys.safari = s[1] : 0;
```

上面的代码用于获取浏览器的版本信息。

接下来，在 wdivWidth() 函数代码第 2 行与第 3 行之间增加如下代码：

```
if(Sys.firefox){w--}
```

上面代码的作用是判断浏览器若是火狐浏览器，就将获取的窗口宽度值减 1。

4. 函数 showOrHideRdiv() 的定义与调用

若是盒子 rdiv 为隐藏的，则点击图片元素 zhedie 之后，要将盒子 rdiv 设置为显示状态，同时将图片元素 zhedie 显示的图片文件修改为 zhedieright.jpg；否则就要将盒子 rdiv 设置为隐藏状态，同时将图片元素 zhedie 显示的图片文件修改为 zhedieleft.jpg。这里定义函数 showOrHideRdiv() 实现。

函数代码如下：

```
1： function showOrHideRdiv(){
2：     if(document.getElementById('rdiv').style.display=="none") {
3：         document.getElementById('rdiv').style.display="block";
4：         document.getElementById('zhedie').src="images/zhedieright.jpg";
5：     }
6：     else {
7：         document.getElementById('rdiv').style.display="none";
8：         document.getElementById('zhedie').src="images/zhedieleft.jpg";
9：     }
10：}
```

代码说明：

这里不可以使用样式属性visibility判断或者设置盒子rdiv的显示与隐藏，因为当盒子隐藏之后，不允许其继续占用页面中的位置，所以必须使用样式属性display进行判断或者设置。

函数调用：

当用户点击图片元素zhedie时调用该函数，需要在writeemail.php代码<img src="images/zhedieright.JPG" id="zhedie" />中增加代码onclick="showOrHideRdiv();"实现。

另外，当用户点击图片元素zhedie，隐藏或者显示盒子rdiv之后，还需要调用函数wdivWidth()重新调整wdiv和内部各个表单元素的宽度，因此需要将代码onclick="showOrHideRdiv();"改为onclick=" showOrHideRdiv();wdivWidth();"。

强调：图片元素zhedie的onclick事件调用的两个函数必须是先调用showOrHideRdiv()，后调用wdivWidth()，请读者自己思考原因。

5. 函数showOrHideScroll()的定义与调用

为了使得设计的页面比较美观，要求在任何浏览器中运行writeemail.php页面文件时文本域中的滚动条在初始状态都要隐藏，在当前的各种主流浏览器中除了IE内核的浏览器之外，其余浏览器中显示文本域时，默认初始状态的滚动条都是隐藏的，当文本域中内容超出了指定的行数范围之后，滚动条会自动显示。因此，我们需要针对IE内核的浏览器设置文本域滚动条在初始状态隐藏。实现方法如下：

在页面文件writeemail.php代码首部为IE浏览器设置的样式代码中增加如下代码：

```
#content{overflow:hidden;}
```

代码解释：

为文本域元素content增加样式定义，使用overflow:hidden;设置滚动条为隐藏状态；

写邮件内容的文本域元素 content 在样式定义中定义的高度是 350px，内部文本的行高是 25px，因此可以显示出的文本最多为 14 行，若是文本域 content 内的文字没有超出 14 行，则设置文本域的滚动条为隐藏状态，否则设置滚动条为显示状态，并且要保证滚动条随时根据文本行数的变化来显示或隐藏。定义函数 showOrHideScroll() 实现。

函数代码如下：

```
1：function showOrHideScroll(){
2：     var cont = document.getElementById("content");
3：     var txt=cont.createTextRange().getClientRects();
4：     if(txt.length>14) {
5：         cont.style.overflowY = 'scroll';
6：  }
7：  else{
8：         cont.style.overflowY = 'hidden';
9：  }
10： scrollTm=window.setTimeout("showOrHideScroll()",100);
12：}
```

代码解释：

第 2 行，使用代码 document.getElementById("content") 获取页面中的文本域元素 content，使用变量 cont 表示；

第 3 行，在 cont 中使用函数 createTextRange() 创建包含文本的对象，进而使用函数 getClientRects() 获取文本对象中的文本，使用变量 txt 表示；

第 4 行，使用 txt.length 获取变量 txt 中文本的行数，判断行数是否超出 14；

第 5 行，若文本行数超出 14，则将变量 cont 所表示的文本域 content 中垂直方向滚动条 overflowY 使用 scroll 设置为显示状态；

第 8 行，若文本行数没有超出 14，则将变量 cont 所表示的文本域 content 中垂直方向滚动条 overflowY 使用 hidden 设置为隐藏状态；

第 10 行，使用 window 对象的 setTimeout() 函数设置每间隔 100 毫秒调用函数 showOrHideScroll()，保证随时监测文本域中文本的行数，以确定滚动条的显示与隐藏状态，该函数返回一个定时器标识，使用变量 scollTm 保存，以便在编辑完邮件内容光标离开文本域时，用于结束 setTimeout() 对函数的反复调用过程。

函数调用：

当光标聚焦到文本域 content 中时开始调用函数，因此需要在 writeemail.php 页面代码文本域元素 content 中增加代码 onfocus="showOrHideScroll();"，完成函数的初次调用。

6. 函数 stopscrollTm() 的定义与调用

编辑邮件内容时，使用了 window 对象的 setTimeout() 函数设置每间隔 100 毫秒就调用函数 showOrHideScroll()，这个定时器一旦启用之后就会一直运行下去，直到采用相应的函数来结束它，为了停止定时器的定时过程，降低系统的能耗，这里定义函数 stopscrollTm() 来结束定时器。

函数代码如下：

```
1：function stopscrollTm(){
2：            window.clearTimeout(scrollTm);
3：}
```

代码解释：

第 2 行，scrollTm 在函数 showOrHideScroll() 中保存了定时器返回的标识，在这里使用 window 对象的 clearTimeout() 函数清除 scrollTm 中保存的值，达到结束定时器的目的。

函数调用：

当用户结束邮件内容的编辑过程，将光标离开文本域 content 时调用函数，因此需要在 writeemail.php 页面代码 28 行文本域元素 content 中增加代码 onblur="stopscrollTm();"，完成函数的调用。

7.2.3　完整的 writeemail.php 代码

```
<!DOCTYPE html PUBLIC "-//W3C//DTD XHTML 1.0 Transitional//EN" "http://www.w3.org/TR/xhtml1/DTD/xhtml1-transitional.dtd">
<html xmlns="http://www.w3.org/1999/xhtml">
<head>
<meta http-equiv="Content-Type" content="text/html; charset=gb2312" />
<title> 无标题文档 </title>
<link type="text/css" rel="stylesheet" href="writeemail.css" />
<script type="text/javascript" src="writeemail.js"></script>
<!--[if IE]>
```

```
<style type="text/css">
 #content{overflow:hidden;}
 #rdiv{height:450px;}
 #zhedieimg{padding:196px 0 0;}
</style>
<![endif]-->
</head><body>
<?php session_start(); ?>
<form id="form1" name="form1" method="post" action="storeemail.php" onsubmit="return validate();" enctype="multipart/form-data">
<input type="hidden" name="MAX_FILE_SIZE" value="500000">
 <div class="write"> 写   信 </div>
 <div class="butdivsh">
  <input name="send" type="submit" value=" 发 送 " />
  <input name="but1" type="button" value=" 存草稿 " />
  <input name="but2" type="button" value=" 预 览 " />
  <input name="but3" type="button" value=" 查字典 " />
  <input name="rst" type="reset" value=" 取 消 " />
 </div>
 <div class="divcont"> <div id="wdiv">
  <table border="0" cellpadding="0" cellspacing="0">
   <tr> <td class="tdleft"> 发件人：</td>
          <td class="tdright"><input name="sender" type="text" id="sender" value="<?php echo $_SESSION['emailaddr'].'@163.com'; ?>" /></td></tr>
        <tr><td class="tdleft"> 收件人：</td>
          <td class="tdright"><input name="receiver" type="text" id="receiver" onfocus="focusCode('receiver');" /></td></tr>
        <tr><td class="tdleft"> 主题：</td>
          <td class="tdright"><input name="subject" type="text" id="subject" onfocus="focusCode('subject');" /></td></tr>
        <tr><td class="tdleft"> 内容：</td>
          <td class="tdright"><textarea name="content" id="content" onfocus="showOrHideScroll();" onblur="stopscrollTm();"></textarea></td></tr>
```

```
</table></div>
<div id="zhedieimg"><img src="images/zhedieright.JPG" id="zhedie" onclick="
showorhidediv();divwidth();" /></div>
<div id="rdiv"></div><div class="clear"></div>
</div>
<div class="butdivx">
  <input name="send" type="submit" value=" 发  送 " />
  <input name="but1" type="button" value=" 存草稿 " />
  <input name="but2" type="button" value=" 预  览 " />
  <input name="but3" type="button" value=" 查字典 " />
  <input name="rst" type="reset" value=" 取  消 " />
</div> </form></body></html>
```

7.3 添加附件功能的实现

7.3.1　界面设计

1. 界面设计说明

修改 writeemail.php 文件，在邮件主题信息下面增加表格的一行单元格，用于添加附件。

页面刚刚运行时，显示一个选择附件的文件域元素，如图 7-7 所示界面。

点击图 7-7 中所示的“删除”文本时，可以将已经选择的附件信息删除，但是要保留文件域元素。若是需要添加多个附件，可以点击“继续添加附件”文本，得到图 7-8 所示界面。

点击图 7-8 中的第二个文件域右侧的“删除”文本时，要将已经选择的附件信息删除，同时将文件域元素隐藏。

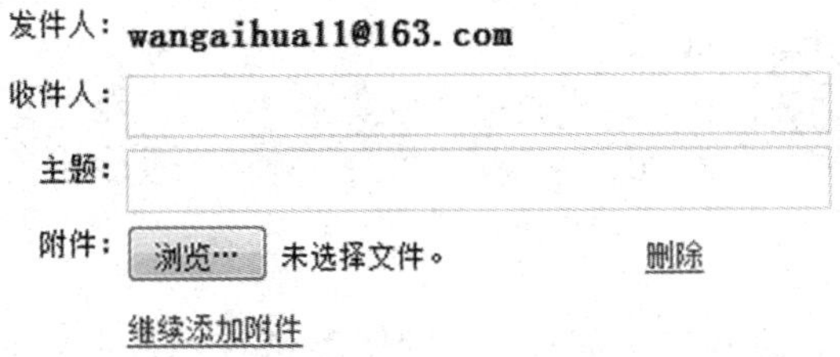

发件人：wangaihua11@163.com
收件人：
主题：
附件：浏览… 未选择文件。 删除
继续添加附件

图 7-7　添加附件界面

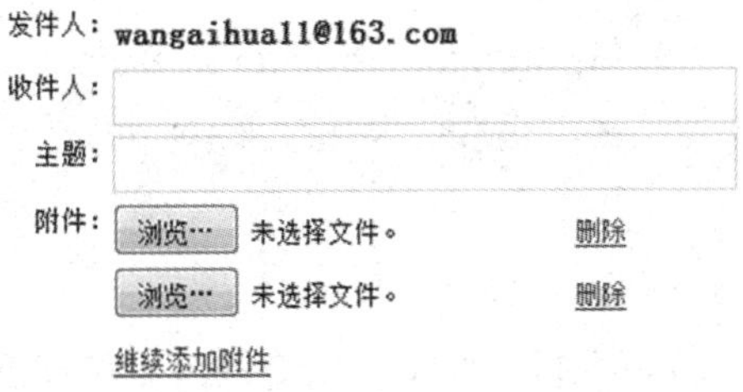

发件人：wangaihua11@163.com
收件人：
主题：
附件：浏览… 未选择文件。 删除
浏览… 未选择文件。 删除
继续添加附件

图 7-8　添加多个附件界面

本页面中要求最多可以添加10个附件，采用的方案是在初始状态设计好10组元素，每组元素的内容和结构如下：

<p><span> 文件域元素 </span><span> 删除 </span></p>

每一组元素使用一个段落标记 <P> 控制，每个段落标记都要定义 id 属性，取值从 p1~p10；

每组元素都包含一个文件域元素和一个删除文本元素；

每组中的文件域元素都使用标记 <span>…</span> 控制，为各个 <span> 标记定义的 id 属性取值为 sp1~sp10；

各个文件域元素 name 属性的取值为 f1~f10；

每组中的删除文本也都使用独立的 <span>…</span> 标记控制，不需要设置 id 属性值；

第一个段落初始状态为显示，将第 2 个到第 10 个段落初始状态都设置为隐藏。

2. 样式定义要求及样式代码

（1）样式定义要求

文件域元素的样式使用 class 类选择符 attachmsg 定义，宽度为自动，高度为 25px，填充为 0，边距为 0；

“删除”文本的样式使用 class 类选择符 del 定义，颜色为蓝色，带下划线，鼠标移过来时显示手状；

“继续添加附件”文本的样式使用 class 类选择符 add 定义，颜色为蓝色，带下划线，鼠标移过来时显示手状，文本行高为 30 像素；

控制 10 组元素的段落标记使用包含选择符 .tdright p 定义，下边距为 5px，其余边距为 0，初始状态为隐藏；

设置 id 是 p1 的段落初始状态为显示

（2）样式代码

在 writeemail.css 文件中增加如下样式代码：

```
1：.attachmsg{ width:auto; height:25px; padding:0; margin:0;}
2：.del{color:#00f; text-decoration:underline; cursor:pointer;}
3：.add{color:#00f; text-decoration:underline; cursor:pointer; line-height:30px;}
5：.tdright  p{ margin:0 0 5px 0; display:none;}
6：.tdright  #p1{ display:block;}
```

代码解释：

第 5 行中定义的所有段落初始状态都为隐藏的，第 6 行中则使用 id 选择符定义第一个段落初始状态为显示的。

3. 页面元素代码

在 4.3 文件上传功能实现中已经提到，上传文件时，除了要增加文件域元素，还必须要设置表单标记 <form> 内部的相关属性，修改 writeemail.php 文件，在 <form> 标记中增加代码 enctype="multipart/form-data"，然后在邮件主题信息行之后插入如下代码：

```
1：<tr>
2：  <td class="tdleft"> 附件：</td>
3：  <td class="tdright">
4：  <p id="p1">
5：    <span id="sp1"><input type="file" name="f1" class="attachmsg" /></span>
6：    <span class="del"> 删除 </span>
7：  </p>
8：  <p id="p2">
9：    <span id="sp2"><input type="file" name="f2" class="attachmsg" /></span>
10：   <span class="del"> 删除 </span>
11：  </p>
12：  <p id="p3">
13：    <span id="sp3"><input type="file" name="f3" class="attachmsg" /></span>
14：    <span class="del"> 删除 </span>
15：  </p>
16：  <p id="p4">
17：    <span id="sp4"><input type="file" name="f4" class="attachmsg" /></span>
18：    <span class="del"> 删除 </span>
19：  </p>
20：  <p id="p5">
21：    <span id="sp5"><input type="file" name="f5" class="attachmsg" /></span>
22：    <span class="del"> 删除 </span>
23：  </p>
24：  <p id="p6">
25：   <span id="sp6"><input type="file" name="f6" class="attachmsg" /></span>
26：   <span class="del"> 删除 </span>
27：  </p>
28：  <p id="p7">
```

```
29:  <span id="sp7"><input type="file" name="f7" class="attachmsg" /></span>
30:  <span class="del"> 删除 </span>
31: </p>
32: <p id="p8">
33:  <span id="sp8"><input type="file" name="f8" class="attachmsg" /></span>
34:  <span class="del"> 删除 </span>
35: </p>
36: <p id="p9">
37:  <span id="sp9"><input type="file" name="f9" class="attachmsg" /></span>
38:  <span class="del"> 删除 </span>
39: </p>
40: <p id="p10">
41:  <span id="sp10"><input type="file" name="f10" class="attachmsg" /></
span>
42:  <span class="del"> 删除 </span>
43: </p>
44: <span class="add"> 继续添加附件 </span>
45: </td>
46: </tr>
```

代码解释：

10 个段落使用的 id 从 p1 到 p10，是按规律变化的，控制文件域元素的 10 个 <span> 标记使用的 id 从 sp1 到 sp10，也是按规律变化的。

所有的“删除”文本都使用 <span> ... </span> 标记定界，方便引用样式选择符 del；“继续添加附件”文本也使用 <span> ... </span> 标记定界，方便引用样式选择符 add。

说明：

在页面中增加了添加附件功能，显示一个文件域元素和“继续添加附件”文本之后，表单元素的总高度发生了变化，为了保证页面的美观性，需要重新调整盒子 rdiv 的高度和盒子 zhedieimg 的上填充。

因为文件域元素的高度是 25px，段落的下边距是 5px，而“继续添加附件”文本的行高是 30px，所以增加的总高度是 60px，将 rdiv 原来高度值 444px 修改为 504px，将 zhedieimg 原来上填充值 193px 修改为 223px 即可；

同时要修改为 IE7 所设置的 rdiv 的高度，在 IE7 中每增加一个文件域元素，增加的总高度是 32px，所以需要在原来高度 450 的基础上增加 62px，修改为 512px， zhedieimg 原来上填充值 196px 修改为 227px 即可。

7.3.2　使用脚本实现多附件添加和删除附件的功能

1. 多附件元素添加

在页面中要添加多个附件时，需要点击文本“继续添加附件”，显示用于上传附件的文件域元素，每点击一次，就从尚未使用的文件域元素中找出序号最小的那个显示出来，同时因为文件域元素的显示，使得页面内容增高，需要调整页面中盒子 rdiv 的高度、盒子 zhedieimg 的上填充以及整个浮动框架子窗口的高度，这里使用脚本函数 addAttach() 来实现上述功能。

函数代码如下：

```
1： function addAttach(){
2：     for(i=2;i<=10;i++){
3：         if(document.getElementById('p'+i).style.display!='block'){
4：                 document.getElementById('p'+i).style.display='block';
5：                 var rdivH=document.getElementById('rdiv').clientHeight;
6：                 if(Sys.ie){rdivH=rdivH+32;}
7：                 else{rdivH=rdivH+30;}
8：                 document.getElementById('rdiv').style.height=rdivH+"px";
9：                 document.getElementById('zhedieimg').style.paddingTop=(rdivH-
60)/2+"px";
10：                parent.iframeHeight();
11：                break;
12： }
13： }
```

代码解释：

第 2 行到第 13 行，使用循环结构加分支结构判断并显示序号最小的那个文件域元素，实际上是显示的是段落元素；

第 2 行，循环变量 i 初值从 2 开始（因为第一个文件域元素在初始状态设置为显示），最多循环 9 次；

第 3 行，判断序号是 i 的段落元素是否是显示状态，若是隐藏状态，则执行第 4 行到第 12 行代码；

第 4 行，设置序号是 i 的段落元素为显示状态；

第 5 行，使用代码 document.getElementById('rdiv').clientHeight 获取页面中盒子

rdiv 的当前高度，使用变量 rdivH 表示；

第 6 行和第 7 行，判断浏览器是否是 IE 浏览器，若是，需要将变量 rdivH 的值增加32像素，32像素是显示出的段落的总高度，否则，需要将变量rdivH的值增加30像素。

第 8 行，使用代码 document.getElementById('rdiv').style.height=rdivH+"px"，将修改后的变量 rdivH 的值作为盒子 rdiv 的新高度值；

第 9 行，代码 document.getElementById('zhedieimg').style.paddingTop=(rdivH-60)/2+"px" 用来设置盒子 zhedieimg 的上填充值，取用盒子 rdiv 的高度值减去图片元素 zhedie 的高度 60 之后，将结果除以 2 得到的，目的是保证增加了页面内容高度之后，仍旧能够保证图片元素 zhedie 位于垂直方向的中间位置；

第 10 行，使用代码 parent.iframeHeight() 调用父窗口中的 iframeHeight() 函数，重新设置浮动框架 main 的高度，writeemail.php 文件是在浮动框架 main 中运行的，而要调用的函数 iframeHeight() 则属于父窗口（即浏览器窗口）中运行的页面文件 email.php，所以这里必须要使用 parent，表示由当前浮动框架子窗口中运行的页面文件来访问父窗口的页面文件。

第 11 行，使用 break 语句结束当前循环，这说明已经从尚未显示的文件域元素中找到并且显示了序号最小的那个元素，任务已经完成，不需要继续循环下去。

问题分析：

（1）第 5 行中，获取盒子 rdiv 的当前高度是能否将 clientHeight 更换为 style.height？更换之后结果会如何？

（2）第 9 行中，若是将表示父窗口的对象 parent 去掉，系统将会从哪里寻找函数 iframeHeight()？

（3）第 10 行中，若是将 break 直接去掉，会出现什么问题？

函数调用：

点击“继续添加附件”文本时调用函数 addAttach()，因此在页面文件 writeemail.php 代码 <span class="add"> 继续添加附件 </span> 的标记 <span> 内增加代码 onclick="addAttach()"。

2. 删除附件

点击第一个文件域元素右侧的“删除”文本时，将选择的附件信息删除；而点击之后那些文件域元素右侧的“删除”时，除了删除选择的附件信息，还必须要将文件域所在的段落元素隐藏，同时因为页面内容高度减小，还需要调整页面中盒子 rdiv 的高度、盒子 zhedieimg 的上填充以及整个浮动框架子窗口的高度。

说明：删除选择的附件信息时，采用的做法是通过脚本代码使用一个新的、同名的文件域元素取代原来的文件域元素，即用一个新的 f1 取代原来的 f1，新的 f2 取代原来的f2，……。

定义函数dele()来实现附件的删除操作。

函数代码如下：

```
1： function dele(num){
2：     document.getElementById('sp'+num).innerHTML="<input type='file' name='f'+num+'' class='attachmsg' />";
3：   if(num!=1){
4：       document.getElementById('p'+num).style.display='none';
5：       var rdivH=document.getElementById('rdiv').clientHeight;
6：       rdivH=rdivH-32;
7：       document.getElementById('rdiv').style.height=rdivH+"px";
8：       document.getElementById('zhedieimg').style.paddingTop=(rdivH-60)/2+"px";
9：       parent.iframeHeight();
10：  }
11：}
```

代码解释：

第1行，关于形参num，点击不同的“删除”文本需要处理不同的文件域元素和不同的段落，这里定义的形参num用于表示段落或者文件域元素的id取值中的序号，范围是1到10，点击第一个段落中的“删除”文本时，传递的实参值是数字1，点击第二个段落中的“删除”文本时传递的实参值是数字2，以此类推；

第2行，在页面代码中，所有的文件域元素都使用了<span>…</span>标记来定界，使用'sp'+num得到序号是num的<span>标记的id属性值，例如序号若为3，则得到的结果是sp3，然后使用代码document.getElementById('sp'+num)获取到序号是num的<span>标记，最后使用innerHTML属性设置在该标记内部的内容是新的文件域元素，新文件域元素的name设置为'f'+num，若num=1，则文件域元素name为f1，以此类推，也就是使用新的、同名的文件域元素取代了原来已经选择了附件的文件域元素，从而达到删除附件信息的目的；

代码name='f"+num+"' class='attachmsg'中，字符f前面是单引号，后面是双引号，在num+后面则是一个双引号和一个单引号。

第3行，判断形参num得到的实参值是否是数字1，若不是则执行第4行到第9行；

第4行，隐藏序号是num的段落元素；

第5行到第7行，重新设置盒子rdiv的高度；

第 8 行，重新设置盒子 zhedieimg 的上填充值；

第 9 行，调用父窗口运行的页面中的函数 iframeHeight()，重新调整浮动框架子窗口的高度。

函数调用：

(1) 在第一个段落中控制“删除”文本的<span>标记内增加代码 onclick="dele(1)"；

(2) 在第二个段落中控制“删除”文本的<span>标记内增加代码 onclick="dele(2)"；

……

(10) 在第十个段落中控制“删除”文本的<span>标记内增加代码 onclick="dele(10)"。

7.4 发送邮件

邮件编辑完成，点击“发送”按钮时必须将邮件信息存入到数据库中，若是邮件中包含附件，还需要将附件保存到文件夹 upload 中，这样，发送一封邮件的过程才算完成。

7.4.1 创建数据表 emailmsg

在数据库 email-1 中创建的数据表 emailmsg 专门用于存放邮件信息，在这个项目设计中，为了方便实现所有功能，将所有用户发送的所有邮件信息都存储在数据表 emailmsg 中，数据表的列名、长度等结构要求如表 7-1 所示：

表 7-1 数据表 emailmsg 的结构

保存的信息	列名	类型和长度	是否允许为空	其他
邮件序号	emailno	int(10)	not null	自动增长、主键
发件人账号	sender	varchar(30)	not null	
收件人账号	receiver	varchar(1000)	not null	
邮件主题	subject	varchar(200)	not null	
邮件内容	content	text		
收发日期	datesorr	datetime	not null	
附件名称信息	attachment	varchar(1000)		
是否删除邮件	deleted	tinyint(1)	not null	初始值为 0

说明：

邮件序号的定义是为了在以后打开邮件和删除邮件时提供索引值的。

收件人长度定义为 1000 个字符，允许发送邮件时指定多个用户接收，指定多个用户接收时，每个收件人后面都使用分号结束，本项目中，分号需要用户自己输入；

主题长度限制在 200 个字符之内；

邮件内容可以是空的；

附件名称信息，记录当前邮件中包含的所有附件的名称信息，必须允许为空，表示用户可以不用选择上传附件。

是否删除邮件，记录当前邮件是否已经被用户选择了删除，被删除的邮件中该列列值设置为 1 作为标识，可在“已删除”邮件列表中显示，用户可从已删除邮件列表中再次选择之后将其彻底删除；

7.4.2　保存邮件信息

创建页面文件 storeemail.php，用于保存邮件信息，修改 writeemail.php 文件，在 <form> 标记中设置 action="storeemail.php" 关联该文件。

1. storeemail.php 功能要求说明

第一步，要获取到邮件的全部信息，包括发件人、收件人、主题、内容、收发日期和附件信息。

第二步，获取并处理附件信息，将附件文件保存在与 storeemail.php 文件同级的文件夹 upload 中，同时准备好要保存到数据表 emailmsg 的附件信息列 attachment 中的信息。

本书使用的项目中实现的是简单的保存附件的操作，所有用户发送邮件中的附件文件都保存在同一个 upload 文件夹中，为了尽可能避免不同用户发送的同名附件互相冲突，采取的措施是将附件保存到 upload 文件夹之前，由系统产生一个范围从 0 到 100,000 的随机数，将该随机数使用圆括号括起来，放在附件名称开始的位置（例如 (89345)a.doc），然后将新组成的名称作为附件名称保存到文件夹 upload 中；

保存在 attachment 列中的附件名称信息中包含三个部分的内容：在开始处增加的放在圆括号中的随机数标识、附件名称和在结束处放在圆括号中的大小信息，最后再缀上一个分号（例如 (89345)a.doc(2.1Kb);），所以在保存之前，需要将这三部分的内容连接在一起并以分号结束；

第三步，将所有信息保存到数据表 emailmsg 中。

2. storeemail.php 文件代码

storeemail.php 文件代码如下：

```
1: <?php
2:  $sender=$_POST['sender'];
3:  $receiver=$_POST['receiver'];
4:  $subject=$_POST['subject'];
5:  $content=$_POST['content'];
6:  $datesorr=date("Y-m-d H:i");
7:  $attachment='';
8:  for($i=1;$i<=10;$i++){
9:   $fname=$_FILES['f'.$i]['name'];
10:   if($fname!=''){
11:      $tmp_fname=$_FILES['f'.$i]['tmp_name'];
12:      $rndNum=mt_rand(0,100000);
13:      $fname="($rndNum)$fname";
14:      move_uploaded_file($tmp_fname,"upload/".$fname);
15:      $fsize=round($_FILES['f'.$i]['size']/1024,2)."kB";
16:      $attachment=$attachment.$fname." ($fsize);";
17:   }
18:  }
19:  $conn=mysql_connect('localhost','root','root');
20:  mysql_select_db('email-1',$conn);
21:  $sql="insert into emailmsg(sender,receiver,subject,content,datesorr,attachme
nt,deleted) values('$sender','$receiver','$subject','$content','$datesorr','$attachment', '0')";
22:  mysql_query($sql,$conn);
23:  echo " 邮件已经发送成功 ";
24:  mysql_close($conn);
25: ?>
```

代码解释：

第 2 行到第 5 行，从系统数组 $_POST 中获取表单元素 sender、receiver、subject 和 content 提交的数据，分别使用变量 $sender、$receiver、$subject 和 $content 保存；

第 6 行，使用 date("Y-m-d H:i") 函数获取服务器的日期时间，若系统日期是 2015 年 3 月 20 日上午 9 时 20 分，则得到的结果是“2015-03-20 09:20”，将获取的结果使用变量 $datesorr 保存；

第 7 行，设置变量 $attachment 初始值为空，该变量将用于保存用户上传的所有附件的名称信息；

第 8 行到第 17 行，使用循环结构来处理 10 个文件域元素上传的附件信息，循环变量从 1 到 10 的取值除了用于控制循环的次数为 10 次，还要用作文件域元素名称 f1 到 f10 中的序号；

第 9 行，获取当前循环变量所指的文件域元素上传文件的名称，使用变量 $fname 保存，其中表达式“'f'.$i”的结果是文件域元素的名称，例如若 $i=3，则得到文件域元素的名称是 f3；

第 10 行，判断变量 $fname 中保存的文件名信息是否为空，若是空则说明相应的文件域元素没有用于上传附件，不需要对其进行其他任何处理操作；不为空则说明该文件域元素上传了附件，执行第 11 行到第 16 行代码完成相应的处理操作；

第 11 行，获取当前循环变量所指的文件域元素上传文件的临时保存位置和名称信息，使用变量 $tmp_fname 保存；

第 12 行，使用 mt_rand(0,100000) 产生 0 到 100,000 之间的随机数，保存在变量 $rndNum 中；

第 13 行，将保存在变量 $rndNum 中的随机数使用圆括号放置到被上传文件名称开始的位置，目的是区分同一个用户或者不同用户上传的同名文件；

第 14 行，使用 move_uploaded_file() 函数将附件以指定的名称保存到指定的文件夹 upload 中，upload 中文件名称前面带有随机数；

第 15 行，获取上传文件的大小，转换为 kB 后保存在变量 $fsize 中；

第 16 行，将包含了随机数的文件名称后缀上放在括号中的文件大小和分号之后连接到变量 $attachment 中，为在数据表中保存附件信息做准备，保存到数据表中 attachment 列的附件信息包含随机数、原附件名称和括号中的附件大小三个部分；

第 19 行，使用 mysql_connect() 函数创建数据库连接，使用变量 $conn 保存连接标识；

第 20 行，使用 mysql_select_db() 函数选择打开数据库 email-1；

第 21 行，定义插入语句 "insert into emailmsg(sender, receiver, subject, content, datesorr, attachment,deleted) values('$sender', '$receiver', '$subject', '$content', '$datesorr', '$attachment', '0')" 使用变量 $sql 保存，在数据表 emailmsg 中的第一列是自动增长列 emailno，该列不需要手工插入数据，所以在定义 insert into 语句时，必须要将自动增长列之外的所有列的列名写出来，然后按照列名的顺序将列值逐个写出来；

第 22 行，使用 mysql_query() 函数执行变量 $sql 中保存的 SQL 插入语句，将邮件信息插入到数据表 emailmsg 中；

第 23 行，当上述功能都实现之后，输出“邮件已经发送成功”用于提示用户；

第 24 行，关闭打开的数据库，释放数据库连接。

7.4.3 实现系统退信功能

在发送邮件之后，若是邮件中指定的某个接收者账号在 usermsg 表的 emailaddr 列中不存在，系统应该自动给发送方退信，用于提示发送方所发送的邮件并没有真正发送成功。

1. 系统退信功能实现说明

因为发送方发送邮件时指定的接收者可能是多个用户，对这些使用分号连接在一起的账号，首先要使用分号作为分割符，将它们一个个分离，然后使用循环结构分别判断其是否是已经注册过的账号；

另外，因为接收者账号信息中包含了“@163.com”，而存放用户账号信息的 usermsg 表中的 emailaddr 列值内并不包含“@163.com”，所以在判断某个接收者账号是否存在之前，必须将账号信息中包含的“@163.com”信息截取掉。

无论是要进行字符串信息的分割，还是要进行截取，这里都需要使用字符串处理函数。

2. 字符串分割函数 explode()

在编程中，经常需要将一个字符串按某种规则分割成多个子串，PHP 提供的 explode() 函数专门用于分割字符串，格式如下：

array explode(参数 1，参数 2)；

其中，参数 1 指定用来分割字符串的字符，可以是一个字符，也可以是一个字符串；参数 2 指定被分割的字符串；

explode() 函数将一个长的字符串按某个指定的字符分割成多个字符串，并且按照顺序组成一个数组。具体用法有两种：

用法一：

$array=explode(参数 1，参数 2)

返回结果 $array 是一个数组，可以使用数字下标形式访问数组元素，$array[0] 表示其中第一个元素；

用法二：

list(变量 1, 变量 2, 变量 3,…)=explode(参数 1，参数 2)

使用 list(变量列表) 形式保存数据，按分割后的顺序将字符串依次保存到指定的变量中，若是变量个数少于分割后字符串的个数，则丢弃后面的字符串，相当于进行串的截取操作。

应用举例：

【例 1】假设存在字符串变量 $str 的内容是“How are you”，要使用空格分割该串，分割后的结果使用数组 $strGrp 存放，代码如下：

$str="How are you";

$strGrp=explode(' ',$str);

执行上面代码之后，数组元素 $strGrp[0] 的内容是 How，$strGrp[1] 的内容是 are，$strGrp[2] 的内容是 you；

若是要将分割后的结果分别使用变量 $str1、$str2 和 $str3 保存，则修改代码如下：

$str="How are you";

list($str1,$str2,$str3)=explode(' ',$str);

【例 2】假设存在字符串变量 $receiver 的内容为“zhanglihong@163.com; liminghua@163.com; liuyuping@163.com”，将该串使用分号分割之后分行输出每一部分的内容。创建文件 explode-1.php 完成该功能。

代码如下：

```
1：<?php
2：  $receiver="zhanglihong@163.com;liminghua@163.com;liuyuping@163.
com;";
3：  $receiverAll=explode(';',$receiver);
4：  for($i=0;$i<count($receiverAll)-1;$i++)
5：  {
6：      echo $receiverAll[$i]."<br>";
7：  }
8：?>
```

运行结果如图 7-9 所示。

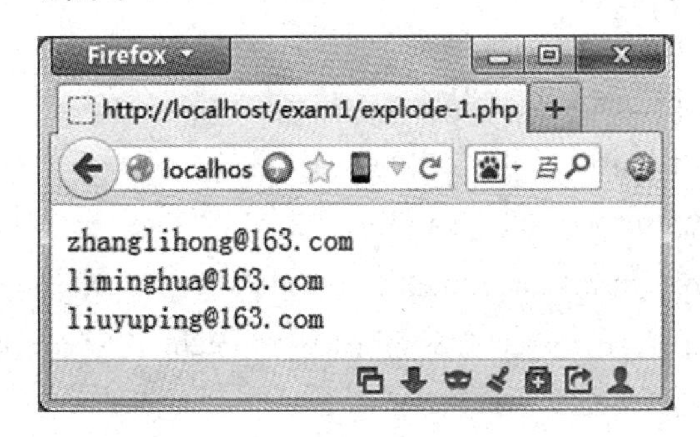

图 7-9　使用 explode 函数的执行结果

代码解释：

第 3 行，使用分号分割字符串 $receiver 之后，将结果保存在数组 $receiverAll 中；

第 4 行，使用 count($receiverAll) 获取数组元素的个数 -1，作为循环次数，在原来的 $receiver 中共有三个分号，分割之后将得到四个子串，所以数组 $receiverAll 的元素个数是 4，但是最后一个元素为空，所以进行循环时直接去掉即可。

若是要将分割之后每个字符串中的“@163.com”去掉之后再输出，则要使用 @ 符号分割每个子串，使用 list() 函数保留分割之后的第一部分结果，对循环部分的代码进行如下修改：

```
for($i=0;$i<count($receiverAll)-1;$i++)
{
    list($emailaddr)=explode('@',$receiverAll[$i]);
    echo $emailaddr."<br>";
}
```

3. 完成系统退信功能的代码

使用下面代码取代 storeemail.php 文件中第 21 行和第 22 行代码。

```
1:  $receivergroup=explode(';',$receiver);
2:  $receiver='';
3:  for ($i=0;$i<count($receivergroup)-1;$i++){
4:        list($uname)=explode('@',$receivergroup[$i]);
5:        $sql="select * from usermsg where emailaddr='$uname'";
6:        $result=mysql_query($sql,$conn);
7:        $datanum=mysql_num_rows($result);
8:        if ($datanum==0){
9:            $receivertx=$sender;
10:           $sendertx='system';
11:           $subjecttx=' 系统退信 ';
12:           $contenttx=' 你所指定的接收者账号 '.$uname.' 不存在，信件退回 ';
13:           $datesorrtx=date("Y-m-d H:i");
14:           $sql="insert into emailmsg(sender,receiver,subject,content,datesorr,del
eted) values('$sendertx','$receivertx','$subjecttx','$contenttx','$datesorrtx', '0')";
15:           mysql_query($sql,$conn);
16:       }
17:       else{
18:           $receiver=$receiver.$receivergroup[$i].";";
19:       }
20: }
```

```
21： if ($receiver!=''){:
22：      $sql="insert into emailmsg(sender,receiver,subject,content,datesorr,atta
chment,deleted) values('$sender','$receiver','$subject','$content','$datesorr','$attachme
nt','0')";
23：      mysql_query($sql,$conn);
24： }
```

代码解释：

第 1 行，使用分号分割保存在 $receiver 变量中的收件人信息，将分割之后的结果使用变量 $receivergroup 保存，因为每个收件人信息后面都跟随一个分号，所以分割之后数组元素的个数比实际收件人多一个，循环中要去掉；

第 2 行，将变量 $receiver 的值设置为空，设置为空之后，再将发件人指定的所有接收者中已经注册存在的账号信息保存到该变量中。例如，若变量 $receiver 中初始保存的收件人信息为 zhanglihong@163.com;liminghua@163.com;liuyuping@163.com，分割判断之后，发现第二个收件人 liminghua 在数据表 usermsg 中不存在，其他两个账号信息都存在，那么最后要将 zhanglihong@163.com; liuyuping@163.com; 信息再次保存到变量 $receiver 中；

第 3 行到第 20 行，使用 for 循环结构对保存在数组 $receivergroup 中的各个收件人账号信息逐个进行判断检查；

第 4 行，使用 @ 符号对当前正在处理的收件人信息进行分割，使用 list() 函数指定变量 $uname 保留其中第一部分的用户名信息；

第 5 行，定义查询语句，查询在 usermsg 表中 emailaddr 列的值是 $uname 的记录，使用变量 $sql 保存该查询语句；

第 6 行，使用 mysql_query() 函数执行查询语句，将返回的结果记录集保存在变量 $result 中；

第 7 行，使用 mysql_num_rows() 函数获取查询结果记录集中的记录数，使用变量 $datanum 保存；

第 8 行，判断变量 $datanum 的值是否为 0，若是为 0 则说明所查找的账号不存在，执行第 9 行到第 15 行代码完成系统退信过程；否则，执行第 18 行，将系统中存在的账号收件人以分号结尾连接到变量 $receiver 中；

第 9 行，将 $sender 变量中保存的原来的发件人信息作为系统退信时的收件人信息，使用变量 $receivertx 保存；

第 10 行，将“system”作为系统退信时使用的发件人信息，使用变量 $sendertx 保存；

第 11 行，设置系统退信时的邮件主题是“系统退信”，使用变量 $subjecttx 保存；

第 12 行，设置系统退信时的邮件内容，在邮件内容中必须包含不存在的收件人的信息，使用变量 $contenttx 保存；

第 13 行，获取系统退信时的日期时间，使用变量 $datesorrtx 保存；

第 14 行，定义插入语句，将系统退信的信息写入到数据表 emailmsg 中，使用变量 $sql 保存插入语句；

第 15 行，执行插入语句，完成系统退信功能；

第 21 行，循环语句结束之后，判断 $receiver 变量是否为空，不为空，说明指定的收件人账号中存在着已经在系统中注册的账号，然后执行代码 22 行和 23 行，对这些账号发送邮件。

7.4.4 storeemail.php 文件的完整代码

```
<?php
 $sender=$_POST['sender'];
 $receiver=$_POST['receiver'];
 $subject=$_POST['subject'];
 $content=$_POST['content'];
 $datesorr=date("Y-m-d H:i");
 $attachment='';
 for($i=1;$i<=10;$i++){
    $fname=$_FILES['f'.$i]['name'];
    if($fname!=''){
            $tmp_fname=$_FILES['f'.$i]['tmp_name'];
            $rndNum=mt_rand(0,100000);
                        $fname="($rndNum)$fname";
            move_uploaded_file($tmp_fname,"upload/".$fname);
            $fsize=round($_FILES['f'.$i]['size']/1024,2)."kB";
            $attachment=$attachment.$fname."($fsize);";
    }
 }
 $conn=mysql_connect('localhost','root','root');
 mysql_select_db('163email',$conn);
 $receivergroup=explode(';',$receiver);
 $receiver='';
 for ($i=0;$i<count($receivergroup);$i++){
```

```
        list($uname)=explode('@',$receivergroup[$i]);
        $sql="select * from usermsg where emailaddr='$uname'";
        $result=mysql_query($sql,$conn);
        $datanum=mysql_num_rows($result);
        if ($datanum==0){
                $receivertx=$sender;
                $sendertx='system';
                $subjecttx=' 系统退信 ';
                $contenttx=' 你所指定的接收者账号 '.$uname.' 不存在，信件退回 ';
                $datesorrtx=date("Y-m-d H:i");
                $sql="insert into emailmsg(sender,receiver,subject,content,datesorr,delet
ed) values('$sendertx','$receivertx','$subjecttx','$contenttx','$datesorrtx','0')";
                mysql_query($sql,$conn);
        }
        else{
                $receiver=$receiver.$receivergroup[$i].";";
        }
    }
    if ($receiver!=''){
        $sql="insert into emailmsg(sender,receiver,subject,content,datesorr,attachment,
deleted) values('$sender','$receiver','$subject','$content','$datesorr','$attachment','0')";
        mysql_query($sql,$conn);
    }
    echo " 邮件已经发送成功 ";
    mysql_close($conn);
   ?>
```

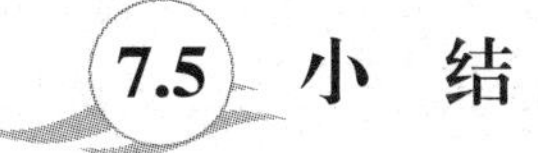

7.5 小　结

在任务 7 中完成的第一部分功能是邮箱主窗口界面的设计，创建的文件如下：样式文件 email.css、页面文件 email.php 和脚本文件 email.js，其中 email.php 文件是在 denglu.php 文件中使用 include ‘email.php’代码包含进去执行的，而 email.css 和 email.js 则要关联到 email.php 文件中执行。

完成的第二部分功能是写邮件界面的设计，创建的文件如下：

样式文件 writeemail.css、页面文件 writeemail.php 和脚本文件 writeemail.js，其中 writeemail.php 文件是通过 email.php 文件的浮动框架 <iframe src=’writeemail.php’> 代码加载进去执行的，而 writeemail.css 和 writeemail.js 则要关联到 writeemail.php 文件中执行。

完成的第三部分是创建的数据表 emailmsg，并实现了邮件的发送和系统退信功能，创建的文件是 storeemail.php，该文件需要使用在 writeemail.php 文件中使用 <form> 标记的 action="storeemail.php" 属性关联，当用户点击“发送”按钮时执行。

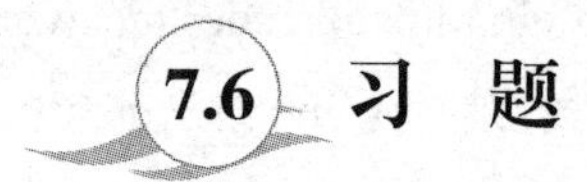

7.6 习 题

一、单项选择题

1. 若是设置某个 div 的宽度为 auto，左右边距为 0，且没有浮动效果，则下列说法正确的是______

A. 该 div 的宽度将由其内部子元素的宽度来确定

B. 若 div 中没有内容，div 的实际宽度将为 0

C. 若该 div 是其他 div 的子元素，其宽度与父元素宽度一致

D. 若该 div 的父元素是浏览器窗口，则其宽度无法确定

2. 在 email.php 页面上方 163logo.gif 图片右侧存在文本框和文字两类文本元素，要实现这些元素与图片垂直方向的中线对齐，需要使用代码______实现

A. align="top"　　　　B. align="middle"

C. align="center"　　　D. align="bottom"

3. 若服务器端变量 $emailaddr 的内容为 "zhangmanyu"，要将 "zhangmanyu@163.com" 作为 email.php 中某个文本框的默认值，需要在该文本框的 <input> 标记内使用代码______实现

A. value="<?php echo $_SESSION['emailaddr'].'@163.com'; ?>"

B. value="$_SESSION['emailaddr'].'@163.com'"

C. value="<?php $_SESSION['emailaddr'].'@163.com'; ?>"

D. value="echo $_SESSION['emailaddr'].'@163.com';"

4. 关于 email.php 文件的相关问题，下列说法错误的是______

A. 必须在文件开始处使用 session_start() 启用 session

B. 该文件是在 denglu.php 文件中使用代码 include 'email.php' 包含执行的

C. 执行该文件时，已经在文件 denglu.php 中启用了 session

D. 若是在文件中使用 session_start() 启用 session，将会造成 session 的重复启用问题

5. 使用 javascript 时，在窗口大小发生变化时激活的事件是______

A. onclick　　B. onsubmit

C. onload　　D. onresize

6. 代码 $str=explode(" ","How do you do?") 执行之后，数组 $str 中元素的个数有______

A. 3 个　　B. 4 个　　C. 5 个　　D. 6 个

二、填空题

1. 为了保证表格单元格中文本不会因为宽度变化而自动换行，需要为 <table> 标记设置的样式属性及取值是________________。

2.email.php 页面中包含浮动框架，浮动框架中显示页面文件 writeemail.php，要在属于 writeemail.php 的脚本函数 addAttch() 中调用属于 email.php 的脚本函数 iframeHeight()，需要在函数 iframeHeight() 的前面使用前缀__________________。

3. 代码 list($y,$m,$d)=explode("-","2013-10-26") 执行之后，变量 $y、$m 和 $d 中存放的内容分别是______________、______________、______________。

接收、阅读、删除邮件功能实现

主要知识点

- 分页浏览功能的实现
- 使用 $_GET 接收 URL 附加数据
- 点击删除按钮设置删除标记
- 点击彻底删除按钮彻底删除邮件
- 打开邮件界面中对邮件内容和附件的处理方法

难　点

NAN DIAN

- 分页浏览功能的实现
- 使用 $_GET 接收 URL 附加数据
- 打开邮件界面中对附件的处理方法

任务说明

- 使用分页浏览查看收件箱中的邮件和已删除文件夹中的邮件
- 点击当前页某封邮件的主题或发件人之后，能够打开邮件阅读
- 能够根据用户选择的选项将收件箱中的邮件放入已删除文件夹中，或者将已删除文件夹中的邮件彻底删除

8.1 分页浏览邮件

点击 email.php 页面中左侧的“收信”或者“收件箱”超链接时，要从右侧的浮动框架子窗口中显示如图 8-1 所示的页面运行效果。

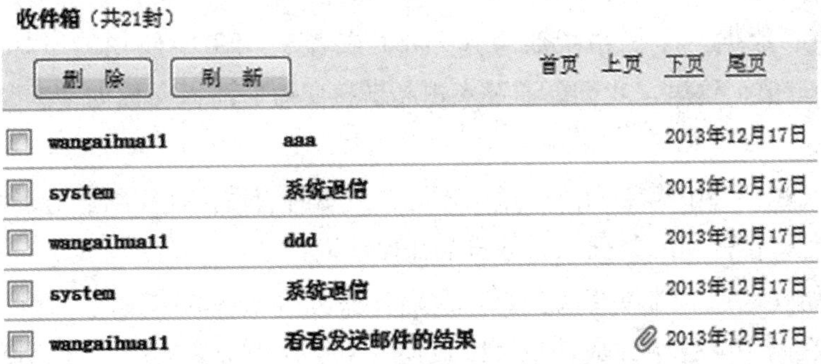

收件箱（共21封）

删 除　刷 新　首页 上页 下页 尾页

wangaihua11	aaa	2013年12月17日
system	系统退信	2013年12月17日
wangaihua11	ddd	2013年12月17日
system	系统退信	2013年12月17日
wangaihua11	看看发送邮件的结果	2013年12月17日

图 8-1　收邮件页面运行效果

8.1.1 收邮件功能描述

在收邮件界面中需要实现以下描述的功能任务：

（1）能够获取某用户收件箱中尚未设置删除标志的邮件总数并显示出来；

（2）能够实现邮件的分页浏览功能，输出“首页、上页、下页、尾页”的文本或者超链接，若当前显示的是第一页中的邮件信息，则“首页”和“上页”链接不可用，若当前显示的是最后一页中的邮件信息，则“下页”和“尾页”链接不可用；

（3）能够根据用户点击的页面超链接进行换页，例如，若当前正在显示的是第 2 页，点击“下页”超链接后，能够将页码 3 提交给服务器，以打开下页中的邮件信息；若此时点击“上页”超链接，能够将页码 1 提交给服务器，以打开上页中的邮件信息；

（4）能够通过查询语句中的限制子句 limit 获取每页中指定的邮件，能够使用 mysql_fetch_array() 函数从查询结果记录集中获取一条记录（即一封邮件的所有信息），然后使用数组形式将每封邮件的发件人、主题、收发日期以及邮件中是否有附件等信息显示到邮件列表中，若是有附件，就在指定列中显示附件小图标 flag-1.jpg；

（5）点击任意邮件中的发件人或者邮件主题信息时，能够将当前邮件的 emailno 列值（即邮件序号）提交给服务器，完成邮件的打开与阅读功能；

（6）选中需要删除邮件左侧的复选框，点击“删除”按钮之后，能够将选中的所有邮件设置为已删除邮件。

8.1.2 用 $_GET 接收 URL 附加数据

在收邮件界面中，使用非常多的一个功能是点击超链接向服务器端提交数据，也就是在打开链接文件的同时，向该文件中提交了指定的数据。例如，点击首页、上页、下页、尾页时，需要向服务器提交一个数字值，作为将要显示的页面的页码信息；点击任意邮件的发件人或者邮件主题时，则需要向服务器提交当前邮件的 emailno 列值。

请大家回顾，此前我们向服务器提交数据时都是通过表单界面实现的，在页面中的每一个表单元素都可以通过自己 name 属性的值标识出提交到系统数组 $_POST 或者 $_GET 中的数据，即在系统数组 $_POST 或者 $_GET 中使用的下标是表单元素 name 属性的取值，这里，我们要通过点击超链接向服务器提交数据，需要解决的问题有如下两个：

第一，在超链接中需要如何设置，才能在点击时将数据提交给服务器？

第二，超链接提交的数据在服务器端如何获取？

点击超链接向服务器端提交数据，之后在服务器端获取该数据，这两个功能的实现可以分别在两个文件中完成，也可以放在一个文件内部来实现，这要根据具体的页面需求来确定。

例如在收邮件界面中，点击某个邮件的发件人或主题打开邮件时，点击的超链接元素属于页面文件 receiveemail.php，超链接要打开的文件则是 openemail.php，即提交数据的页面是 receiveemail.php，接收数据的页面则是 openemail.php；而收邮件界面中，点击首页、上页、下页、尾页时，点击的超链接元素属于页面文件 receiveemail.php，超链接要打开的文件还是 receiveemail.php，即提交数据和接收数据的都是 receiveemail.php 文件。

下面通过小实例来给大家说明两种不同的用法。

1. 为浏览器端与服务器端功能独立创建文件

（1）创建文件 get.html，在内部设置超链接，链接热点是“点击超链接，观察地址栏的变化”，链接打开的文件是 get.php，点击超链接时，向服务器端提交的数据对是 data=123。

在超链接中设置向服务器端提交数据，需要使用 href="url? 键名 = 键值 " 来完成。

页面文件 get.html 的代码如下：

```
1：<body>
2：  <p><a href="get.php?data=123"> 点击超链接，观察地址栏的变化 </a></p>
3：</body>
```

页面运行效果如图 8-2 所示。

图 8-2 get.html 的运行效果

代码解释：

第 2 行，超链接标记中属性 href 的取值是 get.php?data=123，即在指定页面文件名称 get.php 的后面使用问号？开始，跟随了一组键名与键值 data=123，当点击超链接时，将这组信息提交到链接的页面文件 get.php 中。

（2）创建文件 get.php，获取并输出 get.html 文件中超链接提交的数据。

说明：使用超链接提交的数据，在服务器端必须要使用系统数组 $_GET 来接收，$_GET 中需要使用的下标是超链接 href 属性中设置的键名。

页面文件 get.php 代码如下：

```
1：<body>
2：  <?php
3：       $data=$_GET['data'];
4：       echo " 超链接提交的数据是：$data";
5：  ?>
6：</body>
```

点击图 8-2 中超链接之后，运行 get.php 文件，运行效果如图 8-3 所示：

图 8-3 页面文件 get.php 运行效果

在图 8-3 中，浏览器地址栏内“get.php?data=123”是 get.html 文件中超链接 href 属性的取值，显示在？后面的数据对是要通过 $_GET 系统数组接收的数据。

由此确定，要使用超链接向服务器提交数据时，需要使用 href="url? 键名 = 键值 "

来完成；而在服务器端必须要使用系统数组 $_GET 接收点击超链接提交的数据。

2. 将提交数据与接收数据功能合并在一个文件中实现

将提交数据与接收数据功能合并在一个文件中实现，是指在这个文件中创建超链接，超链接 href 属性指定要链接的文件仍旧是该文件本身，即点击超链接提交的数据仍旧由当前文件自己接收并处理，提交数据在浏览器端完成，而接收数据在服务器端完成。

因为包含了浏览器端与服务器端两方面的功能，所以，合并之后的文件必须是 PHP 文件。创建页面文件 get.php，按如下结构合并原 get.html 文件代码和 get.php 文件代码：

```
1：<body>
2：  <p><a href="get.php?data=123"> 点击超链接，观察地址栏的变化 </a></p>
3：  <?php
4：      $data=$_GET['data'];
5：      echo " 超链接提交的数据是：$data";
6：  ?>
7：</body>
```

页面文件 get.php 的运行结果如图 8-4 所示：

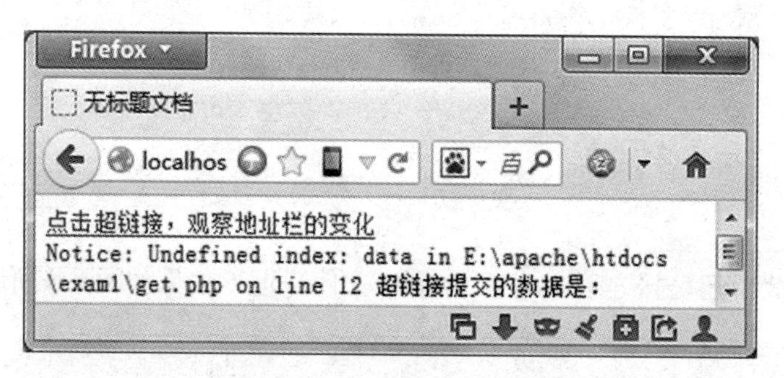

图 8-4　get.php 的运行结果

点击图 8-4 中超链接之后，地址栏和页面的运行效果如图 8-5 所示：

图 8-5　点击超链接后 get.php 的运行效果

图 8-5 中显示的效果与图 8-4 中显示的效果不同之处如下：

（1）图 8-5 地址栏中显示的页面文件 get.php，是在点击链接时 href 属性的值，其后跟随的 ?data=123 也是原来超链接 href 属性值的一部分；

（2）图 8-5 中不再显示图 8-4 中的 Notice 信息；

（3）图 8-5 中显示了超链接所提交的数据 123。

问题分析：

为什么在图 8-4 文件 get.php 初次运行时会出现提示信息“undefined index: data”即，在页面文件 get.php 第 11 行代码中出现未定义的下标索引 data？该如何解决？

问题解答：

产生问题的原因：

页面文件 get.php 第一次运行时，尚未点击超链接，也就是说还没有使用 data=123 向超链接指向的文件 get.php 中提交数据，所以在文件中也就不存在系统数组元素 $_GET['data']，而在点击超链接之后数据被提交到页面文件 get.php 中，存在系统数组元素 $_GET['data']，获取之后就可以显示出来。

解决问题的方法—isset() 函数的应用

在使用系统数组元素 $_GET['data'] 之前，先判断该元素是否已经设置，若是设置了，再获取其中保存的数据，否则不做任何处理。

修改页面文件 get.php，增加条件判断语句，修改后的代码如下：

```
1：<body>
2：  <p><a href="get.php?data=123"> 点击超链接，观察地址栏的变化 </a></p>
3：  <?php
4：    if(isset($_GET['data'])){
5：            $data=$_GET['data'];
6：            echo " 超链接提交的数据是：$data";
7：        }
8：  ?>
9：</body>
```

代码解释

第 4 行，使用 isset($_GET['data']) 检测系统数组元素 $_GET['data'] 是否设置，即检测其是否存在，若是存在，返回真值，则 if() 条件成立，进而执行第 5 行和第 6 行代码处理该数组元素中保存的数据。

若是要在点击超链接时向链接的文件中传递多个数据，可以在 href 属性取值中使用 & 符号连接新的键名与键值，例如 href="get.php?data=123&name=jinnan"，点击超链接之后就可以使用系统数组元素 $_GET['data'] 获取提交的第一个数据，使用 $_GET['name'] 获取提交的第二个数据。

8.1.3 处理查询结果记录集中的记录

打开收件箱后，在显示每页中的邮件信息时，需要从查询结果记录集中逐条获取记录，然后再使用数组形式获取每条记录中每个列的列值。

PHP 中提供了 mysql_fetch_array()、mysql_fetch_row()、mysql_fetch_object()、mysql_fetch_assoc() 等多种不同的函数来处理查询结果记录集中的记录，本书中主要讲解 mysql_fetch_array() 和 mysql_fetch_object() 这两个函数。

1. mysql_fetch_array() **函数**

使用该函数可以从查询结果记录集中获取记录指针所指向的记录。

格式为：array mysql_fetch_array(查询结果记录集)。

返回结果可能是数组形式保存的记录信息或者是 false。

如果记录指针指向某条存在的记录，则将获取的记录中所有的列以一个数组的形式保存；如果记录指针指向最后一条记录之后，则返回 false。

对于存放记录信息的数组，可以使用两种形式的下标：第一种是从 0 开始的数字下标，下标 0 代表查询结果中的第一个列，下标 1 代表第二个列……；第二种是键名下标，使用数据表中的列名作为数组元素的键名。

小实例：创建页面文件 fetch_array.php，查询数据表 emailmsg 中 emailno 列值为 34 的记录信息，获取之后将所有列的列值分行输出。

页面代码如下：

```
1：<body>
2：<?php
3：  $conn=mysql_connect('localhost','root','root');
4：  mysql_select_db('email-1',$conn);
5：  $sql="select * from emailmsg where emailno=34";
6：  $res=mysql_query($sql,$conn);
7：  $row=mysql_fetch_array($res);
8：  echo " 邮件序号是：".$row['emailno']."<br>";
9：  echo " 发件人是：".$row['sender']."<br>";
```

```
10： echo " 收件人是： ".$row['receiver']."<br>";
11： echo " 邮件主题是： ".$row['subject']."<br>";
12： echo " 附件信息： ".$row['attachment']."<br>";
13： echo " 收发日期： ".$row['datesorr']."<br>";
14： mysql_close();
15：?>
16：</body>
```

文件执行结果如图 8-6 所示。

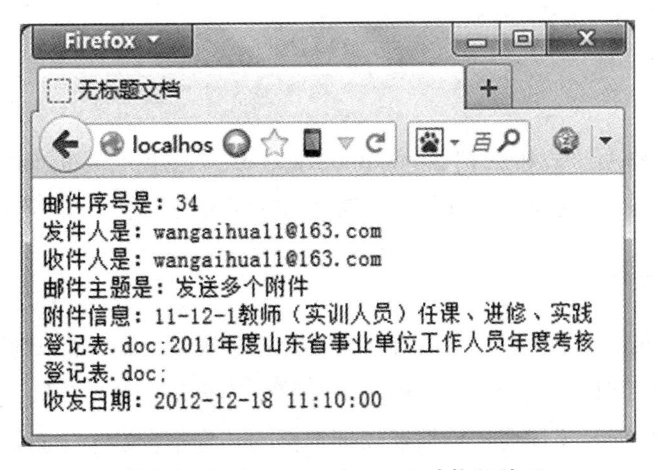

图 8-6　fetch_array.php 页面的执行结果

注意：上面执行结果完全根据自己数据库中数据的情况来决定。

代码解释

第 5 行定义了查询语句，查询邮件序号是 34 的记录；

第 6 行，执行查询语句，返回查询结果记录集 $res；

第 7 行，使用 mysql_fetch_array() 函数获取记录集中的记录信息，保存到数组 $row 中；

第 8 行到第 13 行，分别使用 emailmsg 表中的列名 emailno、sender、receiver、subject、attachment 和 datesorr 作为数组 $row 的元素下标，获取相应的列值并输出。

2.mysql_fetch_object() 函数

使用该函数可以从查询结果记录集中获取记录指针所指向的记录。

格式为：object mysql_fetch_object(查询结果记录集)。

若是指向的记录存在，则将返回的结果保存为对象，使用表中的列名作为对象的属性来获取各个列的值；若是指向的记录不存在，将返回 false。

例如将上例中的 mysql_fetch_array() 函数换做 mysql_fetch_object() 函数之后，第 7 行到第 13 行代码修改如下：

```
7：$row=mysql_fetch_object($res);
8：echo " 邮件序号是：".$row->emailno."<br>";
9：echo " 发件人是：".$row->sender."<br>";
10：echo " 收件人是：".$row->receiver."<br>";
11：echo " 邮件主题是：".$row->subject."<br>";
12：echo " 附件信息：".$row->attachment."<br>";
13：echo " 收发日期：".$row->datesorr."<br>"
```

代码解释：

第 8 行到第 13 行，表中的列名 emailno、sender、receiver、subject、attachment 和 datesorr 作为对象 $row 的属性，对象与属性之间需要使用符号“->”连接。

8.1.4　分页浏览邮件

在众多的动态页面中，要浏览保存在数据库中的大量数据，都需要使用分页浏览技术，例如一个留言板下面的数千条留言、邮箱中的数千封邮件等等，使用分页浏览技术之后，无论数据量怎样变化，都能保证页面的长度不会发生任何变化，变化的只有页数，只要用户点击进入自己需要的页面查阅信息即可。

为了美化设计的页面，我们仍旧要结合样式的应用来实现收邮件页面中的分页浏览功能。

需要创建的文件有样式文件 receiveemail.css 和页面文件 receiveemail.php。

在图 8-1 收件箱界面的整个页面的边距要定义为 0（需要在 receiveemail.css 文件中增加样式代码 body{margin:0;}，页面中包含上下排列的 3 个盒子，分别使用 class 类选择符 div1、div2 和 div3 定义样式。下面从 3 个盒子的样式定义、盒子中子元素的样式定义、盒子内部要显示内容的获取及输出过程分别进行说明。

页面布局结构如图 8-7 所示。

1. 盒子 div1 的设计

（1）内容说明

盒子 div1 中要放置的内容是文本“收件箱”及当前用户收件箱中的邮件总数。

效果如图 8-8 所示：

（2）样式设计

盒子 div1 的样式要求如下：宽度为自动，高度为 25px，上下填充为 0，左右填充

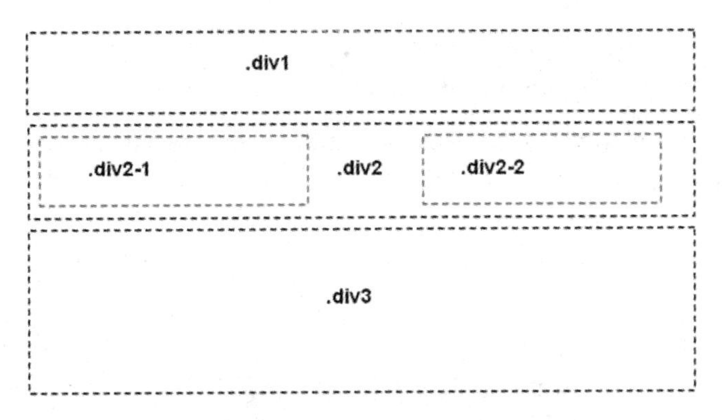

图 8-7　receiveemail.php 页面的布局结构

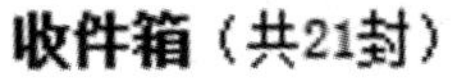

收件箱（共21封）

图 8-8　盒子 div1 中的内容

为 10px，边距是 0，盒子中文本字号为 10pt，文本的行高是 25px。

在 receiveemail.css 文件中增加样式代码如下：

```
.div1{width:auto; height:25px; padding:0 10px; margin: 0; font-size:10pt; line-height:25px;}
```

请大家思考：这里设置的左右填充 10px 的作用是什么？设置的文本行高 25px 的作用又是什么？

（3）内容设计

设计这一部分内容的关键之处是如何获取当前用户收件箱中的邮件总数，需要通过如下几个操作步骤来实现：

第一步，启用 session，获取 $_SESSION 数组中存储的登录账号信息；

第二步，连接打开数据库，以登录账号信息为条件，查询表 emailmsg 中的列 receiver

第三步，获取查询结果记录集中的记录数，即为当前用户收件箱中的邮件总数。

创建 receiveemail.php 文件，编写完成上述功能的代码如下：

```
1：<!DOCTYPE html PUBLIC "-//W3C//DTD XHTML 1.0 Transitional//EN" "http://www.w3.org/TR/xhtml1/DTD/xhtml1-transitional.dtd">
2：<html xmlns="http://www.w3.org/1999/xhtml">
3：<head>
4：<meta http-equiv="Content-Type" content="text/html; charset=gb2312" />
```

```
5：<title> 无标题文档 </title>
6：<link rel="stylesheet" type="text/css" href="receiveemail.css" />
7：</head>
8：<body>
9： <?php
10：   session_start();
11：   $uname=$_SESSION['emailaddr']."@163.com";
12：   $conn=mysql_connect('localhost','root','root');
13：   mysql_select_db('email-1',$conn);
14：    $sql="select * from emailmsg where (receiver like '$uname%' or receiver
like '%;$uname%') and deleted=0";
15：   $res=mysql_query($sql,$conn);
16：   $reccount=mysql_num_rows($res);
17： ?>
18： <form method="post" action="" name="f1">
19： <div class="div1"><b> 收件箱 </b>（共 <?php echo $reccount;?> 封）</div>
20：</form>
21：</body>
22：</html>
```

代码解释：

第 10 行，启用 session，在本页面中要使用存储在数组元素 $_SESSION['emailaddr'] 中的用户账号信息，所以需要在程序开始启用 session；

第 11 行，将存储在 $_SESSION['emailaddr'] 中的账号信息连接上 @163.com 之后保存在变量 $uname 中，为查询数据表做准备；

第 12 行，连接 MySQL 数据库，使用 $conn 保存连接标识；

第 13 行，选择打开数据库 email-1；

第 14 行，定义查询语句，保存在变量 $sql 中，查询 emailmsg 表中收件人是当前登录的用户、且没有被删除的(即删除标志列deleted的列值为0)记录，其中条件(receiver like '$uname%' or receiver like '%;$uname%') 表示这里进行的是模糊查询而不是精确查询，这是为了保证在群发邮件中也能准确查找当前用户的信息。例如，假设有四封邮件的收件人 receiver 列值分别如下：

第一封：zhangmanyu@163.com;linqingxia@163.com;wangzuxian@163.com;

第二封：linqingxia@163.com;gaoyuany@163.com;

第三封：xglinqingxia@163.com;linqingxiamv@163.com;

第四封：meinan@163.com;xglinqingxia@163.com;

设变量 $uname 的内容是 linqingxia@163.com，使用 receiver like '$uname%' 条件能够查询到上面第二封邮件（设置的非精确匹配查询中，允许在原来内容后面出现任意多内容，但是前面不允许出现）；使用 receiver like '%;$uname%' 条件能够查询到上面第一封邮件（设置的非精确匹配查询中，允许在原来内容前面出现的第一个字符必须是分号，分号前可以出现任意多的字符，原来内容后面可以出现任意多的字符），通过这两个条件的设置，保证不会查询到 xglinqingxia@163.com。

即若是要查询的账号在所有收件人开始的位置，则通过 receiver like '$uname%' 条件一定能够找到；若要查询的账号在中间的某个位置，则通过 receiver like '%;$uname%' 一定能够精确找到。

第 15 行，执行查询语句，返回结果记录集，保存在 $res 中；

第 16 行，使用 mysql_num_rows() 函数获取结果记录集中的记录数，保存在变量 $reccount 中；

第 18 行和第 20 行，在页面中添加表单，分页浏览时可以根据需要选择要删除的邮件，这里的选择方式采用了表单中的复选框元素，所以必须要先增加表单；

第 19 行，在页面中增加盒子 div1 以及盒子中的内容。

> 思考问题：
>
> 第 11 行代码 $uname=$_SESSION['emailaddr']."@163.com"; 中，能否将 @163.com 去掉？若是去掉，会有什么问题？

2. 盒子 div2 的设计

（1）内容说明

盒子 div2 中内容包含位于左侧的删除和刷新两个按钮，以及位于右侧的首页、上页、下页、尾页四个超链接，效果如图 8-9 所示：

图 8-9 盒子 div2 内容效果图

（2）样式设计

盒子 div2 的样式：宽度为自动，高度为 25px，上下填充为 5px，左右填充为 20px，上下边距为 5px，左右边距为 0，背景色为浅灰色 #eee，设置下边框 1 像素、实线、颜色为 #aaf。

盒子 div2 中的内容是水平排列的两个盒子，分别使用 class 类选择符 div2-1 和 div2-2 定义，div2-1 的内容是删除和刷新两个按钮，div2-2 的内容是超链接“首页、上页、下页、尾页”。

盒子 div2-1 的样式要求：宽度为自动，高度为自动，填充是 0，边距是 0，向左浮动；使用包含选择符 .div2-1 input 定义盒子内的两个按钮中显示的文本字号是 10pt。

盒子 div2-2 的样式要求：宽度为自动，高度为自动，填充是 0，边距是 0，向右浮动，盒子中文本字号为 10pt，文本行高 25px。

在 receiveemail.css 文件中增加盒子 div2 及子元素的样式代码如下：

```
.div2{width:auto; height:25px; padding:5px 20px; margin:5px 0; background:#eee;
border-bottom:1px solid #aaf;}
.div2-1 {width:auto; height:auto; padding:0; margin:0; float:left; }
.div2-1 input{ font-size:10pt;}
.div2-2{width:auto; height:auto; padding:0; margin:0; float:right; font-size:10pt;
line-height:25px;}
```

（3）内容设计

这一部分内容，是为分页浏览邮件信息做准备工作，需要完成如下几步的功能：

第一步，确定每页中要显示的记录数：由程序开发人员直接在代码中给定即可。

第二步，确定收件箱中的邮件页数：根据每页中的记录数和邮件总数来计算，因为得到的邮件页数可能是小数，所以需要使用函数 ceil() 取得不小于该数的最小整数。例如，若获取的记录总数 $reccount 为 17，设置的每页记录数 $pagesize 为 5，则两者相除之后的结果为 3.4，使用 ceil(3.4) 得到的结果是不小于 3.4 的最小整数 4。

第三步，确定当前要显示邮件信息的页码：若是用户刚刚打开收件箱，显示的应当是第一页的邮件信息，之后则根据用户点击的“首页、上页、下页、尾页”超链接获取当前要显示的邮件信息的页码。例如，假设当前正在显示的是第 3 页内容，若点击“上页”超链接，接下来要显示的一定是第 2 页，这个页码数字将通过点击超链接的方式提交给服务器。

假设在超链接的 href 属性中使用键名 pageno 向服务器提交数据，要判断用户是不是刚刚打开收件箱，需要通过判断这些超链接有没有向服务器端提交数据来实现：

若元素 $_GET['pageno'] 存在，说明用户已经通过点击超链接向服务器提交数据了，此时需要获取元素 $_GET['pageno'] 的数据作为接下来将要显示的邮件信息的页码，否则说明用户刚刚打开页面，尚未点击过超链接，当前必须显示第一页邮件信息。

第四步，设计删除和刷新按钮：在页面中选择要删除的邮件之后，点击“删除”按钮时能够将邮件设置为已删除状态，该按钮需要设置为 submit 类型；点击刷新按钮时，要保证在当前窗口中重新运行页面文件 receiveemail.php，目的是若用户收到了新的邮件，能够及时刷新页面收到邮件，该按钮需要设置为普通的 button 按钮。

第五步，设计超链接“首页、上页、下页、尾页”：点击超链接时，除了要以链接的方式重新打开页面文件 receiveemail.php 之外，还必须能够向该页面文件提交需要的页码以实现页码的变化，设计时需要遵循的原则如下：

如果邮件数是 0，总页数为 0，则打开收件箱时，“首页、上页、下页、尾页”都要设置为普通文本的形式；

若当前正在显示的是第一页，则将“首页”设置为普通文本而不是超链接形式，否则设置的“首页”超链接在点击时需要向服务器提交的页码是 1；

若当前正在显示的是第一页，则将“上页”设置为普通文本而不是超链接形式，否则设置的“上页”超链接在点击时需要向服务器提交的页码是当前正在显示的页面页码减去 1；

若当前正在显示的是最后一页，则将“下页”设置为普通文本而不是超链接形式，否则设置的“下页”超链接在点击时需要向服务器提交的页码是当前正在显示的页面页码加上 1；

若当前正在显示的是最后一页，则将“尾页”设置为普通文本而不是超链接形式，否则设置的“尾页”超链接在点击时需要向服务器提交的页码是总页数值。

设计盒子 div2 及子元素的代码需要分别放置在 receiveemail.php 文件的两个位置：

首先，在文件 receiveemail.php 文件代码“?>”定界符前面（即获取了收件箱中所有记录之后）增加下面的代码：

```
1：$pagesize=5;
2：$pagecount=ceil($reccount/$pagesize);
3：$pageno=isset($_GET['pageno'])?$_GET['pageno']:1;
```

代码解释

第 1 行，设置在分页浏览时每页中显示的记录数为 5，保存在变量 $pagesize 中；

第 2 行，使用代码 ceil($reccount/$pagesize) 计算分页后的总页数，保存在变量 $pagecount 中，其中 ceil(x) 函数的作用是返回不小于 x 的最小整数；

第 3 行，使用了 PHP 中的三元运算符 ?: 来获取当前要显示内容的页码，其中的条件 isset($_GET['pageno']) 是使用 isset() 函数判断系统数组元素 $_GET['pageno'] 是否已经被设置，即判断其是否存在，若是存在，则取用 $_GET['pageno'] 中保存的页码值，否则将页码值设置为第 1 页，页码值保存在变量 $pageno 中。

当页面第一次运行时，用户没有点击过“首页、上页、下页、尾页”中的任何一个超链接向服务器提交数据，此时 $_GET['pageno'] 是不存在的，默认要显示的就是第一页的内容；

思考问题：

代码第 2 行中，能否将 ceil() 函数换成四舍五入的函数 round()？为什么？

其次，在文件 receiveemail.php 文件中 div1 盒子结束之后增加如下代码：

```
1：<div class="div2">
2：  <div class="div2-1">
3：    <input type="submit" name="delete" id="delete" value=" 删 除 " />
4：    <input type="button" name="refresh" id="refresh" value=" 刷 新 "
onclick="window.open('receiveemail.php','_self');" />
5：  </div>
6：  <div class="div2-2">
7：<?php
8：    if($pagecount==0){
9：        echo " 首页    上页    下页    尾
页 ";
10：    }
11：    else{
12：        if($pageno==1) {
13：          echo " 首页   ";}
14：      else {
15：          echo "<a href='receiveemail.php?pageno=1'> 首页 </a>  ";}
16：        if($pageno==1){
17：           echo " 上页   ";}
18：        else{
19：           echo "<a href='receiveemail.php?pageno=".($pageno-1)."'> 上 页 </
a>  ";}
20：        if($pageno==$pagecount){
21：      echo " 下页   ";}
22：    else{
23：          echo "<a href='receiveemail.php?pageno=".($pageno+1)."'> 下 页 </
a>  ";}
24：      if($pageno==$pagecount){
```

```
25：        echo " 尾页   ";}
26：      else {
27：        echo "<a href='receiveemail.php?pageno=".($pagecount)."'> 尾 页 </
a>  ";}
28：    }
29：    ?>
30：    </div>
31：  </div>
```

代码解释：

第 2 行到第 5 行，添加盒子 div2-1；

第 3 行，在盒子 div2-1 中增加 name 和 id 属性是 delete 的 submit 类型的按钮“删除”，选中某条记录前面的复选框，再点击该按钮将执行 delete.php 文件，将邮件记录中的 deleted 列值设置为 1；（文件 delete.php 将在后面创建）；

第 4 行，在盒子 div2-1 中增加 name 和 id 属性是 refresh 的 button 类型按钮“刷新”，代码 onclick="window.open('receiveemail.php','_self');" 的作用是点击该按钮时，将在当前窗口（使用 _self 表示的即为当前窗口）中使用 window.open 函数重新打开 receiveemail.php 文件，即完成刷新操作过程；

第 6 行到第 24 行，添加盒子 div2-2，在其内部嵌入 PHP 代码，用于输出“首页、上页、下页、尾页”相关信息；

第 8 行到第 10 行，若第 8 行中的条件成立，说明收件箱中没有邮件，总页数为 0，此时所有与页码有关的链接都不能点击，输出首页、上页、下页、尾页的普通文本；若是该条件不成立，则执行第 12 到第 27 行代码；

第 12 行到第 15 行，若 12 行中的条件成立，说明当前正在显示的是第一页的内容，则直接执行 13 行代码，输出普通文本“首页”，即通过输出普通文本的方式达到超链接“首页”不可点击的目的；否则执行第 15 行代码，输出超链接“首页”，点击超链接时，重新运行页面文件 receiveemail.php，同时把接下来要使用的首页页码 1 使用键名 pageno 传递到页面中；

注意：<a href='receiveemail.php?pageno=1'> 中的 pageno 不是 PHP 的变量，而是我们自己定义的一个键名，所以不要使用变量标志 $;

第 16 行到第 19 行，若 16 行中条件成立，说明当前正在显示的是第一页内容，直接执行 17 行代码，输出普通文本“上页”，达到超链接“上页”不可点击的目的；

否则执行第 19 行代码，输出超链接“上页”，点击超链接时，重新运行页面文件 receiveemail.php，同时使用当前页码 $pageno 减 1 后得到接下来要使用的上页页码，并使用键名 pageno 传递到页面中；

例如，若当前正在显示第 4 页，即 $pageno=4，减去 1 后，得到 3，作为接下来要使用的页码值；

第 20 行到第 23 行，若 20 行中条件成立，说明当前正在显示的是最后一页内容，这时候要直接执行 21 行代码，输出普通文本“下页”，达到超链接“下页”不可点击的目的；否则执行第 23 行代码，输出超链接“下页”，点击超链接时，重新运行页面文件 receiveemail.php，同时使用当前页码 $pageno 加 1 后得到接下来要使用的下页页码，并使用键名 pageno 传递到页面中；

第 24 行到第 27 行，若 24 行中的条件成立，则直接执行 25 行代码，输出普通文本“尾页”，达到超链接“尾页”不可点击的目的；否则执行第 27 行代码，输出超链接“尾页”，点击超链接时，重新运行页面文件 receiveemail.php，同时把接下来要使用的尾页页码 $pagecount（尾页页码就是总页数）使用键名 pageno 传递到页面中；

3. 盒子 div3 的设计

（1）内容说明

盒子 div3 的内容是使用表格排列的复选框、邮件的发件人、主题、附件图标、收发日期等信息，效果如图 8-10 所示：

☐	wangaihua11	aaa		2013年12月17日
☐	wangaihua11	ddd		2013年12月17日
☐	system	系统退信		2013年12月17日
☐	wangaihua11	看看发送邮件的结果	📎	2013年12月17日
☐	wangaihua11	尝试发送邮件		2013年11月06日

图 8-10 盒子 div3 内容效果图

其中的复选框是为了在当前页中选择要删除的邮件而设置的，若某个复选框被选中，它提交给服务器的值是所对应邮件的 emailno 列值，当用户需要删除一封或多封邮件时，选择邮件前面的复选框，点击 div2 中的“删除”按钮即可运行 delete.php 文件，将指定邮件移至已删除文件夹中；

发件人列的内容取用的是数据表 emailmsg 中 sender 列值去掉 @163.com 之后的内容，该内容需要设计为超链接，当用户点击链接时，将执行页面文件 openemail.php，同时向该文件提交当前邮件的 emailno 列值，从而打开指定邮件供用户阅读；

主题列的内容取用的是数据表 emailmsg 中 subject 列值，该内容也要设计为超链接，超链接的设置与发件人列相同。

附件图标列的内容有两种情况：若当前邮件中有附件存在，该列中显示附件图标（使用图片文件 flag-1.jpg）；若当前邮件中没有附件存在，该列中至少要保留一个空格字符；

收发日期列的内容是将 emailmsg 表中 datesorr 的列值（日期格式 Y-m-d H:i）处理之后得到的。

（2）样式设计

盒子 div3 的样式要求为：宽度为自动，高度为自动，填充是 0，边距是 0；

盒子内部表格使用包含选择符 .div3 table 定义样式：宽度为 100%，文本字号是 10pt。

表格单元格使用包含选择符 .div3 table td 定义样式：高度为 30px，下边框为 1 像素、实线、颜色为 #aaf，单元格内容在垂直方向居中。这里的下边框是为每封邮件信息下面的横线设计的。

表格内部的超链接的初始状态样式：颜色为黑色、没有下划线，文本加粗显示；访问过的状态为：颜色为黑色、没有下划线，文本非加粗显示。

> 说明：要想真正实现没有阅读过的邮件使用黑色加粗字体显示，阅读过的邮件则使用非加粗字体显示，需要采用复杂的设计方案，这里不做设置。

表格需要包含 5 个列，列宽分别是 30px、150px、自动 auto、20px 和 100px

收件箱的界面宽度必须能够适应浮动框架子窗口的宽度，间接就是必须要适应浏览器窗口的宽度变化，所以这里定义的所有盒子都没有设置具体的宽度值，宽度值都取用了 auto，而在使用的表格中，将用于显示邮件主题的第 3 列宽度设置为 auto，是为了保证在其他 4 列宽度都固定的情况下，通过这个列的宽度变化来适应表格的宽度变化。

样式代码如下（在 receiveemail.css 文件中增加即可）：

```
.div3{width:auto; height:auto; margin:0; padding:0;}
.div3 table{width:100%; font-size:10pt;}
.div3 table td{ height:30px; border-bottom:1px solid #aaf; vertical-align:middle;}
.div3 table td a:link{color:#000; text-decoration:none; font-weight:bold;}
.div3 table td a:visited{color:#000; text-decoration:none; font-weight:normal;}
.div3 table .td1{width:30px;}
.div3 table .td2{width:150px;}
.div3 table .td3{width:auto;}
.div3 table .td4{width:20px;}
.div3 table .td5{width:100px;}
```

(3) 内容设计

这一部分内容要完成当前页中所有邮件信息的输出，需要使用如下几个操作步骤完成：

第一步，获取当前页中要显示记录（邮件）的起始记录号，这里所说的记录号不是指在 emailmsg 表中的邮件序号 emailno，而是查询当前账号收件箱中所有邮件时，得到的查询结果记录集中的编号。

例如，若查询当前用户的邮箱时，查询结果记录集 $res 中的记录数 $reccount 为 17，则记录编号是从 0 到 16 的数列，若每页显示的记录数 $pagesize 为 5，则当前页码与当前页中第一条记录编号之间存在着表 8-1 所示的关系：

表 8–1　页码与起始记录编号的对应关系

要显示记录的页码 $pageno	当前页中第一条记录的编号 $pagestart
1	0
2	5
3	10
4	15

根据表 8-1 中的 4 组数字间的关系，我们可以总结出当前页的起始记录号 $pagestart= ($pageno-1)* $pagesize，这个关系的总结在分页浏览应用中非常重要。

第二步，得到当前页的起始记录号之后，需要定义新的查询语句，获取在当前页中将要显示的若干条记录，例如，一页中的记录数 $pagesize 为 5，若得到的起始记录号是 5，需要获取到 5、6、7、8、9 这五条记录。

实现这一功能，需要在查询语句中使用 limit 子句设置要获取记录的起始编号和记录数；另外需要考虑输出邮件信息时，要将最后收到的邮件排列在第一页第一条，即要按照收发邮件的日期进行降序排序，因此设计 select 语句时，还要使用 order by 子句按照邮件的收发日期进行降序排序；

执行定义的查询语句之后，使用变量 $result 保存查询结果记录集。

第三步，在页面中增加盒子 div3，在其内部定义表格（是指表格的起始标记 <table> 和结束标记 </table> 以及标记中相关属性的设置）。

第四步，使用循环语句从查询结果记录集中逐一获取记录，按照如下方式进行处理并输出：

1）获取当前邮件的 emailno 列值，保存在变量 $emailno 中备用；

2）截取当前邮件 sender 列值中 @ 符号前面的用户名部分，保存在变量 $sender 中备用；

3）处理当前邮件 datesorr 列值中的日期时间信息，得到“Y 年 m 月 d 日”的形式

保存在变量 $riqi 中备用；

4）输出表格的行起始标记 <tr>

5）输出表格第一列的标记及内容，内容是复选框，name 定义为 markup[]，value 属性取值为变量 $emailno 的值；

6）输出表格第二列的标记及内容，内容是超链接，链接热点为变量 $sender 的值，链接打开的文件是 openemail.php，点击后使用键名 emailno 向该文件提交变量 $emailno 的值；

7）输出表格第三列的标记及内容，内容是超链接，链接热点为当前邮件主题 subject 的列值，链接打开的文件是 openemail.php，点击后使用键名 emailno 向该文件提交变量 $emailno 的值；

8）输出表格第四列的标记及内容，判断当前邮件附件列 attachment 的值是否为空，为空，则在单元格中输出空格字符 （该字符不可或缺，若是该字符不存在，很多浏览器中将无法显示该单元格的下边框线）；若附件列的列值不为空，则输出图片 flag-1.jpg；

9）输出表格第五列的标记及内容，内容是变量 $riqi 的值；

10）输出表格的行结束标记 </tr>。

代码如下：

设计盒子 div3 及子元素的代码需要分别放置在 receiveemail.php 文件的两个位置：

首先，在文件 receiveemail.php 文件中获取当前要显示信息的页码之后，增加下面的代码：

```
1：$pagestart=($pageno-1)*$pagesize;
2：$sql2=$sql." order by datesorr desc limit $pagestart,$pagesize";
3：$result=mysql_query($sql2,$conn);
```

代码解释：

第 2 行，在查询语句 $sql="select * from emailmsg where receiver like '%$uname%' and deleted=0"; 的基础上，增加排序子句 order by（注意：order 前面一定要有一个空格）和限制查询范围子句 limit，order by datesorr desc 的作用是设置查询结果记录集按照邮件的收发日期 datesorr 列值进行降序排序，保证较早收到的邮件排在后面，而较晚收到的邮件排在前面，符合用户查阅邮件的习惯； limit $pagestart,$pagesize 的作用是在符合前面条件的查询结果中获取从 $pagestart 变量值开始的 5 条（5 是变量 $pagesize 的值）记录；

第 3 行，执行新定义的查询语句，将查询结果记录集保存在变量 $result 中，作为当前页中要显示的全部记录；

其次，在文件 receiveemail.php 中 div2 盒子结束之后，增加下面的代码：

```
1: <div class="div3">
2:   <table cellpadding="0" cellspacing="0">
3:   <?php
4:     while ($row=mysql_fetch_array($result))
5:     {
6:         $emailno=$row['emailno'];
7:         list($sender)=explode('@',$row['sender']);
8:         list($datesorr)=explode(' ',$row['datesorr']);
9:         list($y,$m,$d)=explode('-',$datesorr);
10:        $riqi=$y." 年 ".$m." 月 ".$d." 日 ";
11:        echo "<tr>";
12:        echo "<td class='td1'><input type='checkbox' name='markup[]'
id='markup' value='$emailno' /></td>";
13:        echo "<td class='td2'><a href='openemail.php?emailno=$emailno'>".$se
nder."</a></td>";
14:        echo "<td class='td3'><a href='openemail.php?emailno=$emailno'>".
$row['subject']. "</a></td>";
15:        if($row['attachment']!=""){
16:                echo "<td class='td4'><img src='images/flag-1.jpg'></td>";
17:      }
18:        else{
19:       echo "<td class='td4'> </td>";
20:      }
21:      echo "<td class='td5'>".$riqi."</td>";
22:      echo "</tr>";
23:   }
24:   ?>
25:   </table>
26: </div>
27:    mysql_close();
```

代码解释

第 4 行，代码 while ($row=mysql_fetch_array($result)) 的执行过程是，先使用 mysql_fetch_array() 从查询结果记录集 $result 中获取一条记录保存在数组 $row 中，再将整个语句作为循环条件，只要获取到记录，循环条件就成立，否则循环条件不成立；

第 6 行，使用 $row['emailno'] 获取当前记录的邮件序号列值，保存在变量 $emailno 中，为点击超链接和选择复选框后向服务器端传递邮件序号做准备；

第 7 行，使用 explode() 函数和字符 @ 将邮件中的收件人分割为前后两部分，使用 list() 变量列表中的变量 $sender 保存用户名部分，为后面在表格第二列中显示用户名信息做准备；

第 8 行，使用 explode() 函数和空格字符将收发日期信息分割为日期和时间两部分，并将日期部分保存在变量 $datesorr 中；

第 9 行，使用 explode() 函数和‘-’字符将保存在变量 $datesorr 中的日期信息分割为年、月、日三部分，分别使用变量 $y、$m 和 $d 保存；

第 10 行，将年月日的值设置为图片 8-1 中输出的格式，为后面在表格第五列中显示收发日期中的年月日信息做准备；

第 11 行到第 22 行，将当前邮件的相关信息作为表格中一行的信息输出，在代码第 4 行使用的 while 循环中，每循环一次，处理一条记录的信息，输出表格的一行内容，所以，在这里要将表格行标记和列标记都作为 while 循环的循环体部分，使用 echo 语句来输出；

第 12 行，输出表格中第一列，在 <td> 标记中引用所定义的样式选择符 td1，单元格的内容是复选框，复选框名称用数组名 markup[] 表示，这样做是为了保证在同一页中显示的所有邮件前面的复选框属于同一个组，选中复选框时要提交的数据是保存在变量 $emailno 中的邮件序号，这些都是为删除邮件时做的准备工作；

第 13 行，输出表格第二列，引用 class 类选择符 td2，单元格的内容是保存在变量 $sender 中的发送方用户名信息，该信息被设置为超链接热点，点击超链接时，要链接打开的页面文件是 openemail.php（用于打开邮件的页面文件，稍后创建），同时使用键名 emailno 将保存在变量 $emailno 中的邮件序号提交到该文件中，从而保证能够打开指定的邮件；

第 14 行，输出表格第三列，引用 class 类选择符 td3，单元格的内容是数组元素 $row['subject'] 中的邮件主题信息，该信息也被设置为超链接热点，其他与 13 行代码解释相同；

第 15 行到第 20 行，根据条件确定表格第四列中要显示的内容，若 15 行的条件成立，即数组元素 $row['attachment'] 的内容不为空，说明当前邮件中是有附件的，接着要执行第 16 行代码，在表格第四列中显示附件图标 flag-1.jpg；若是 15 行中的条件不成立，则说明没有附件，执行第 19 行代码，在表格第四列中直接输出一个空格即可；

第 21 行，输出表格第五列，单元格内容为处理后的日期信息。

思考问题：

代码第 19 行中，能否将空格字符   去掉？去掉之后会有什么影响？

问题解答：

该空格不要去掉，如果没有空格，就意味着表格的这个单元格中没有内容，在部分浏览器中，若是表格单元格没有内容，则单元格的边框不能显示，下边框会出现断裂的现象。

8.1.5 分页浏览中的数据验证

在运行 receiveemail.php 的页面中，若是选择了一封或者几封邮件，点击“删除”按钮时，需要运行 delete.php 文件将选中的文件放入已删除文件夹中，但是若用户没有选择要删除的邮件而直接点击了“删除”按钮，此时必须要阻止服务器端运行文件 delete.php。

实现上述功能，需要对 receiveemail.php 文件中的表单进行数据验证，创建脚本文件 receiveemail.js，在其中定义函数 validate()，函数代码如下：

```
1：function validate(){
2：        var markup=document.getElementsByName('markup[]');
3：        result=false;
4：        for(i=0;i<markup.length;i++){
5：                if(markup[i].checked){
6：                result=true;
7：                break;
8：        }
9：}
10：if(result==false){
11：        alert(' 对不起，你没有选择要删除的邮件，点击删除按钮无效 ');
12：        return false;
13：}
14：}
```

代码解释：

第 2 行，使用 document.getElementsByName('markup[]') 获取当前页面中的所有复选框，构成一个组，使用数组 markup 表示。

第 3 行，定义一个变量 result，初始值为 false，若是判断后发现页面中有被选择的复选框，则该变量值要修改为 true，否则保持为 false。

第 4 行到第 9 行，使用 for 循环结构逐个判断复选框组中每个元素是否被选中，只要有一个被选中，则将 result 的值修改为 true，然后使用 break 退出循环；其中循环条件 i<markup.length 中的 length 在这里用于获取数组元素个数；而 if 语句中的条件“markup[i].checked”若是成立，则表示相应的复选框被选中。

第 10 行到第 13 行，根据 result 的值确定用户有没有选择复选框，若是没有，则弹出消息框显示提示信息，并通过 return false 语句结束函数的执行。

脚本文件的引入和函数调用：

在 receiveemail.php 文件首部使用 <script type="text/javascript" src="receiveemail.js"> </script> 代码引入脚本文件 receiveemail.js，然后在表单标记 <form> 中增加代码 onsubmit="return validate();"，当用户点击 submit 类型的按钮“删除”时调用函数。

用户没有选中要删除的附件点击删除按钮时的运行效果如图 8-11 所示。

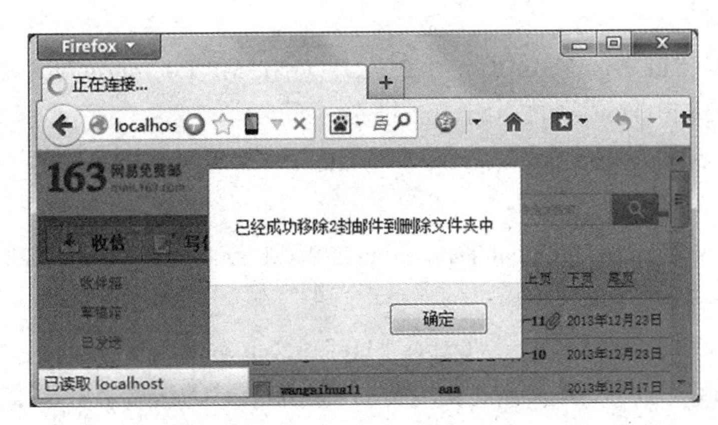

图 8-11　验证脚本的执行效果

8.1.6　receiveemail.css 和 receiveemail.php 的完整代码

1. receiveemail.css 的完整代码

```
body{margin:0;}
.div1{width:auto; height:auto; padding:5px 10px; margin: 0; font-size:10pt;}
.div2{width:auto; height:25px; padding:5px 20px; margin:5px 0; background:#eee;
border-bottom:1px solid #aaf;}
.div2-1{width:auto; height:auto; padding:0; margin:0; float:left; font-size:10pt;}
.div2-2{width:auto; height:auto; margin:0; float:right; font-size:10pt; line-
height:25px;}
```

```
.div3{width:auto; height:auto; margin:0; padding:0;}
.div3 table{width:100%; font-size:10pt;}
.div3 table td{ height:30px; border-bottom:1px solid #aaf; vertical-align:middle;}
.div3 table td a:link{color:#000; text-decoration:none; font-weight:bold;}
.div3 table td a:visited{color:#000; text-decoration:none; font-weight:normal;}
.div3 table .td1{width:30px;}
.div3 table .td2{width:150px;}
.div3 table .td3{width:auto;}
.div3 table .td4{width:20px;}
.div3 table .td5{width:100px;}
```

2. receiveemail.php 的完整代码

```
<!DOCTYPE html PUBLIC "-//W3C//DTD XHTML 1.0 Transitional//EN" "http://
www.w3.org/TR/xhtml1/DTD/xhtml1-transitional.dtd">
<html xmlns="http://www.w3.org/1999/xhtml">
<head>
<meta http-equiv="Content-Type" content="text/html; charset=gb2312" />
<title> 无标题文档 </title>
<link rel="stylesheet" type="text/css" href="receiveemail.css" />
<script type="text/javascript" src="receiveemail.js"></script>
</head>
<body> <?php
  session_start();
  $uname=$_SESSION['emailaddr']."@163.com";
  $conn=mysql_connect('localhost','root','root');
  mysql_select_db('email-1',$conn);
   $sql="select * from emailmsg where (receiver like '$uname%' or receiver like
'%;$uname%') and deleted=0";
  $res=mysql_query($sql,$conn);
  $reccount=mysql_num_rows($res);
  $pagesize=5;
  $pagecount=ceil($reccount/$pagesize);
```

```
$pageno=isset($_GET['pageno'])?$_GET['pageno']:1;
$pagestart=($pageno-1)*$pagesize;
$sql2=$sql." order by datesorr desc limit $pagestart,$pagesize";
$result=mysql_query($sql2,$conn);
?>
<form method="post" action="delete.php" name="f1" onsubmit="return
validate();">
<div class="div1"><b> 收件箱 </b>（共 <?php echo $reccount;?> 封）</div>
<div class="div2">
 <div class="div2-1">
  <input type="submit" name="delete" id="delete" value=" 删 除 " />
   <input type="button" name="refresh" id="refresh" value=" 刷 新 "
onclick="window.open('receiveemail.php','_self');" />
 </div>
 <div class="div2-2">
 <?php
  if($pagecount==0){
        echo " 首页    上页    下页    尾页 ";
  }
  else{
   if($pageno==1){ echo " 首页   ";}
  else
  {echo "<a href='receiveemail.php?pageno=1'> 首页 </a>  ";}
  if($pageno==1){ echo " 上页   ";}
  else
   {echo "<a href='receiveemail.php?pageno=".($pageno-1)."'> 上 页 </
a>  ";}
  if($pageno==$pagecount) { echo " 下页   ";}
  else
   {echo "<a href='receiveemail.php?pageno=".($pageno+1)."'> 下 页 </
a>  ";}
  if($pageno==$pagecount) { echo " 尾页   ";}
  else
```

```
        {echo "<a href='receiveemail.php?pageno=".($pagecount)."'> 尾  页 </
a>  ";}
        }
       ?>
       </div> </div>
      <div class="div3">
       <table cellpadding="0" cellspacing="0">
       <?php
        while ($row=mysql_fetch_array($result)) {
              $emailno=$row['emailno'];
              list($sender)=explode('@',$row['sender']);
              list($datesorr)=explode(' ',$row['datesorr']);
              list($y,$m,$d)=explode('-',$datesorr);
              $riqi=$y." 年 ".$m." 月 ".$d." 日 ";
              echo "<tr>";
              echo "<td class='td1'>
                    <input type='checkbox' name='markup[]' id='markup'
value='$emailno' /></td>";
              echo "<td class='td2'>
                   <a href='openemail.php?emailno=$emailno'>".$sender."</a></td>";
             echo "<td class='td3'>
                  <a href='openemail.php?emailno=$emailno'>".$row['subject']."</a></td>";
            if($row['attachment']!=""){
                echo "<td class='td4'><img src='images/flag-1.jpg'></td>";
              }
              else{echo "<td class='td4'> </td>"; }
              echo "<td class='td5'>".$riqi."</td>";
              echo "</tr>";
        }
       ?>
       </table>
      </div> </form> </body> </html>
```

8.2 打开并阅读邮件

在 receiveemail.php 页面中，点击每一封邮件的发件人或者邮件主题时，将打开链接指定的页面文件 openemail.php，阅读选择的邮件内容，同时还可以阅读或下载附件。打开不带附件的邮件界面如图 8-12 所示；打开带附件的邮件界面如图 8-13 所示。

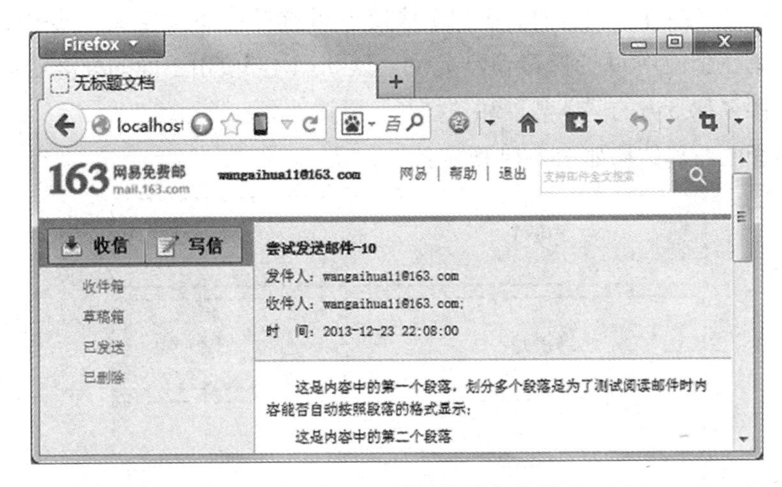

图 8-12　打开不带附件的邮件界面

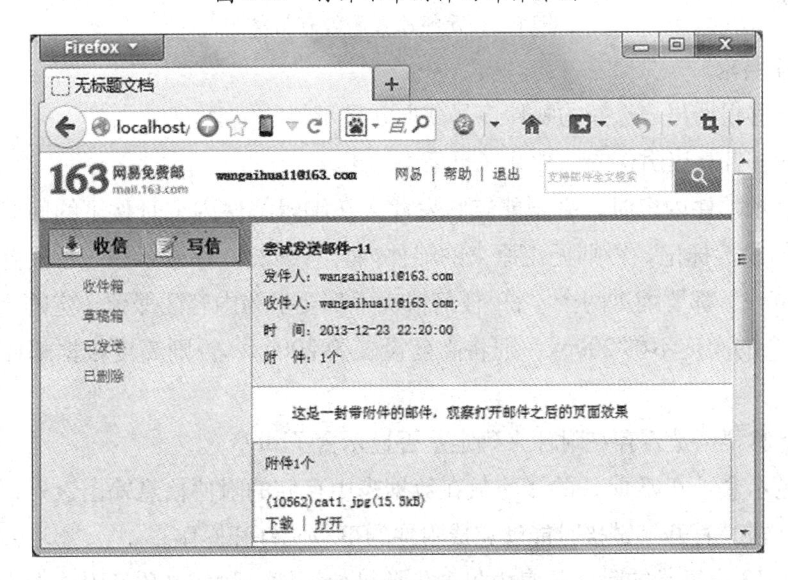

图 8-13　打开带附件的邮件界面

8.2.1 打开并阅读邮件页面的布局结构及功能要求

1. 布局结构

首先说明，为了页面的美观效果，与写邮件、收邮件和删除邮件的界面要求一样，将整个页面的边距设置为 0。

从图 8-12 可以看出，打开不带附件的邮件之后，页面中显示了上下两个块的内容，第一个块使用 id 选择符 div1 定义，其中包含了分行显示的邮件主题、发件人信息、收件人信息和收发日期信息；第二个块使用 id 选择符 div2 定义，其中显示了邮件内容。

从图 8-13 可以看出，打开带附件的邮件之后，页面中显示了上中下三个块的内容，第一个块使用 id 选择符 div1 定义，其中除了邮件主题、发件人、收件人和收发日期信息之外，还包含了附件个数信息；第二个块使用 id 选择符 div2 定义，其中仍旧是邮件内容信息，第三个使用 id 选择符 div3 定义，该 div 内部使用不同的段落显示了附件的名称以及附件名称下方的“下载”和“打开”链接。

整个页面的布局结构如图 8-14 所示：

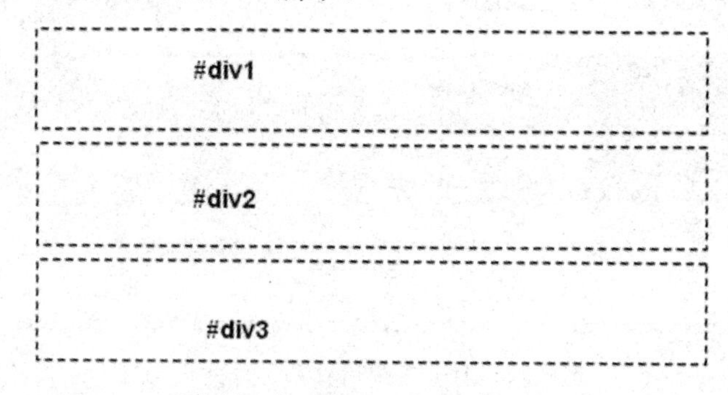

图 8-14　打开邮件页面的布局结构

2. 功能要求

（1）能够根据用户选择的邮件序号获取并显示邮件信息。

（2）能够计算出附件的个数并在页面中输出。

（3）显示邮件内容时，必须能够将发件人在编辑邮件内容时按下的回车键转换为本页面中的段落标记，否则无论原来的邮件内容有多长，都显示在一个段落中；要求每个段落第一行都要缩进两个字符；任何情况下都要求为内容区保留一定的页面空间，若盒子 div2 的高度不够 200px，则将高度设置为 200px，否则高度根据邮件内容高度来确定。

（4）能够根据是否存在附件来确定是否显示盒子 div3。

（5）显示盒子 div3 时，除了将放在数据表中存储的附件信息输出之外，在用户点击“下载”或“打开”链接时能够完成附件的下载或打开操作。

在图 8-13 中显示的附件信息中包含了随机数标识、附件名称及附件大小三部分信息，这是为了保证用户在接收附件之前可以确定附件的大小。

当用户点击“打开”或“下载”超链接时，要打开或下载的附件都是保存在 upload 文件夹下的文件，这些文件名称前面都带有“(随机数标识)”前缀，为了保证用户能够正常打开或下载附件，设计超链接时，要在文件名前面增加“(随机数标识)”前缀。

8.2.2　字符串替换函数

字符串替换是 web 编程中经常使用的操作，例如要过滤掉用户提交的不文明词语，或者处理掉字符串中包含的危险脚本，替换掉某些关键词等。

用户从表单元素中输入内容时要进行回车换行时，只需按下回车键即可，而通过页面在浏览器中输出内容要进行回车换行时，使用的是换行标记
 或段落标记 <p>，回车键与页面标记之间是不通用的，因此在 openemail.php 页面中显示邮件内容时需要将用户编辑邮件内容时按下的回车键替换成 HTML 中的段落标记，这需要使用字符串替换函数来完成。

PHP 中提供的完成字符串替换操作的函数有两个，分别是 nl2br() 和 str_replace()。

1.nl2br() 函数

该函数名字中的数字 2 实际上是 to 的缩写，简单理解该函数的作用，就是把在文本域中输入文本时按下的回车键所生成的字符替换为 HTML 的换行符标记
，更为准确的解释是在字符串中的每个新行 (\n) 之前插入 HTML 换行标记
。

格式为 nl2br(string)；

参数 string 是必需的，规定要检查的字符串。

小实例：创建页面文件 txt.php，其中包含两部分代码，第一部分代码生成表单界面，包含一个 name 属性为 txt 的文本域元素和一个 submit 类型的按钮“提交”；第二部分是 php 代码，用于接收和处理本页面中表单元素提交的数据。

在表单文本域元素中输入带有回车的文本内容并提交之后，重新运行页面文件 txt.php，获取用户提交的文本信息，进行两种处理：第一，直接输出获取到的信息；第二，将所获取信息中的回车字符替换为换行标记后再输出，对比观察两种输出的不同效果。

页面代码如下：

```
1：<body>
2：<form id="form1" name="form1" method="post" action="txt.php">
3：  <p> 请在文本域内输入带回车字符的文本：</p>
4：  <p><textarea name="txt" cols="20" rows="3" id="txt"></textarea></p>
5：  <p><input type="submit" name="Submit" value=" 提交 " /></p>
6：</form>
7：<?php
```

```
8： if(isset($_POST['txt'])){
9：   $txt=$_POST['txt'];
10：   echo "<hr />";
11：   echo " 直接输出接收到的内容：<br />".$txt;
12：   echo "<hr />";
13：   echo " 用 nl2br() 函数处理后再输出接收的内容：<br />".nl2br($txt);
14： }
15：?>
16：</body>
```

代码解释：

第 2 行到第 6 行，生成了包含文本域和提交按钮的表单界面，通过 <form> 标记中的 action="txt.php" 确定点击提交按钮时要运行的文件仍旧是 txt.php 自身；

第 7 行到第 15 行，嵌入了 php 代码，采用两种方法处理接收到的数据，第一种方法，将文本域提交的内容直接输出到浏览器中，第二种方法则是将文本域提交数据中的回车键使用换行标记替换之后输出到浏览器端。每种方法输出数据之前都使用 echo "<hr />" 输出一条水平线；

第 8 行，使用 isset() 函数判断 $_POST['txt'] 数组元素是否存在，页面第一次运行时，该元素不存在，所以不需要执行下面的 php 代码，点击提交按钮之后，该元素就存在了，需要执行第 9 行到第 13 行代码。

页面文件第一次运行结果如图 8-15 所示：

图 8-15 txt.php 文件初次运行效果

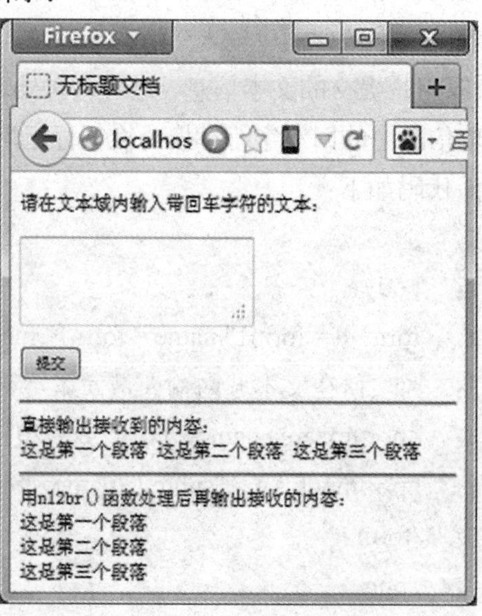

图 8-16 提交文本之后的运行界面

图 8-15 中没有出现 php 代码部分输出的内容

在图 8-15 中输入了三段内容之后，点击提交按钮，得到图 8-16 所示的运行界面。

从图 8-16 中可以看出，输出的第一部分内容，将用户编辑时输入的三个段落都显示在一行中，即用户在文本域中输入时加入的回车键，在浏览器中输出时不起任何作用；输出的第二部分内容，则将原来的三个段落分成三行来显示。

2.str_replace() 函数

该函数能够按照用户的要求，将用户指定的任意子串全部替换成另一个子串；

格式为：str_replace(find,replace,string,count)；

参数解释：

find：必需，规定要查找的子串，也就是将要被替换掉的子串；

replace：必需，规定要用来进行替换的子串；

string：必需，规定被搜索的字符串；

count：是可选参数，一个变量，对替换次数进行计数，通常很少使用。

小实例：修改 txt.php 的代码，使用函数 str_replace 实现将回车键替换为段落标记，保存为 txt-1.php 文件，代码如下：

```
1：<body>
2：<form id="form1" name="form1" method="post" action="txt-1.php">
3：  <p> 请在文本域内输入带回车字符的文本：</p>
4：  <p><textarea name="txt" cols="20" rows="3" id="txt"></textarea></p>
5：  <p><input type="submit" name="Submit" value=" 提交 " /></p>
6：</form>
7：<?php
8：  if(isset($_POST['txt'])){
9：      $txt=$_POST['txt'];
10：         echo "<hr />";
11：         echo " 直接输出接收到的内容：<br />".$txt;
12：         echo "<hr />";
13：         echo " 使用 str_replace 函数处理后再输出接收的内容：<br />";
14：         echo str_replace((chr(13).chr(10)),"<p style='text-indent:2em'>", $txt);
15：  }
16：?>
17：</body>
```

代码解释：

第 14 行，被替换掉的字符是“chr(13).chr(10)”，其中 chr(13) 是回车符，chr(10)是换行符，13是回车符在ASCII码表中的值，10是换行符在ASCII码表中的值，用户编辑文本时按下的回车键将同时生成这两个字符，第一个是回车符，第二个是换行符，这两个字符不可颠倒顺序；用来替换的字符则是设置了缩进 2 个字符的段落标记。

初次运行的页面效果如图 8-15 所示，同样输入上面的内容，得到图 8-17 所示的效果。

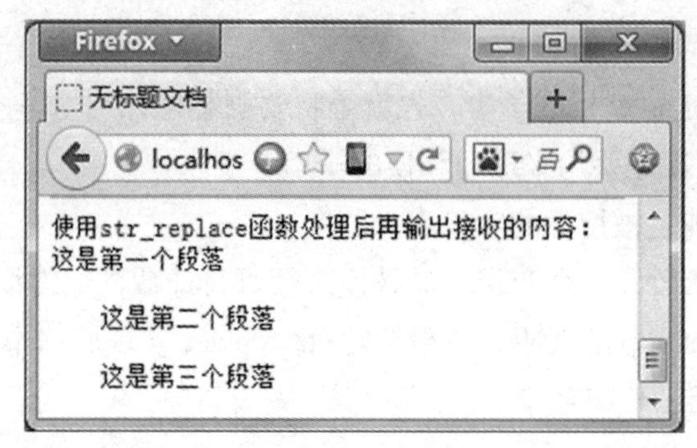

图 8-17　使用了 str_rcplacc() 后的界面

问题分析：

为什么使用 str_replace() 函数处理之后，第一个段落与后面两个段落的效果是不同的？要如何修改？

问题解答：

用户在文本域中输入文本时，并没有在开始时就按下回车键，所以第一个段落前面不能替换出段落标记 <p>；解决的方法是，在第 14 行代码前面先使用代码 echo "<p style='text-indent:2em'>" 输出一个带有缩进两个字符的段落标记，问题即可解决。

解决问题后的效果如图 8-18 所示。

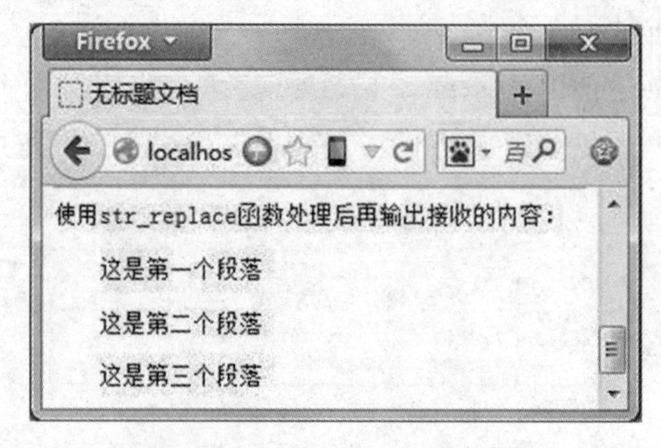

图 8-18　正确输出三个段落效果

8.2.3　完成打开并阅读邮件页面的功能设计

设计打开并阅读邮件页面，需要创建的文件有样式文件 openemail.css 和页面文件 openemail.php。

分别创建两个文件，并在 openemail.css 文件中使用代码 body{margin:0;} 定义整个页边距为 0。

之后，在设计过程中，我们按照页面内容的顺序分别设计盒子 div1、div2 和 div3。

1. 设计盒子 div1

（1）盒子 div1 及内部元素的样式要求

盒子 div1：宽度为自动（保证能够适应浮动框架窗口宽度的变化），高度为自动（根据现实内容的多少来确定），上下填充是 10px，左右填充是 0，边距是 0，背景色为 #eef，设置下边框 2 像素、实线、颜色为 #aaf；

页面中所有段落的样式直接使用 html 标记名选择符 p 定义，要求上下边距是 5px，左右边距都是 0，上下填充是 0，左右填充是 10px（保证段落内容左右不贴边），段落中的字号是 10pt，文本行高设置为 20px（保证一个段落内部的各行文字之间有一定的距离）。

在 openemail.css 中增加样式代码如下：

```
#div1{width:auto; height:auto; margin:0px; padding:10px 0; background:#eef;
border-bottom:2px solid #aaf;}
p{margin:5px 0; padding:0 10px;font-size:10pt; line-height:20px; }
```

（2）设计盒子中的内容

设计盒子 div1 中的内容需要如下几个操作步骤：

第一，获取要打开的邮件的邮件序号；

第二，连接打开数据库 email-1，以指定的邮件序号为条件查询数据表 emailmsg，得到指定序号的邮件信息；

第三，从服务器端输出盒子 div1，并在其内部输出需要的邮件信息。

在 openemail.php 文件首部使用代码 <link rel="stylesheet" type="text/css" href="openemail.css" /> 引用定义的样式文件，然后在主体中增加如下代码：

```
1：<body>
2：<?php
```

```
3： $emailno=$_GET['emailno'];
4： $conn=mysql_connect('localhost','root','root');
5： mysql_select_db('email-1',$conn);
6： $sql="select * from emailmsg where emailno=$emailno";
7： $res=mysql_query($sql,$conn);
8： $row=mysql_fetch_array($res);
9： echo "<div id='div1'>";
10： echo "<p><b>".$row['subject']."</b></p>";
11： echo "<p> 发件人：".$row['sender']." </p>";
12： echo "<p> 收件人：".$row['receiver']." </p>";
13： echo "<p> 时    间：".$row['datesorr']." </p>";
14： if ($row['attachment']!=""){
15：     $attment=explode(';',$row['attachment']);
16：     $attmentcount=count($attment)-1;
17：     echo "<p> 附    件：".($attmentcount)." 个 </p>";
18： }
19： echo "</div>";
20：?>
21：</body>
```

代码解释：

第 3 行，使用 $_GET['emailno'] 接收 receiveemail.php 页面中点击发件人或者邮件主题超链接时使用键名 emailno 提交到 openemail.php 文件中的邮件序号值，保存到变量 $emailno 中；

第 4 行，连接 MySQL 数据库；

第 5 行，选择打开数据库 email-1；

第 6 行，定义查询语句，使用变量 $sql 保存，用于查找 emailmsg 表中用户指定记录序号的记录信息；

第 7 行，执行 $sql 中保存的查询语句，返回结果记录集保存在变量 $res 中；

第 8 行，使用 mysql_fetch_array() 函数从 $res 记录集中获取一条记录保存在数组 $row 中；

第 9 行到第 19 行，输出盒子 div1 及其内部所有内容；

第 10 行，使用段落和加粗标记控制输出 $row['subject'] 中保存的邮件主题信息；

第 11 行，使用段落标记控制输出 $row['sender'] 中保存的发件人信息；

第 12 行，使用段落标记控制输出 $row['receiver'] 中保存的收件人信息；

第 13 行，使用段落标记控制输出 $row['datesorr'] 中保存的收发日期信息；

第 14 行到第 18 行，判断是否有附件，确定是否显示附件个数等相关信息；

第 14 行，判断 $row['attachment'] 中保存的附件名称信息是否为空，不为空则执行第 15 行到第 17 行代码；

第 15 行，使用 explode() 和分号字符分割 $row['attachment'] 中的所有附件名称信息，分割后的结果保存在数组 $attment 中；

第 16 行，获取数组元素的个数，减去 1 之后，保存在变量 $attmentcount 中。因为每个附件名称后面都带有分号，若是存在三个附件，则有三个分号，使用 explode（）函数分割之后，会存在四个子串，即数组 $attment 长度为 4，但实际只有三个附件，所以将数组长度值减去 1 之后作为附件个数来使用；

第 17 行，使用段落标记控制输出附件个数；

思考问题：

第 7 行执行了 SQL 查询语句之后，为什么不需要判断查询结果记录集中是否有记录存在，就直接在第 8 行中使用 mysql_fetch_array() 函数获取其中的记录？

问题解答：

因为要打开的邮件是在收件箱中存在的，所以查找之后不需要再判断其是否存在。

2. 设计盒子 div2

（1）盒子 div2 及内部元素的样式要求

盒子 div2：宽度为自动，高度为自动，边距为 0；

盒子 div2 内部控制输出邮件内容的所有段落都要增加缩进 2 个字符的样式定义，直接使用包含选择符 #div2 p{} 定义即可。

在 openemail.css 文件中增加如下样式代码：

```
#div2{width:auto; height:auto; margin: 0; padding:10px 0; }
#div2  p{text-indent:2em;}
```

（2）设计盒子中的内容

设计盒子 div2 中的内容需要的操作步骤如下：

第一，输出盒子 div2，在盒子开始处先增加一个段落标记，然后将当前邮件的邮件内容中的回车换行符号使用段落标记替换之后，在盒子中输出；

第二，判断盒子 div2 的高度是否小于 200 像素，若是小于 200 像素，则将其设置为 200 像素，否则盒子的高度根据内容的多少来自动设置。

在 openemail.php 文件中盒子 div1 结束之后增加如下的代码：

```
1： echo "<div id='div2'><p>". str_replace((chr(13).chr(10)),'<p>', $row['content'])."</div>";
2： echo"<script>";
3： echo"if(document.getElementById('div2').clientHeight<200)";
4： echo"{document.getElementById('div2').style.height=200+'px';}";
5： echo"</script>";
```

代码解释：

第 1 行，输出盒子 div2 及其内部要显示的邮件内容；在盒子内容开始时先输出一个段落标记，保证邮件内容的第一个段落能够按照定义的格式来输出；之后将邮件内容中的回车符和换行符使用段落标记来替换；div2 中的段落在样式定义中已经设置了首行缩进两个字符，所以这里的所有段落都会按照首行缩进两个字符的格式来输出；

第 2 行到第 5 行，输出脚本，判断盒子 div2 的高度是否是低于 200 像素，若是低于 200 像素，就设置高度为 200 像素；使用元素的 clientHeight 属性来获取其显示的高度，使用 style.height 样式属性来设置其高度；

3. 设计盒子 div3

（1）盒子 div3 及内部元素的样式要求

盒子 div3：宽度为自动，高度为自动，填充是 0，边距是 0，边框为 1 像素、实线、颜色为 #aaf；

盒子 div3 中用来显示附件个数的段落样式与其他段落样式不同，这里使用包含选择符 #div3 .p1 进行定义，要求为边距是 0，背景色为 #eef，文本行高是 40px。

在 openemail.css 文件中增加如下的样式代码：

```
#div3{width:auto; height:auto; margin:0px; padding:0px; border:1px solid #aaf;}
#div3 .p1{margin:0; background:#eef; line-height:40px;}
```

（2）设计盒子中的内容

首先要判断是否需要输出盒子 div3，若是当前邮件中有附件，则要输出，否则不需要输出；

输出盒子 div3 中的内容需要的操作步骤如下：

第一，使用 class 类选择符 p1 的段落控制输出附件个数；

第二，分割邮件记录中 attachment 的列值，获取一个个附件的信息，格式为“(随机数标识符)文件名称.扩展名(文件大小)”，作为即将显示的附件名称信息；

第三，对上面附件信息进行处理，获取用于超链接打开或下载的附件名称信息，格式为“(随机数标识符)文件名称.扩展名”

在 openemail.php 页面中设置 div2 盒子高度之后增加如下代码：

```
1：if ($row['attachment']!=""){
2：    echo "<div id='div3'>";
3：    echo "<p class='p1'> 附件 ".($attmentcount)." 个 </p>";
4：    for ($i=0;$i<=count($attment)-2;$i++){
5：      list($attname,$kuozhanm)=explode('.',$attment[$i]);
6：      list($kuozm)=explode('(',$kuozhanm);
7：      $attname=$attname.'.'.$kuozm;
8：      echo "<p>".$attment[$i]."<br>";
9：      echo "<a href='upload/$attname'> 下载 </a>  | ";
10：     echo "<a href='upload/$attname'> 打开 </a></p>";
11：  }
12：      echo "</div>";
13：}
14：mysql_close();
```

第 1 行，判断附件信息若不为空，则执行第 2 行到第 13 行代码，输出盒子 div3 及其内部的内容；

第 3 行，使用样式选择符 p1 控制输出附件个数的段落格式；

第 4 行到第 13 行，使用 for 循环结构逐个处理并输出保存在数组 $attment 中的附件信息；

第 5 行，使用 explode() 函数和圆点分割符把保存在 $attment[$i] 中的附件名称分为前后两部分，前面一部分中包括了放在圆括号中的随机数和主文件名，使用变量 $attname 保存，后面一部分中包括了扩展名和放在圆括号中的文件大小信息，使用变量 $kuozhanm 保存；

第 6 行，继续使用 explode() 函数和左圆括号字符分割 $kuozhanm 中保存的信息，将其分为扩展名和文件大小两部分，第一部分使用 list() 函数设置的变量 $kuozm 保存，目的是去掉文件大小部分，这样才能得到可用于下载或打开的文件名信息；

第 7 行，将 $attname 中包含的随机数信息和主文件名信息与 $kuozm 中包含的扩展名信息连接起来，中间再插入一个圆点，构成完整可用的文件名。

第 8 行，使用段落标记控制输出包含随机数和文件大小的附件名称信息，保证用户在下载附件时能够知道附件的大小；

第 9 行，在新的一行中输出“下载”超链接，链接的文件是保存在 upload 文件夹中的附件名称；

第 10 行，输出“打开”超链接，链接的文件也是保存在 upload 文件夹中的附件名称，即这里设置的用于打开和下载附件的超链接是完全相同的。

8.2.4 openemail.css 和 openemail.php 文件的完整代码

1. openemail.css 的完整代码

```
body{margin:0px;}
#div1{width:auto; height:auto; margin:0px; padding:10px 0; background:#eef; border-bottom:2px solid #aaf;}
p{margin:5px 0; padding:0 10px;font-size:10pt; line-height:20px; }
#div2{width:auto; height:auto; margin: 0; padding:10px 0; }
#div2  p{text-indent:2em;}
#div3{width:auto; height:auto; margin:0px; padding:0px; border:1px solid #aaf;}
#div3  .p1{margin:0; background:#eef; line-height:40px;}
```

2. openemail.php 的完整代码

```
<!DOCTYPE html PUBLIC "-//W3C//DTD XHTML 1.0 Transitional//EN" "http://www.w3.org/TR/xhtml1/DTD/xhtml1-transitional.dtd">
<html xmlns="http://www.w3.org/1999/xhtml">
<head>
<meta http-equiv="Content-Type" content="text/html; charset=gb2312" />
<title> 无标题文档 </title>
<link type="text/css" rel="stylesheet" href="openemail.css" />
</head>
<body>
<?php
$emailno=$_GET['emailno'];
$conn=mysql_connect('localhost','root','root');
mysql_select_db('163email',$conn);
```

```
$sql="select * from emailmsg where emailno=$emailno";
$res=mysql_query($sql,$conn);
$row=mysql_fetch_array($res);
echo "<div id='div1'>";
echo "<p><b>".$row['subject']."</b></p>";
echo "<p> 发件人： ".$row['sender']."</p>";
echo "<p> 收件人： ".$row['receiver']."</p>";
echo "<p> 时    间： ".$row['datesorr']."</p>";
if ($row['attachment']!=""){
   $attment=explode(';',$row['attachment']);
   $attmentcount=count($attment)-1;
   echo "<p> 附    件： ".($attmentcount)." 个 </p>";
}
echo "</div>";
echo "<div id='div2'><p>". str_replace((chr(13).chr(10)),'<p>',$row['content'])."</div>";
echo"<script>";
echo"if(document.getElementById('div2').clientHeight<200)";
echo"{document.getElementById('div2').style.height=200+'px';}";
echo"</script>";
if ($row['attachment']!=""){
   echo "<div id='div3'>";
   echo "<p class='p1'> 附件 ".($attmentcount)." 个 </p>";
   for ($i=0;$i<=count($attment)-2;$i++){
         list($attname,$kuozhanm)=explode('.',$attment[$i]);
         list($kuozm)=explode('(',$kuozhanm);
         $attname=$attname.'.'.$kuozm;
         echo "<p>".$attment[$i]."<br>";
         echo "<a href='upload/$attname'> 下载 </a> | ";
         echo "<a href='upload/$attname'> 打开 </a></p>";
   }
   echo "</div>";
}
?></body></html>
```

8.3 删除邮件

8.3.1 将邮件放入已删除文件夹

在 receiveemail.php 页面中，选中某封或者某几封邮件前面的复选框，如图 8-19 所示。

图 8-19 在 receiveemail.php 页面中选择要删除的邮件

点击“删除”按钮之后，将执行页面文件 delete.php，接收 receiveemail.php 文件中复选框组传递过来的邮件序号值，把被选中邮件记录的 deleted 列值设置为 1——即把被选中邮件放入已删除文件夹中，然后返回到页面文件 receiveemail.php 中，并弹出消息框告知用户移动到已删除文件夹中的邮件数，效果如图 8-20 所示。

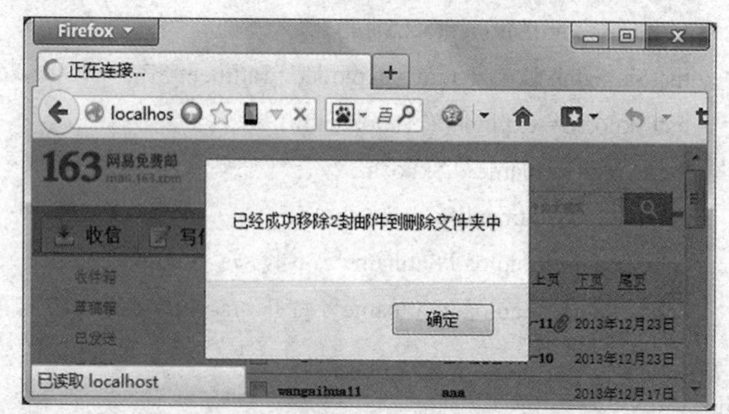

图 8-20 在 receiveemail.php 页面中显示删除的邮件数

创建文件 delete.php，页面代码如下：

```
1：<?php
2： $emailno=$_POST['markup'];
3： $num= count($emailno);
4： $conn=mysql_connect('localhost','root','root');
5： mysql_select_db('email-1',$conn);
6： for ($i=0;$i<count($emailno);$i++){
7：       $sql="update emailmsg set deleted=1 where emailno=$emailno[$i]";
8：       mysql_query($sql,$conn);
9： }
10：mysql_close($conn);
11：include 'receiveemail.php';
12：echo "<script>";
13：echo "alert(' 已经成功移除 ".($num)." 封邮件到删除文件夹中 ')";
14：echo "</script>";
15：?>
```

代码解释：

第 2 行，使用 $_POST['markup'] 接收 receiveemail.php 文件中复选框组 markup 传递过来的邮件序号信息，使用数组 $emailno 保存，$emailno 数组元素的个数与用户在页面中选中的复选框个数相同；

第 3 行，获取数组 $emailno 中元素的个数；

第 4 行，连接 MySQL 数据库；

第 5 行，选择打开数据库 email-1；

第 6 行到第 9 行，使用 for 循环结构将用户选择的所有邮件记录中的 deleted 列值设置为 1，循环次数是数组 $emailno 的长度；

第 7 行，定义 update 更新语句，将被选中记录中的 deleted 列值设置为 1；

第 8 行，执行 SQL 语句，完成更新操作；

第 10 行，关闭数据库连接；

第 11 行，使用 include 语句重新执行 receiveemail.php，将收件箱中剩下的邮件重新分页显示；

第 12 行到第 14 行，控制输出脚本语句 alert，在窗口中弹出消息框，用于通知用户被删除的邮件数，这里必须要将 $num 变量放在括号中，以避免字符串连接运算符与数字值结合产生歧义。

页面文件 delete.php 的运行

修改 receiveemail.php 文件，在第 17 行代码 <form> 标记内部设置 action= "delete.php"，实现点击“删除”按钮时执行 delete.php 文件的要求。

8.3.2 分页浏览已删除文件夹中的邮件

点击 email.php 页面左侧的“已删除”链接后，将在右侧浮动框架中执行 deletedemail.php 文件，出现图 8-21 所示的运行效果。

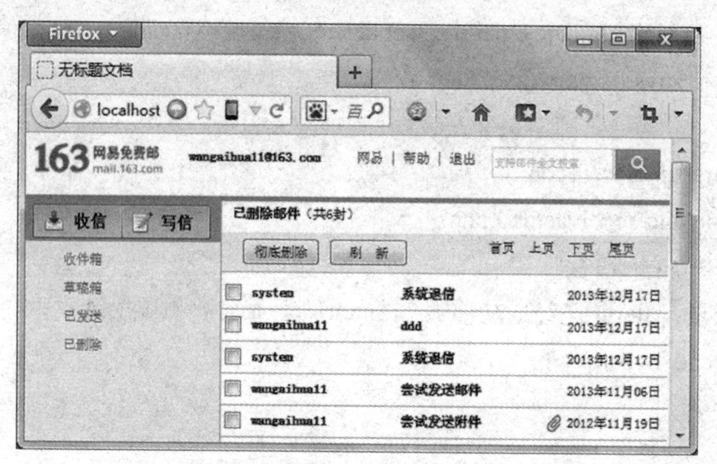

图 8-21 已删除邮件列表

设计该页面时，直接使用样式文件 receiveemail.css，不需要进行任何修改；

页面文件 deletedemail.php 与 receiveemail.php 的内容有以下几点不同的地方：

第一，收邮件页面中的文本“收件箱”更换为已删除页面中的“已删除邮件”；

第二，获取已删除文件夹中邮件记录时，为查询语句设计的条件是表 emailmsg 中 receiver 列值中包含当前登录用户信息，并且 deleted 列值为 1，定义的查询语句为 select * from emailmsg where receiver like '%$uname%' and deleted=1；

第三，将表单 <form> 中 action 属性的取值更换为用于彻底删除邮件的文件 deletedchedi.php，当用户在已删除文件夹中选择邮件，点击“彻底删除”按钮之后，将执行该文件；

第四，收邮件页面中的按钮“删除”更换为已删除页面中的“彻底删除”；

点击“刷新”按钮时，需要重新执行的文件更改为 deletedemail.php；

第五，设置“首页、上页、下页、尾页”超链接时，链接的文件都改为 deletedemail.php。

其他所有内容与 receiveemail.php 文件完全相同，请大家按照上面要求自行修改即可。

8.3.3 彻底删除邮件

在 deletedemail.php 页面中，选中某一封或某几封邮件前面的复选框，点击“彻底删除”按钮后，将执行页面文件 deletedchedi.php，把被选中的邮件记录从数据表 emailmsg 中彻底删除，另外，若是该邮件中有附件，把 upload 文件夹中的附件文件也同时删除。

页面文件 deletedchedi.php 代码如下：

```
1：<?php
2： $emailno=$_POST['markup'];
3： $num=count($emailno);
4： $conn=mysql_connect('localhost','root','root');
5： mysql_select_db('email-1',$conn);
6： for ($i=0;$i<$num;$i++){
7：        $sql1="select * from emailmsg where emailno=$emailno[$i]";
8：        $res=mysql_query($sql1,$conn);
9：        $row=mysql_fetch_array($res);
10：       if ($row['attachment']!=""){
11：              $attment=explode(';',$row['attachment']);
12：              $attmentcount=count($attment)-1;
13：              for ($j=0;$j<=$attmentcount-1;$j++){
14：                     list($mainName,$secName)=explode('.',$attment[$j]);
15：                     list($kuozName)=explode('(',$secName);
16：                     $openName="upload/$mainName.$kuozName";
17：                     unlink($openName);
18：          }
19：    }
20：   $sql="delete from emailmsg where emailno=$emailno[$i]";
21：   mysql_query($sql,$conn);
22：}
23：mysql_close($conn);
24：include 'deletedemail.php';
25：?>
```

代码解释：

第 6 行到第 22 行，使用 for 循环将被选中的所有记录从数据表中删除，同时判断若是被删除的邮件中有附件，将附件文件从 upload 文件夹中删除；

第 7 行，定义 select 查询语句，查询将要被彻底删除的记录的信息；

第 8 行，执行查询语句，将查询结果保存在记录集变量 $res 中；

第 9 行，从查询结果记录集 $res 中获取一条记录，以数组方式保存在变量 $row 中；

第 10 行，判断数组 $row 中 attachment 列是否为空，不为空则说明有附件，需要执行第 13 行到第 21 行代码，完成附件文件的删除；

第 11 行，使用分号分割 attachment 列中各个附件信息，保存在数组 $attment 中；

第 12 行，获取附件个数；

第 13 行到第 20 行，使用循环结构逐个删除附件文件；

第 14 行，将附件信息以圆点为分割符进行分割，分割之后保留前两个部分，分别保存在变量 $mainName 和 $secName 中；

第 15 行，对于 $secName 中的信息使用左括号进行分割，保留第一部分的扩展名信息，保存在变量 $kuozName 中；

第 16 行，将主文件名和扩展名信息加上中间的圆点连接起来之后与 upload 文件夹构成路径；

第 17 行，使用 PHP 提供的文件操作函数 unlink() 删除指定了路径的文件，unlink 需要的参数只有一个。

第 20 行，定义 delete 删除语句，删除记录的条件是 emailno 列值与用户选中记录的序号值相同。

第 21 行，执行删除语句，将选中的记录从数据表 emailmsg 中彻底删除；

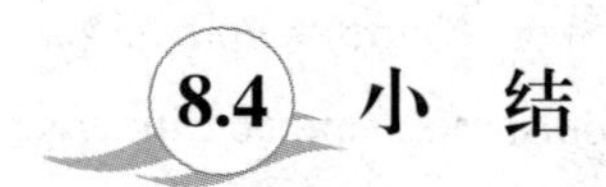

8.4 小 结

“任务八”中完成了如下一些功能：

第一，使用分页浏览功能完成了收件箱的设计、在分页浏览中重要的几个知识点是：邮箱中邮件页数的计算、每页中要显示记录的获取方法、页码的设置及获取、“首页、上页、下页、尾页”超链接的设置方法、获取查询结果记录集中记录的函数应用，记录数组中元素的获取方法等；创建的文件有 receiveemail.css、receiveemail.php 和 receiveemail.js。

第二，设计了打开阅读邮件的功能，在功能实现的过程中使用的几个知识点是：替换指定字符串中某个子串的函数的应用、下载或打开附件的方法应用；创建的文件有 openemail.css 和 openemail.php。

第三，设计了删除邮件的功能，删除邮件包括两步：第一步，在收件箱中选中邮件进行逻辑删除，将邮件放入已删除文件夹中；第二步，在已删除文件夹中选中邮件进行彻底删除，同步要删除邮件中所带的附件文件；创建的文件有 delete.php、deletedemail.php 和 deletedchedi.php。

8.5 习　题

一、单项选择题

1. 判断表单密码元素 psd 的数据是否提交到服务器端的方法是______

A. if($_POST['psd']= '')　　B. if(isset($_POST['psd']))

C. if(Isset($_POST['psd']))　　D. if(Isset($_FILES['psd']))

2. 访问 mysql 数据库时，从查询结果记录集中获取一条记录的方法是______

A. mysql_num_rows()　　B. mysql_select_db()

C. mysql_fetch_array()　　D. mysql_fetch_Array()

3. 在页面中设置链接热点是“首页”，点击链接时打开页面文件 pagefirst.html，同时要向服务器传送数据 “1”，如何设置超链接______

A. <a href="pagefirst.html"?pageno=1> 首页 </a>

B. <a href="pagefirst.html? 'pageno=1'"> 首页 </a>

C. <a href="pagefirst.html? "pageno=1> 首页 </a>

D. <a href="pagefirst.html?pageno=1"> 首页 </a>

4. 设变量 $uname 的内容是 linqingxia@163.com，下面提供的选项是数据表不同记录的 receiver 列值，使用 select * from emailmsg where receiver like '$uname%' 条件能够查询到下面哪个值______

A. zhangmanyu@163.com;linqingxia@163.com;wangzuxian@163.com;

B. linqingxia@163.com;gaoyuany@163.com;

C. xglinqingxia@163.com;linqingxiamv@163.com;

D. meinan@163.com;xglinqingxia@163.com;

5. 设变量 $uname 的内容是 linqingxia@163.com，下面提供的选项是数据表不同记录的 receiver 列值，使用 select * from emailmsg where receiver like '%;$uname%' 条件能够查询到下面哪个值______

A. zhangmanyu@163.com;linqingxia@163.com;wangzuxian@163.com;

B. linqingxia@163.com;gaoyuany@163.com;

C. xglinqingxia@163.com;linqingxiamv@163.com;

D. meinan@163.com;xglinqingxia@163.com;

6. 在整个 163 邮箱项目中，下列哪个按钮不是 submit 类型的______

A. 注册界面中的“立即注册”按钮　　B. 写邮件界面中的“发送”按钮

C. 收件箱中的“删除”按钮　　D. 登录界面中的“注册”按钮

7. 点击收件箱中的“刷新”按钮需要在当前窗口中重新运行 receiveemail.php 文件，需要在按钮标记内部增加的代码是______

A. onclick="window.open('receiveemail.php','_self');"

B. onclick="window.open(receiveemail.php,'_self');"

C. onclick="window.open('receiveemail.php',self);"

D. onclick="window.open('receiveemail.php');"

8. 若 $_GET['pageno'] 存在，则将其中的值送给变量 $pageno，否则把 1 送给变量 $pageno，实现该功能的代码是______

A. $pageno=isset($_GET['pageno'])$_GET['pageno']:1;

B. $pageno=isset($_GET['pageno'])?$_GET['pageno']:1;

C. $pageno=isset($_GET['pageno'])?1:$_GET['pageno'];

D. $pageno=isset($_GET['pageno'])?$_GET['pageno']||1;

9. 函数 mysql_fetch_array() 的作用是______

A. 获取一个数组

B. 从查询结果记录集中获取一条记录并以对象方式存储访问

C. 从查询结果记录集中获取一条记录并以数组方式存储访问

D. 以上说法都不正确

二、填空题

1. 函数 ceil(3.2) 的结果是__________，ceil(5.8) 的结果是__________。

2. 在 mysql 中，获取查询结果记录集中某个指定范围的记录，需要使用的关键字是______________。

3. 删除服务器端指定路径下的文件，使用的函数是____________。

在线投票与网站计数功能实现

主要知识点

- 文件系统中常用的函数功能介绍
- 使用文件操作完成在线投票功能
- 使用 session 禁止反复投票
- 使用 cookie 禁止在同一主机中的重复投票
- 网站计数器功能的实现

- 文件系统中常用的函数功能介绍
- 使用文件操作完成在线投票功能
- 使用 session 禁止反复投票
- 使用 cookie 禁止在同一主机中的重复投票
- 网站计数器功能的实现

任务说明

- 在各类网站上经常会出现各种在线投票页面，例如评选我最喜爱的老师、十大杰出青年、我最喜爱的美食、我最喜爱的小明星等等。还有很多网站中都对访客人数进行统计，例如统计访问总量、本月访问量、本周访问量和今日访问量等。
- 要完成上述功能，需要将每个票数或者访问量等数据都保存在服务器端的文本文件中，这需要使用 PHP 提供的各种文件访问操作函数。

9.1 文件系统函数

在 PHP 中提供的文件系统函数有几十个，本书中只介绍最常用的几个函数。

9.1.1 文件的打开与关闭

1. 打开文件—fopen() 函数

fopen() 函数的格式：fopen(filename,mode,include_path,context)；

参数说明

filename：必需的，用于提供要打开文件的路径和名称。

mode：必需的，用于指定打开文件时的读或写方式，系统为该参数设置了多种不同的取值，如下：

(1) 'r'：以只读方式打开，将文件指针指向文件头；

(2) 'r+'：以读写方式打开，将文件指针指向文件头；

(3) 'w'：以只写方式打开，文件指针指向文件头，打开同时清除文件所有内容，如果文件不存在，则尝试建立文件；

(4) 'a'：以追加写方式打开，文件指针指向文件末尾，若文件不存在，将尝试建立文件。

参数 include_path 和 context 都是可选参数，这里不介绍。

函数 fopen() 的作用是打开指定的文件，若是文件存在并且被打开，则返回一个句柄，否则返回 false。

例如：$fp=fopen('vote.txt','r') 的作用是以只读方式打开文本文件 vote.txt，返回的句柄保存在变量 $fp 中，该句柄将用于读取或写入或关闭文件的函数中。

2. 判断文件是否存在—file_exists() 函数

在打开或使用某个文件之前，通常要判断该文件是否存在，这样才能确定是使用读方式直接打开一个已经存在的文件，还是以写方式创建并打开一个不存在的文件。

判断文件是否存在，使用函数 file_exists()。

格式为：file_exists(path)

参数 path 是必需的，指定要检查判断的路径。

该函数的返回值是布尔值，若指定的文件存在，则返回 TRUE，否则返回 FALSE。

例如代码 if (!file_exists('vote.txt')){ $fp=fopen('vote.txt','w');} 的作用是判断文件 vote.txt 是否存在，若是不存在，则使用 w 方式在打开时创建该文件。

3. 关闭文件—fclose() 函数

打开的文件读或写操作都完成之后，必须要关闭文件，释放内存，使用 fclose() 函数完成。

格式：fclose(int $handle)

参数 $handle 表示之前打开文件时返回的句柄。

例如代码 fclose($fp) 的作用是关闭句柄 $fp 所指向的文件。

9.1.2　文件的读取与写入

1. 读取一行内容—fgets() 函数

函数 fgets() 可以从指定的文件中读取当前文件指针所指的一行内容 .

格式：string fgets(int $handle[, int $length])

参数：

$handle：必需的，表示已经打开的文件句柄；

$length：可选的，指定了返回的最大字节数，考虑到文本文件中的行结束符，最多可以返回的是 $length-1 个字节的字符串，若是没有指定该参数，默认为 1024 个字节。

2. 判断文件指针是否到达末尾—feof() 函数

在读取文件内容时，经常要判断文件指针是否已经到达文件末尾，若是已经到达末尾，读取过程必须要结束，使用函数 feof() 判断文件指针是否到达文件末尾。

格式：feof(int $handle)

参数 $handle 表示之前打开文件时返回的句柄。

小实例：假设存在文本文件 a.txt，里面有三行任意的内容，创建页面文件 read.php，打开文件 a.txt，逐行读出其中的内容并输出。

代码如下：

```
1：<?php
2：  if(file_exists('a.txt')){
3：    $fp=fopen("a.txt",'r');
4：          while(!feof($fp)){
5：            $line=fgets($fp);
6：            echo $line."<br>";
7：          }
8：          fclose($fp);
9：  }
10：?>
```

代码解释：

第 2 行，使用 file_exists() 函数判断文件 a.txt 是否存在，若是存在则执行代码第 3 行到第 9 行；

第 3 行，使用 fopen() 函数以只读方式打开文件 a.txt，返回句柄保存在变量 $fp 中；

第 4 行，使用 feof() 函数判断文件指针是否到达末尾，并将该判断结果作为循环语句 while 的条件，没有到达末尾，则循环条件成立，执行代码第 5 行和第 6 行，到达文件末尾，则循环条件不成立，结束。

第 5 行，从 $fp 所指文件中读出文件指针所指向的一行内容，保存在变量 $line 中；

第 6 行，输出 $line 中保存的内容，并在后面增加换行标记。

> 思考问题：
> 第 6 行代码是否可以使用代码 echo nl2br($line) 取代？

3. 写入文件—fwrite() 函数

文件打开之后，要向文件中写入内容，通常会取用 fwrite() 方法。

格式：fwrite($handle, $string [,$length])

参数：

handle：必需的，表示之前打开的文件句柄；

$string：必需的，表示要向文件中写入的内容；

$length：可选的，若是指定该参数，则写入的内容是 $string 串中前 $length 个字节的数据；若是 $length 超出了 $string 的长度，则将变量 $string 的内容全部写进去。

注意：该函数写完内容之后，并不换行。

小实例：创建页面文件 write.php，以写方式打开并创建文件 b.txt，向其中写入两行内容分别是“这是第一行内容”和“这是第二行内容”。

代码如下：

```
1：<?php
2：  $fp=fopen("b.txt","w");
3：  fwrite($fp," 这是第一行内容 ");
4：  fwrite($fp," 这是第二行内容 ");
5：  fclose($fp);
6：?>
```

上面代码执行后，b.txt 文件内容如图 9-1 所示。

图 9-1　b.txt 文件内容图示

问题分析：

b.txt 中内容为什么没有换行？如何解决该问题？若是在写入串的后面增加
 标记是否起作用？

问题解答：

因为 fwrite() 函数写完内容之后，不能自动换行，需要在写入内容的后面缀上能够在文本文件中起到回车作用的回车换行符 "\r\n"，即，需要将第 3 行和第 4 行代码修改为：

```
fwrite($fp," 这是第一行内容 \r\n");
fwrite($fp," 这是第二行内容 \r\n");
```

这里不能通过增加
 标记完成文件内容的换行，标记只能在浏览器环境下才能被解释执行，放在文本文件中只能显示为标记。

9.2 在线投票功能实现

图 9-2　中国最强音全国 12 强人气大比拼在线投票界面

图 9-2 是 2013 年某网站中评选中国最强音的在线投票页面。

在此我们以该页面的设计为例来介绍在线投票功能的实现过程。

说明，这种网页结构的设计可以比较随意，根据自己需要的页面宽度来设计一行中显示的图片数。我们在设计时会对图 9-2 中的页面做些调整，改为每行中显示 6 幅图，共显示两行，如图 9-3 所示。

图 9-3　需要实现的在线投票页面效果

9.2.1　简单在线投票功能实现

简单在线投票，是指任何用户登录到投票页面以后，都可以不受任何限制的进行任意次数的投票，复杂的控制过程将在 9.2.2 和 9.2.3 中介绍。

1. 页面布局结构与样式定义

整个页面内容包含在一个大盒子中，使用 class 类选择符 wdiv 定义，具体样式要求：宽度是 1080px，高度是 600px，填充是 0，上下边距是 0，左右边距为 auto；

每幅图片以及图片下方的票数、百分比、姓名等信息都放在一个小盒子中，使用 class 类选择符 ndiv 定义，具体样式要求：宽度是 160px，高度是 300px，填充是 0，上边距和右边距都是 0，下边距是 10px，左边距是 20px，向左浮动，盒子中的文本内容在水平方向居中，文本字号是 12pt；

盒子 ndiv 内部下方的文本有两行，使用两个段落标记控制，使用包含选择符 .ndiv p 定义段落的上边距为 5px，其他边距为 0；

盒子 ndiv 内部所有图片的边框都使用包含选择符样式 .ndiv img{border:0;} 设置为 0，这是因为在页面中所有图片都要做成供用户点击来投票的超链接形式，在大部分浏览器中，做成超链接热点的图片都会带上蓝色的边框，在页面效果中不太美观，将其设置为 0 即可解决该问题。

总结：整个页面的布局就是在作为父元素的盒子 wdiv 中分两行向左浮动共排列了 12 个子元素 ndiv。

2. 功能要求

这里创建的页面文件是 vote.php。

点击投票的页面效果，需要包含以下几个方面的功能：

（1）素材中的图片文件命名方式必须是有规律的，这里提供素材的主文件名都是“img+ 数字序号”的方式，数字序号从 0 开始，而扩展名则可以是 .jpg 或者 .gif，图片都要以超链接的形式存在。

（2）每幅图下面都要显示相应的得票数和姓名信息，这里还增加了该票数在总票数中的百分比。所有图片对应的姓名信息，需要使用一个数组来保存，保存时，姓名对应的下标必须与图片文件名中的序号是一致的。

（3）为了能够保存每幅图的得票数，做到即便是服务器突然出现故障，再度运行之后，也不会将原有票数全部清 0，必须要使用文本文件记录每幅图的票数，而不能使用简单的变量或者数组的形式来保存，简单的变量或数组存在的问题是，一旦页面重新运行，保存的数据都会不复存在，因为变量与数组的生存周期就是程序的一次运行时间；但是同样也没有必要选用复杂的数据库方式来保存，这样会使问题变得过于复杂。

在文本文件中，一幅图的票数占用一行，顺序与图片文件名称中的序号也要保持一致，这样方便进行票数的获取和更新操作。这里使用的文本文件是 vote.txt，文本文件可以不用事先创建，由参与投票的第一个用户在运行页面文件时创建，因此在文件代码开始必须要判断文本文件 vote.txt 是否存在，不存在则采用 fopen() 函数以只写方式打开来创建。

每个用户在打开页面时，程序都要将当前每幅图的票数从 vote.txt 文件中读取出来，在完成投票之后，再将最新结果重新写入 vote.txt 中。

（4）对于每幅图及其下面的票数和名字信息，都是通过 for 循环语句来输出的，这种设计方法，在图片随意增多或者减少时，可以方便地进行控制，而不需调整页面的内容。

例如，若是 for 循环变量的取值是 5，则输出的图片只能是 img5.jpg 或者是 img5.gif，到底是哪一个，要通过 file_exists() 函数判断文件是否存在之后来确定。同时控制输出存放姓名的数组元素的值，以及从文本文件 vote.txt 中读出的相应票数。

（5）点击每一幅图，都要向链接的页面文件 vote.php 提交这幅图对应的序号值，保证完成对这幅图的投票，同时可在页面中看到变化后的票数。

3. 页面代码

页面文件 vote.php 的代码如下：

（1）首部代码

```
1：<head>
2：<meta http-equiv="Content-Type" content="text/html; charset=gb2312" />
3：<title> 无标题文档 </title>
4：<style type="text/css">
5：  .wdiv{width:1080px; height:600px; padding:0; margin:0 auto;}
6：  .ndiv{width:160px; height:300px; padding:0; margin:0 0 10px 20px; float:left;
text-align:center; font-size:12pt; }
7：  .ndiv p{margin:5px 0 0;}
8：  .ndiv img{border:0;}
9：</style>
10：</head>
```

（2）页面主体代码

```
1：<body>
2：<div class="wdiv">
3：<?php
4：  $imgnum=12;
5：  $sum=0;
6：   $nameArr=array(' 刘明辉 ',' 林军 ',' 秦妮 ',' 陈一玲 ',' 刘瑞琦 ',' 艾怡良 ','
曾一鸣 ',' 金贵晟 ',' 尹熙水 ',' 新声驾到 ','HOPE',' 墨绿森林 ');
7：  if (!file_exists('vote.txt')){
8：      $fp=fopen('vote.txt','w');
9：      fclose($fp);
10：  }
11：  $fp=fopen('vote.txt','r');
12：  for ($i=0;$i<$imgnum;$i++){
13：      $count[$i]=fgets($fp);
14：      $count[$i]=$count[$i]+0;
15：      $sum=$sum+$count[$i];
16：  }
17：  fclose($fp);
18：  $vote=isset($_GET['vote'])?$_GET['vote']:'';
```

```
19： if ($vote!=''){$count[$vote]++; $sum++;}
20： for ($i=0;$i<$imgnum;$i++){
21：     if($sum!=0){
22：        $per=(round(($count[$i]/$sum)*100,2))."%";
23：     }
24：     else{
25：       $per="0%";
26：     }
27：     echo "<div class='ndiv'>";
28：     $img='images/img'.($i);
29：     if (file_exists($img.".jpg")){
30：              $img=$img.".jpg";
31：     }
32：     else{
33：              $img=$img.".gif";
34：     }
35：     echo "<a href='vote.php?vote=".($i)."'><img src='$img' width='160'
height='240'></a>";
36：     echo "<p>". $count[$i]."($per)";
37：     echo "<p>".$nameArr[$i];
38：     echo "</div>";
39： }
40： $fp=fopen('vote.txt','w');
41： for ($i=0;$i<$imgnum;$i++){
42：     fwrite($fp,$count[$i]."\r\n");
43： }
44： fclose($fp);
45：?>
46：</div></body>
```

代码解释

第 2 行和第 46 行，盒子 wdiv 的开始与结束，所有内容都在该盒子内部设置；

第 4 行，使用变量 $imgnum 保存这里需要投票的图片数，该变量将在页面中用于控制循环的次数；

第 5 行，定义 $sum 变量用来表示本页面中的总票数，初始值是 0，只要从文本文件 vote.txt 中读出一个票数，就要累加到该变量中，另外，只要某个图片的票数增加了，也要累加到该变量中；

第 6 行，定义数组 $nameArr，用于保存 12 幅图片对应的姓名信息；

第 7 行到第 10 行，第 7 行使用 file_exists() 函数判断 vote.txt 文件是否存在，如果不存在，则条件成立，接下来执行第 8 行代码，使用 fopen() 函数以只写方式打开文件 vote.txt，在打开时创建该文件，然后执行第 9 行代码，关闭打开的文件。也就是说，从第 7 行到第 10 行只完成创建文本文件 vote.txt 的任务；这一部分代码只有第一次运行本页面文件时因为文件 vote.txt 不存在而需要执行；

第 11 行，使用 fopen() 函数以只读方式打开文本文件 vote.txt；

第 12 行，定义 for 循环语句，直到 16 行结束，循环的次数由图片数决定；

第 13 行，每次循环都要使用 fgets() 函数从文件 vote.txt 中读取一行内容（即一幅图的票数），保存到相应的数组元素 $count[$i] 中；

第 14 行，从文本文件 vote.txt 中读出来的数字都是文本格式的，使用加 0 操作将其转换为数字值；

第 15 行，将读出来的每个票数值都累加到表示票数总和的变量 $sum 中；

第 17 行，读取文件结束之后，使用 fclose() 函数关闭 vote.txt 文件；

第 18 行，使用三元运算符表达式 isset($_GET['vote'])?$_GET['vote']:'' 判断 $_GET['vote'] 是否存在，若是存在，则说明用户已经在页面中通过点击图片进行投票，此时需要获取数组元素 $_GET['vote'] 中接收来的图片序号值，保存在变量 $vote 中，若用户没有投票，则要将 $vote 的值设置为空；

第 19 行，判断第 18 行设置的 $vote 变量的值是否为空，若不为空，则将 $vote 中保存的序号值作为数组 $count 的元素下标，在 $count[$vote] 保存的原来票数的基础上完成加 1 操作，同时要将保存总票数的变量 $sum 完成加 1 操作。

例如，假设页面是初次运行，所有图片下面的票数都是 0，第一个用户点了“秦妮”的图片进行投票，则变量 $vote 获取到的是数字 2，要把 $count[2] 元素值加 1，并且总票数也要增加 1，完成投票过程。

第 20 行到第 39 行，使用 for 循环结构完成页面中所有内容的计算与输出过程；

第 21 行到第 26 行，判断若是总票数不是 0，使用代码 round(($count[$i]/$sum)*100,2) 计算每幅图片的票数占总票数的百分比，结果采用四舍五入函数 round() 保留 2 位小数，最后连接上 % 字符，保存在变量 $per 中；若总票数 $sum 的值是 0，则所有票数占的百分比都使用 $per="0%" 设置为 0 即可；

第 27 行，输出内部的盒子 ndiv，第 38 行，结束盒子 ndiv；

以下对 28 行到 37 行代码的解释都假设当前循环变量 $i 的取值是 2；

第 28 行，根据循环变量 $i 的值 2，获取到要输出图片的路径和主文件名部分，保

存到变量 $img 中的内容是“images/img2”；

第 29 行到第 34 行，使用 file_exists() 函数判断文件 images/img2.jpg 是否存在，若是存在，则将 $img 变量的值修改为 images/img2.jpg，否则将 $img 变量的值修改为 images/img2.gif，这样做的目的是无论是 jpg 类型还是 gif 类型的图片都可以正常使用；

第 35 行，以宽度 160 像素、高度 240 像素输出图片，并将其作为超链接热点，设置超链接的文件是当前页面文件 vote.php，链接执行该文件时，使用键名 vote 将循环变量 $i 的值 2 传递到文件中，保证可以在重新执行的 vote.php 文件中通过第 18 行代码的 $_GET['vote'] 获取到数字 2；

第 36 行，在图片 img2.jpg 的下面使用段落标记，控制输出数组元素 $count[2] 中保存的与图片对应的票数和使用圆括号括起来的图片票数的百分比值；

第 37 行，继续在图片 img2.jpg 下面使用段落标记，控制输出数组元素 $nameArr[2] 中保存的与图片对应的姓名信息

第 39 行，以只写方式打开文件 vote.txt；

第 40 行到第 42 行，使用 for 循环结构，将保存在数组 $count 中的所有票数值逐行写入文件 vote.txt，也就是说，每个用户投票之后，都要将所有票数重新以覆盖方式写入到文本文件中；

第 44 行，关闭以写方式打开的文本文件。

9.2.2　使用 session 禁止反复投票

上面设计的实现简单投票功能的页面存在一个很严重的问题，任何用户打开页面之后，都可以任意点击超链接不断进行投票，为了避免这种问题，需要增加 session 机制的应用，禁止用户打开页面后反复进行投票。

1. 功能说明

在页面代码开始处使用 session_start() 函数启用 session；

当用户点击超链接投票、系统获取到投票的信息之后，设置系统数组元素 $_SESSION['voted']=1；

当用户试图再次点击超链接或者以刷新页面的方式继续投票时，将通过 isset($_SESSION['voted']) 判断数组元素是否存在，若是已经存在，则输出脚本代码提示用户已经投票不可再投，然后直接结束页面文件的执行。

2. 增加与修改的代码

（1）在页面文件 vote.php 开始的 <?php 定界符后面增加如下代码：

```
1：session_start();
2：if(isset($_SESSION['voted'])){
```

```
3：    echo "<script>";
4：    echo "alert(' 每个人只能投票一次，你已经投过票了 ');";
5：    echo "</script>";
6：    exit();
7：}
```

（2）在原 vote.php 第 19 行代码 if ($vote!=''){$count[$vote]++; $sum++;} 的花括号中增加代码 $_SESSION['voted']=1，生成系统数组元素。

代码解释：

第 6 行，函数 exit() 是结束文件 vote.php 运行过程的方法，一旦结束就不可以再通过刷新方法重新运行。

当用户重复投票时，页面的运行效果如图 9-4 所示。

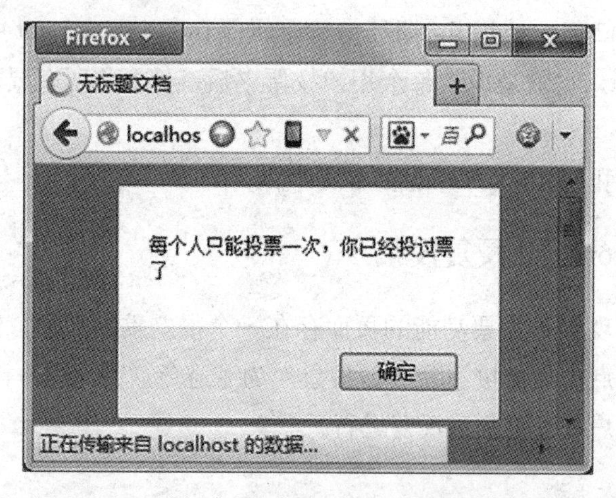

图 9-4　重复投票时出现的界面

说明：页面再次运行时，系统将输出脚本弹出消息框“每个人只能投票一次，你已经投过票了”，用户点击图 9-4 中的“确定”按钮后，系统运行 exit() 函数，整个窗口变为空白。

> 请大家尝试：
>
> 运行页面文件 vote.php，进行一次投票之后，在当前页面继续刷新或者再次点击超链接还能否继续投票？
>
> 关闭当前浏览器，重新打开之后再次运行，是否可以继续投票？
>
> 也就是说，使用 session 禁止重复投票的页面中存在什么问题？

9.2.3　使用 cookie 禁止重复投票

使用 session 时，在关闭浏览器后 session 会自动失效，session 在失效之后，创建的数组元素 $_SESSION['voted'] 就不复存在，因此只要用户重新打开浏览器窗口再次运行就可以继续投票。

使用 cookie 则可以解决上述问题，cookie 是用户浏览网站时，由服务器写入用户主机硬盘中的一个文本文件，其中保存了用户访问网站时的一些私有信息。当用户下一次再访问该网站时，网站的 PHP 文件就可以读取这些信息，用于进行各种判断。简而言之，cookie 是一种在本地浏览器端储存数据并以此来跟踪和识别用户的机制。

1. 创建 cookie

在 PHP 中创建 cookie 时需要使用 setcookie() 函数，语法格式如下：

setcookie(name,value,expire,path,domain,secure)

参数：

（1）name：必选的，设置 cookie 的名称。

（2）value：必选的，设置 cookie 的值。

（3）expire：可选的，设置 cookie 的有效期，这是一个 UNIX 时间戳，即从 UNIX 纪元开始的秒数。对于 expire 参数的设置一般通过当前时间戳 time() 加上相应的秒数来决定，例如 time()+1200 表示 cookie 将在 20 分钟之后失效，若是不设置 expire 参数，则 cookie 将在浏览器关闭时立即失效。

（4）path：可选的，表示 cookie 在服务器上的有效路径。默认值为设定 cookie 的当前目录。

（5）domain：表示 cookie 在服务器上的有效域名。例如，要是 cookie 在 example.com 域名下的所有子域都有效，参数应该设置为 .example.com。

（6）secure：表示 cookie 是否允许通过安全的 HTTPS 协议传输。

例如，setcookie("name","zhangmanli",time()+3600) 的作用是创建一个名称为 name、取值为 zhangmanli 的 cookie，该 cookie 的存活期是 1 个小时。

2. 访问 cookie

通过 setcookie() 函数创建的 cookie 作为数组元素，存放在系统数组 $_COOKIE 中，因此我们可以直接通过数组元素来访问已经创建的 cookie。例如，对于上面创建的 cookie，若是使用代码 echo $_COOKIE["name"];，将输出 zhangmanli。

上述说法同时说明，我们可以用 $_COOKIE["name"]="zhangmanli" 方式创建一个 cookie，但是这种 cookie 在会话结束时会消失。

3. 删除 cookie

使用 setcookie() 函数创建 cookie 时通常都会指定一个过期时间，如果到了过期时间，cookie 将会被自动删除，若是在过期之前想要删除 cookie，则可以使用 setcookie()

函数重新创建 cookie，将其过期时间设置为过去的时间，例如代码 setcookie("name","zhangmanli",time()-600) 即可将名称是 name 的 cookie 删除掉。

4. 使用 cookie 禁止重复投票

在 9.2.1 给定的 vote.php 代码中进行如下修改

（1）开始的 <?php 定界符后面增加如下代码：

```
1：session_start();
2：$sessionID=session_id();
3：if(isset($_COOKIE['voted'])){
4：  echo "<script>";
5：  echo "alert(' 每个人只能投票一次，你已经投过票了 ');";
6：  echo "</script>";
7：  exit();
8：}
```

代码解释：

第 2 行，使用 session_id() 函数获取服务器为当前用户产生的 session 的唯一标识值，使用变量 $sessionID 保存；

第 3 行，使用 isset() 函数判断数组元素 $_COOKIE['voted'] 是否存在，也就是判断名称为 voted 的 cookie 是否存在，若是存在，则执行第 4 行到第 7 行代码输出提示信息并结束程序的执行。

（2）在原 vote.php 第 19 行代码 if ($vote!=''){$count[$vote]++; $sum++;} 的花括号中增加如下代码：

```
$tm=3600*120;
setcookie("voted",$sessionID,time()+$tm);
```

上面代码生成名称是 voted 的 cookie，并且设置 cookie 的过期时间是 5 天。

说明，本页面中 cookie 的创建必须是在用户的一次投票完成之后，这样才能在下次想投票时用来做判断条件。

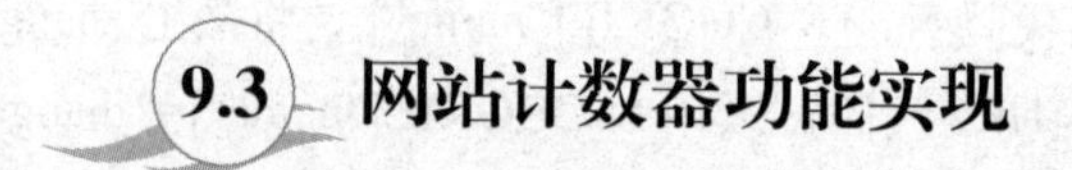

9.3 网站计数器功能实现

小实例：创建页面 wzjsq.php，在其中统计并输出本页面的访问总量和当日访问量，效果如图 9-5 所示。

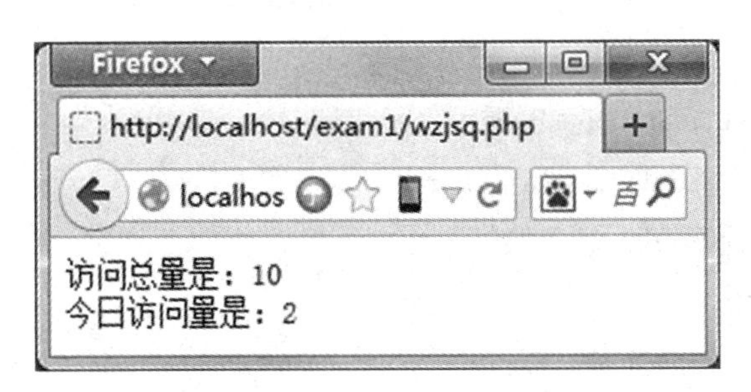

图 9-5　网站计数器运行效果

1. 功能说明

使用文本文件 counter.txt 保存需要的信息，包括三个，分别是：总访问量、今日访问量和用户访问网站时的日期。

保存日期的目的是读取出来之后，与系统的当前日期进行比较，若是相同，说明当前的用户与上一个用户是在同一天访问网站的，所以要将今日访问量加 1，否则说明当前的用户与上一个用户不是在同一天访问网站的，即当前用户是今天的第一个访客，需要将今日访问量设置为 1。

2. 页面代码

```
1：<?php
2：  if(!file_exists('counter.txt')){
3：       $fp=fopen('counter.txt','w');
4：       fclose($fp);
5：  }
6：  $fp=fopen('counter.txt','r');
7：  $sum=fgets($fp)+0;
8：  $todaycnt=fgets($fp)+0;
9：  $riqi=fgets($fp);
10： fclose($fp);
11： if ($sum==''){
12：      $sum=0; $todaycnt=0; $riqi=0;
13： }
14： $sum++;
15： $today=date('Y-m-d');
16： if($riqi==$today){ $todaycnt++;}
17： else {$todaycnt=1; }
18： $fp=fopen('counter.txt','w');
```

```
19： fwrite($fp,$sum."\r\n");
20： fwrite($fp,$todaycnt."\r\n");
21： fwrite($fp,$today);
22： fclose($fp);
23： echo " 访问总量是：$sum<br />";
24： echo " 今日访问量是：$todaycnt";
25：?>
```

代码解释：

第 2 行到第 5 行，判断文件 counter.txt 若是不存在，则以写方式打开来创建，创建完成后要关闭；

第 6 行到第 10 行，以读方式打开文件 counter.txt，使用 fgets() 函数从其中读出三行数据，对于访问量这样的数字型的数据，读出之后直接采用加 0 方式将其从文本数字转换为数值数字，对于读出的日期数据不做任何修改；

第 11 行到第 13 行，使用访问总量 $sum 作为判断条件，判断其取值若是空，则说明文件是刚刚创建出来，将表示访问总量的 $sum 变量和表示今日访问量的 $todaycnt 变量的值设置为 0，将日期 $riqi 也设置为 0 即可；

第 14 行，任何时候来的访客，都要使得变量 $sum 加 1；

第 15 行，针对当前访客，将其访问网站页面时的日期获取出来，保存在变量 $today 中；

第 16 行和第 17 行，判断 $today 中刚刚获取的日期和 $riqi 变量中的日期是否是一致的，若是一致的，说明上个访客和当前访客是在同一天访问网站的，将今日访问量加 1，否则说明当前访客是今天第一个访客，将今日访问量设置为 1；

第 18 行到第 22 行，以写方式打开文件 counter.txt，将访问总量、今日访问量和当前用户的访问日期信息写入文件中保存，考虑到 fwrite() 函数无法完成写入后的换行功能，需要在前两个值写入之后分别增加实现回车换行功能的“\r\n”字符；

第 23 行和第 24 行，分别输出访问总量和今日访问量。

问题分析：

(1) 第 19 行和第 20 行中，能否将 \r\n 使用的双引号改为单引号？为什么？

(2) 第 21 行中，能否在写入 $today 变量值后面也增加 \r\n？为什么？若是增加了，会有什么影响？在增加 \r\n 的基础上该如何修改其他代码？

问题解答：

(1) 不能将定界 \r\n 的双引号改为单引号，因为 PHP 对单引号不进行检查替换，会将单引号定界中的\r\n直接写入文本文件，而不是将其解释替换为回车功能。

（2）21 行写入 $today 变量值后面若是增加 \r\n，意味着在第 9 行读出日期时也要读出 \r\n，即若用户写进去的日期值是 2013-07-26，下一个用户读出来的将是 2013-07-26\r\n，任何时候这两个值都是不相等的，会导致程序出错；若是要增加 \r\n，则要修改第 9 行代码为 $riqi=fgets($fp, 10);，表示从当前行中读出前 10 个字符（日期值的长度）。

能力拓展：

若是要在页面中增加本年度、本月、本周的访问量统计，可以分别获取系统日期中的年度值、月份值和周次，连同存放相应访问量的变量值一起都保存到文件 counter.txt 中，功能的实现过程与确定今日访问量时基本是一致的。

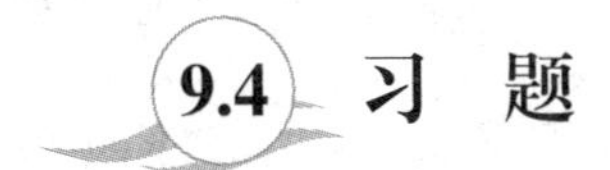

9.4 习　题

一、单项选择题

1. 代码 if (!file_exists('vote.txt')){ $fp=fopen('vote.txt','w');} 的作用是______

A. 若文件 vote.txt 不存在，则以写方式打开，同时向里面写内容

B. 若文件 vote.txt 不存在，则以只写方式打开，同时创建该文件

C. 若文件 vote.txt 存在，则以写方式打开

D. 若文件 vote.txt 不存在，则不进行任何操作

2. 关于 fgets() 函数，下面说法中正确的是______

A. 能够读取一行或者一行中指定个数的字符　　B. 能够跨段落读取

C. 只能读取一行，不能指定需要的字符个数　　D. 以上说法都不正确

3. 关于 fwrite() 函数，下面说法正确的是______

A. 写入内容后自动换行

B. 可以使用 fwrite($fp,'abc\r\n') 完成写入后的换行

C. 可以使用 fwrite($fp,"abc\r\n") 完成写入后的换行

D. 任何时候都不能换行

二、填空题

1. 用于打开服务器端文件的函数是______________，设置以只读方式打开时使用的参数值是______________。

2. 创建 cookie 的函数是______________，访问 cookie 时使用的系统数组是______________。

第三部分　提高篇

任务十　注册表单的复杂数据验证

- 使用正则表达式判断输入邮件地址的合法性
- 使用正则表达式判断密码的强弱
- 使用正则表达式判断输入手机号的合法性
- 使用元素的 innerHTML 属性设置元素中显示的内容

- 正则表达式的定义与使用
- 错误提示信息的显示

在 163 邮箱注册界面中，表单数据验证的功能很复杂，需要使用正则表达式进行各种精确的验证过程，以下从邮件地址的验证、密码的验证与密码强弱判断、手机号的验证几个方面分别进行说明。

10.1　整个页面的样式代码和页面文件代码

采用复杂的验证方式时，打开页面的初始运行效果与任务五中的完全相同，但是页面中的样式定义和页面内容的定义都需要比任务五中完成的复杂一些。

10.1.1 样式代码

创建样式文件 zhuce.css，代码如下：

```
1：.divshang{ width:965px; height:55px; padding:0px; margin:0 auto; background:url(images/wbg_shang.JPG);}
2：.divzhong{ width:965px; height:auto; padding:40px 0px 0px; margin:0 auto; background:url(images/wbg_zhong.JPG) repeat-y;}
3：.divxia{ width:965px; height:15px; padding:0px; margin:0 auto; background:url(images/wbg_xia.JPG);}
4：.divzhong table td{height:60px;}
5：.divzhong table .td1{ width:150px; font-size:12pt; text-align:right; vertical-align:top;}
6：.divzhong table .td2{ width:450px; font-size:10pt; line-height:12pt; color:#666; text-align:left; vertical-align:top;}
7：#psd1,#psd2,#phoneno{width:320px;}
8：#emailaddr,#useryzm{width:220px;}
9：.sp1{text-decoration:underline; color:#00f; cursor:pointer;}
10：p{ margin:5px 0 10px;}
11：#emailerr{width:323px; height:98px; padding:0; margin:0 0 5px; background:url(images/divbg.jpg); font-size:12pt; color:#f00; line-height:98px; text-align:center; font-weight:bold; display:none;}
12：#psd1err,#psd2err,#phonenoerr{font-size:10pt; color:#f00; display:none;}
13：#psd1qr{font-size:10pt; color:#009933; display:none;}
```

代码说明：

第 11 行定义的 id 选择符 emailerr 是为了在输入邮件地址不符合要求时显示错误提示信息做准备的；

第 12 行定义的 id 选择符 psd1err、psd2err 和 phonenoerr 分别是为了在输入密码、确认密码和手机号不符合要求时显示错误提示信息做准备的；

第 13 行定义的 id 选择符 psd1qr，是为了显示输入密码的强弱做准备的。

10.1.2 页面内容代码

创建页面文件 zhuce.html，代码如下：

```
1：<body>
2：<div class="divshang"></div>
3：<div class="divzhong">
4：  <form method="post" onsubmit="return validate();">
5：     <table width="600" border="0" align="center" cellpadding="0" cellspacing="0">
6：       <tr><td class="td1">* 邮件地址 </td>
7：         <td class="td2">
8：           <input name="emailaddr" type="text" id="emailaddr" onblur="emailCheck();" onfocus="emailFocus();" />
9：         <span style="font-size:10pt; color:#000;">@163.com</span>
10：        <p id="pemail">6~18 个字符，包括字母、数字、下划线，字母开头、字母或数字结尾 </p>
11：       <div id="emailerr"></div></td></tr>
12：     <tr><td class="td1">* 密码 </td>
13：        <td class="td2"><input name="psd1" type="password" id="psd1" onblur="psd1Check();psdQr()" onfocus="psd1Focus()" />
14：        <p id="ppsd1">6~16 个字符，区分大小写 </p>
15：        <p id="psd1err"> 密码必须是 6~16 个字符 </p>
16：        <p id="psd1qr"></p></td></tr>
17：     <tr><td class="td1">* 确认密码 </td>
18：         <td class="td2"><input name="psd2" type="password" id="psd2" onblur="psd2Check()" onfocus="psd2Focus()" />
19：         <p id="ppsd2"> 请再次输入密码 </p>
20：         <p id="psd2err"> 两次输入密码必须相同 </p></td></tr>
21：         <tr><td class="td1"> 手机号码 </td>
22：        <td class="td2"><input name="phoneno" type="text" id="phoneno" onblur="phonenoCheck()" onfocus="phonenoFocus()" />
23：          <p id="pphoneno"> 密码遗忘或被盗时，可通过手机短信取回密码 </p>
24：         <p id="phonenoerr"> 手机号不符合要求 </p></td></tr>
25：     <tr><td class="td1">* 验证码 </td>
26：         <td class="td2"><input name="useryzm" type="text" id="useryzm"
```

```
onfocus="this.value=';" />
27:            <img src="yzm.php" name="yzmimg" id="yzmimg" align="top" /><br
/> 请输入图片中的字符 <span class="sp1"> 看不清楚？换一张 </span></td>
28:      </tr>
29:      <tr><td class="td1"> </td>
30:          <td class="td2"><input type="submit" name="Submit" value=" 立即注
册 " /></td></tr></table>
31:   </form>
32: </div>
33: <div class="divxia"></div>
34: </body>
```

代码解释：

第 6 行到第 11 行，设计邮件地址相关的内容，初始状态时显示的提示信息使用 id 选择符 pemail 控制。

输入数据不符合要求时要显示的错误提示信息使用 id 选择符 emailerr 控制，初始状态时，该盒子中没有设置具体内容，要显示的内容将使用脚本代码根据具体的问题来设置。若是用户名的长度不符合要求，将在其中显示“邮件地址必须在 6~18 个字符之间”；若用户名中包含了字母、数字、下划线之外的字符，则在其中显示“邮件地址只能包含字母、数字和下划线”，若用户名不是以字母开始的，则在其中显示“邮件地址必须以字母开始”。

第 12 行到第 16 行，设计密码相关的内容，初始状态时显示的提示信息使用 id 选择符 ppsd1 控制；输入密码不符合要求时要显示的错误提示信息使用 id 选择符 psd1err 控制；密码输入完成之后要显示的密码强弱信息使用 id 选择符 psd1qr 控制。

第 17 行到第 20 行，设计确认密码相关的内容，初始状态时显示的提示信息使用 id 选择符 ppsd2 控制；输入确认密码不符合要求时要显示的错误提示信息使用 id 选择符 psd2err 控制。

第 21 行到第 24 行，设计手机号相关的内容，初始状态时显示的提示信息使用 id 选择符 pphoneno 控制，输入手机号不符合要求时要显示的错误提示信息使用 id 选择符 phonenoerr 控制。

10.2 邮件地址的验证

1. 邮件地址验证要求

邮件地址部分初始状态显示效果如图 10-1 所示。

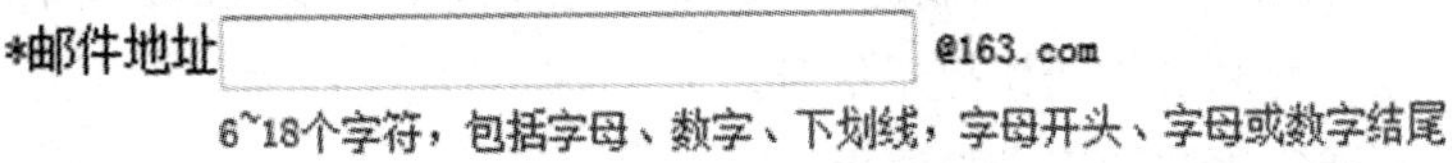

*邮件地址 @163.com

6~18个字符，包括字母、数字、下划线，字母开头、字母或数字结尾

图 10-1　邮件地址初始状态显示效果

整个验证过程包含三个步骤：

第一步，判断用户输入的邮件地址是否满足 6~18 个字符长度，若是不满足，则出现如图 10-2 所示的错误提示信息。

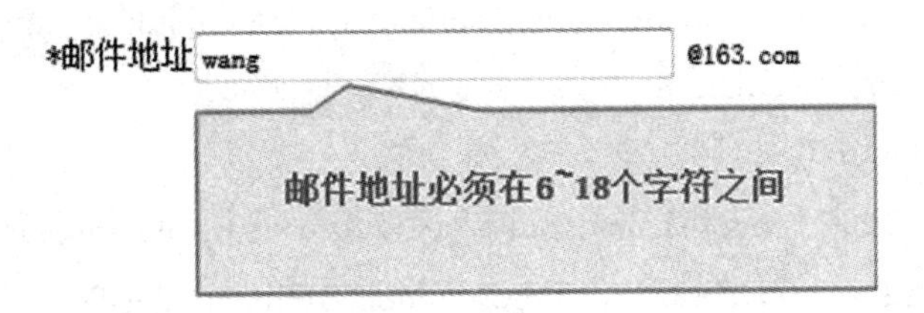

图 10-2　邮件地址长度不满足的错误提示信息

在图 10-2 中显示错误提示信息时，将图 10-1 中所示的输入提示信息隐藏。

第二步，若用户输入的字符个数符合要求，则进一步判断用户输入的第一个字符是否是非字母字符，若是，则出现图 10-3 所示的错误提示信息。

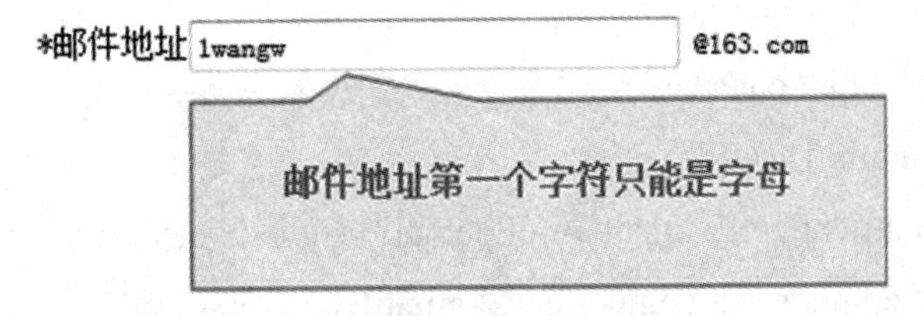

图 10-3　第一个字符不是字母的错误提示信息

第三步，若用户输入的邮件地址字符个数和第一个字符都符合要求，则进一步判断其中是否出现了字母数字下划线之外的字符，若是出现非法字符，则出现图 10-4 所示的错误提示信息。

图 10-4　输入非法字符后的错误提示信息

上述验证过程都是在用户输入完数据，鼠标离开文本框时进行的

任何时候，只要用户将光标放进 emailaddr 文本框中，都只能显示图 10-1 中所示的普通提示信息，隐藏各种错误提示信息。

2.emailCheck() 函数的定义与调用

在 zhuce.js 文件中创建函数 emailCheck()，用于实现上面提到的三种验证要求，代码如下：

```
1:  function emailCheck(){
2:          var email=document.getElementById('emailaddr').value;
3:    var len=email.length;
4:     if(len<6 || len>18){
5:        document.getElementById('pemail').style.display='none';
6:        var emailerr=document.getElementById('emailerr');
7:        emailerr.innerHTML=' 邮件地址必须在 6~18 个字符之间 ';
8:        emailerr.style.display='block';
9:        return false;
10:   }
11:   var ptrnname1=/[^a-zA-Z]/;
12:   var ch=email.charAt(0);
13:   if(ptrnname1.test(ch)) {
14:       document.getElementById('pemail').style.display='none';
15:       var emailerr=document.getElementById('emailerr');
16:       emailerr.innerHTML=' 邮件地址第一个字符只能是字母 ';
17:       emailerr.style.display='block';
18:       return false;
19:   }
20:   var ptrnname2=/\W/;
21:   if(ptrnname2.test(email)) {
```

```
22:        document.getElementById('pemail').style.display='none';
23:        var emailerr=document.getElementById('emailerr');
24:        emailerr.innerHTML=' 邮件地址只能包含字母数字和下划线 ';
25:        emailerr.style.display='block';
26:        return false;
27:    }
28: }
```

代码解释：

第 2 行，获取用户在文本框 emailaddr 中输入的邮件地址内容，保存在变量 email 中。

第 3 行，获取 email 中用户输入的邮件地址的长度，保存在变量 len 中。

第 4 行到第 10 行，对于用户输入邮件地址的长度进行判断，判断 len 中保存内容的长度值是否在 6 到 18 个字符之间，若是不在，则执行代码第 5 行到第 10 行。

第 5 行，显示错误提示信息之前，先将初始状态显示的提示信息 pemail 隐藏。

第 6 行，获取用于显示错误提示信息的盒子元素 emailerr。

第 7 行，使用 innerHTML 属性设置盒子 emailerr 中要显示的内容是当前的错误提示信息。

第 8 行，设置盒子 emailerr 为显示状态。

第 9 行，返回 false，函数执行结束。

第 11 行，设置正则表达式 /[^a-zA-Z]/，保存在变量 ptrnname1 中，两个斜杠 / 分别表示正则式的开始与结束，是必须的定界符，方括号和内部开始的符号 ^ 表达的意思是不在方括号中指定的字符，正则式 /[^a-zA-Z]/ 的规则是若指定的字符不在 a-zA-Z 范围内，就符合要求。

第 12 行，使用脚本中的字符串函数 charAt(0) 获取字符串 email 中的第一个字符，保存在变量 ch 中。

第 13 行，使用正则表达式的 test() 函数检测 email 中的第一个字符 ch 是否满足正则表达式 /[^a-zA-Z]/ 的规则，若是满足，说明用户输入的第一个字符不是英文字母，执行代码第 14 行到第 18 行进行处理。

第 14 行，显示错误提示信息之前，先将初始状态显示的提示信息 pemail 隐藏。

第 15 行，获取用于显示错误提示信息的盒子元素 emailerr。

第 16 行，使用 innerHTML 属性设置盒子 emailerr 中要显示的内容为当前需要的错误提示信息。

第 17 行，设置盒子 emailerr 为显示状态。

第 18 行，返回 false，结束函数的执行过程。

第 20 行，定义正则表达式 /\W/，保存在变量 ptrnname2 中，该正则式指定的规则是字符不在字母数字和下划线范围之内才符合要求。

第 21 行，使用正则表达式的 test() 函数检测用户输入的邮件地址 email 中是否包含 ptrname2 所定义的字符，若是包含，就说明有非法字符存在，执行代码第 23 行到第 26 行，隐藏输入提示信息，设置并显示错误提示信息。

函数调用

当用户将光标从文本框 emailaddr 中离开时，调用函数 emailCheck()，所以在 zhuce.html 代码第 8 行中使用了代码 onblur="emailCheck();" 调用函数。

3. emailFocus() 函数的定义与调用

在 zhuce.js 文件中创建函数 emailFocus()，当用户将光标放入文本框 emailaddr 中时，调用该函数，将错误提示信息层 emailerr 隐藏起来，将原来的输入提示信息 pemail 显示出来。代码如下：

```
1：function emailFocus(){
2：      document.getElementById('emailerr').style.display='none';
3：      document.getElementById('pemail').style.display='block';
4：}
```

函数调用

在 zhuce.html 代码第 8 行生成邮件地址的文本框中输入代码 onfocus="emailFocus();" 完成函数的调用过程。

10.3 密码验证与密码强弱的判断

1. 密码验证要求

初始状态时，显示的密码相关内容如图 10-5 所示。

*密码

6~16个字符，区分大小写

图 10-5　页面初始状态显示的密码相关信息

对于密码内容的合法性验证包含两个部分，一部分是判断输入的密码字符个数是否在 6 到 16 个字符之间，定义函数 psd1Check() 来实现；另一部分是判断并显示输入密码的强弱，定义函数 psdQr() 来实现，无论输入的密码字符个数是否符合要求，只要光标离开了密码框 psd1，就一定会调用 psdQr() 函数显示当前的密码强弱。

若是输入了密码字符 1234，则页面运行效果如图 10-6 所示。

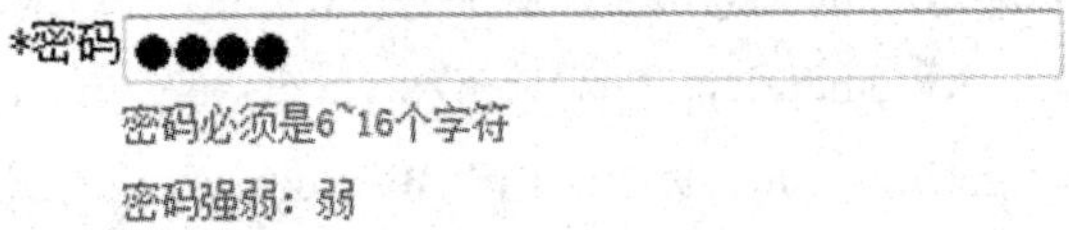

*密码 ●●●●
密码必须是6~16个字符
密码强弱：弱

图 10-6　输入密码不符合要求的错误提示信息

若是用户输入了密码字符 ah$12W，则页面运行效果如图 10-7 所示。

*密码 ●●●●●●
密码强弱：强

图 10-7　密码字符个数符合要求的运行效果

当用户将光标放进密码框 psd1 中时，需要调用函数 psd1Focus()，将图 10-6 或者 10-7 中的信息隐藏，显示效果恢复为图 10-5 所示内容。

2. 函数 psd1Check() 和 psd1Focus() 的定义与调用

（1）函数 psd1Check() 代码如下：

```
1：function psd1Check(){
2：      var psd1=document.getElementById('psd1').value;
3：      len=psd1.length;
4：      if(len<6 || len>16){
5：         document.getElementById('ppsd1').style.display='none';
6：         document.getElementById('psd1err').style.display='block';
7：       }
8：}
```

代码解释：

第 2 行，获取用户在密码框 psd1 中输入的密码字符内容。

第 3 行，获取密码字符的个数。

第 4 行，判断密码长度若是不在 6 到 16 个字符之间，就显示错误提示信息 psd1err，隐藏输入提示信息 ppsd1。

函数调用：

当用户将光标离开密码框 psd1 时调用函数 psd1Check()，所以在 zhuce.html 代码第 13 行生成密码框的标记中使用代码 onblur="psd1Check();" 调用函数。

（2）函数 psd1Focus() 的代码如下：

```
1: function psd1Focus(){
2:     document.getElementById('ppsd1').style.display='block';
3:     document.getElementById('psd1err').style.display='none';
4:     document.getElementById('psd1qr').style.display='none';
5: }
```

代码解释：

显示初始状态的提示信息 ppsd1，隐藏错误提示信息 psd1err 和密码强弱信息 psd1qr。

函数调用：

当用户将光标放进密码框 psd1 时调用函数 psd1Focus()，所以在 zhuce.html 代码第 13 行生成密码框的标记中使用代码 onfocus="psd1Focus()" 调用函数。

3. 密码强弱的判断

输入密码时，可以包含的字符有数字 0-9、大写英文字母 A-Z、小写英文字母 a-z 和特殊字符 !@#$%^&*。

密码强弱的判断结果一共包含三种情况：若是密码字符只包含上面四种字符中的一种，则定为弱，若是包含了上面四种字符中的任意两种或者三种字符，则定为中，若是包含了上面四种字符，则定为强。

在 zhuce.js 文件中定义函数 psdQr()，代码如下：

```
1: function psdQr(){
2:     var psd1=document.getElementById('psd1').value;
3:     var ptrn1=/\d/;
4:     var ptrn2=/[a-z]/;
5:     var ptrn3=/[A-Z]/;
6:     var ptrn4=/[!@#$%^&*]/;
7:     res1=0;res2=0;res3=0;res4=0;
8:     if(ptrn1.test(psd1)){res1=1;}
9:     if(ptrn2.test(psd1)){res2=1;}
10:    if(ptrn3.test(psd1)){res3=1;}
11:    if(ptrn4.test(psd1)){res4=1;}
12:    res=res1+res2+res3+res4;
13:    if(res==1){
```

```
14:     document.getElementById('ppsd1').style.display='none';
15:     var psd1qr=document.getElementById('psd1qr');
16:     psd1qr.innerHTML=' 密码强弱：弱 ';
17:     psd1qr.style.display='block';
18:  }
19:  if(res==2 || res==3){
20:     document.getElementById('ppsd1').style.display='none';
21:     var psd1qr=document.getElementById('psd1qr');
22:     psd1qr.innerHTML=' 密码强弱：中 ';
23:     psd1qr.style.display='block';
24:  }
25:  if(res==4){
26:     document.getElementById('ppsd1').style.display='none';
27:     var psd1qr=document.getElementById('psd1qr');
28:     psd1qr.innerHTML=' 密码强弱：强 ';
29:     psd1qr.style.display='block';
30:  }
31: }
```

代码解释：

第 2 行，获取用户在密码框 psd1 中输入的密码字符。

第 3 行，定义正则表达式 /\d/，使用变量 ptrn1 保存，数字 0-9 符合该正则式的规则。

第 4 行，定义正则式 /[a-z]/，使用变量 ptrn2 保存，小写字母 a-z 符合该正则式的规则。

第 5 行，定义正则式 /[A-Z]/，使用变量 ptrn3 保存，大写字母 A-Z 符合该正则式的规则。

第 6 行，定义正则式 /[!@#$%^&*]/，使用变量 ptrn4 保存，特殊字符符合该正则式的规则。

第 7 行，定义四个变量 res1、res2、res3 和 res4，初值都设置为 0，若是用户在密码框中输入了数字字符，则设置 res1 为 1，若输入了小写字符，则设置 res2 为 1，若输入了大写字符，则设置 res3 为 1，若输入了特殊字符，则设置 res4 为 1。

第 8 行，使用正则式 ptrn1 和 test() 函数测试 psd1 中是否有数字，有则设置 res1=1。

第 9 行，使用正则式 ptrn2 和 test() 函数测试 psd1 中是否有小写字母，有则设置 res2=。

第 10 行，使用正则式 ptrn3 和 test() 函数测试 psd1 中是否有大写字母，有则设置 res3=1。

第 11 行，使用正则式 ptrn4 和 test() 函数测试 psd1 中是否有指定的特殊字符，有则设置 res4=1。

第 12 行，将 res1、res2、res3 和 res4 中的值加起来，结果保存在变量 res 中。

第 13 行，判断 res 的值是否是 1，是 1 则说明在给定的四种字符中只出现了一种字符，执行代码第 14 行到第 17 行，在 psd1qr 中使用 innerHTML 属性设置要显示的内容为“密码强弱：弱”。

第 19 行，判断 res 的值是否是 2 或者 3，若是，则说明在给定的四种字符中出现了两种或三种字符，执行代码第 20 行到第 23 行，在 psd1qr 中使用 innerHTML 属性设置要显示的内容为“密码强弱：中”。

第 25 行，判断 res 的值是否是 4，是 4 则说明给定的四种字符都出现了，执行代码第 26 行到第 29 行，在 psd1qr 中使用 innerHTML 属性设置要显示的内容为“密码强弱：强”。

函数调用：

当用户将光标离开密码框 psd1 时调用函数 psdQr，所以在 zhuce.html 代码第 13 行生成密码框的标记中代码 onblur="psd1Check();" 的引号内部增加函数 psdQr()。

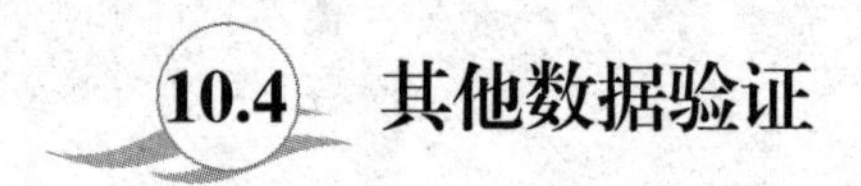

10.4 其他数据验证

10.4.1 确认密码验证

1. 确认密码验证要求

确认密码在初始状态时显示效果如图 10-8 所示。

*确认密码

请再次输入密码

图 10-8 初始状态的确认密码运行效果

若是输入的确认密码与密码不同，则显示图 10-9 所示的错误提示信息。

*确认密码 ●●●●●●●

两次输入密码必须相同

图 10-9 确认密码输入错误时的提示信息

实现上述功能需要定义函数 psd2Check() 来完成；

无论何时，只要用户将光标放入确认密码框 psd2 中时，都会显示图 10-8 所示的界面，这需要通过定义函数 psd2Focus() 来实现。

2. 函数 psd2Check() 和函数 psd2Focus() 的定义与调用

（1）函数 psd2Check() 代码如下

```
1：function psd2Check(){
2：    var psd1=document.getElementById('psd1').value;
3：    var psd2=document.getElementById('psd2').value;
4：    if(psd2!=psd1){
5：      document.getElementById('ppsd2').style.display='none';
6：      document.getElementById('psd2err').style.display='block';
7：    }
8：}
```

函数调用

当用户将光标从确认密码框 psd2 中离开时，调用函数 psd2Check()，所以在 zhuce.html 页面文件第 18 行生成确认密码框的标记中使用代码 onblur="psd2Check()" 调用函数。

（2）函数 psd2Focus() 代码如下：

```
1：function psd2Focus(){
2：    document.getElementById('psd2err').style.display='none';
3：    document.getElementById('ppsd2').style.display='block';
4：}
```

函数调用：

当用户将光标放入确认密码框 psd2 中时，调用函数 psd2Focus()，所以在 zhuce.html 页面文件第 18 行代码生成确认密码框的标记中使用代码 onfocus="psd2Focus()" 调用函数。

10.4.2　手机号验证

1. 手机号验证要求

手机号部分在初始状态的运行效果如图 10-10 所示。

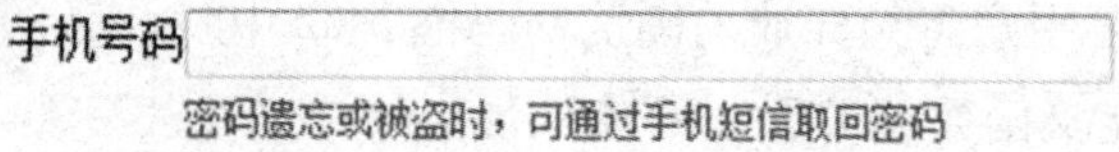

手机号码

密码遗忘或被盗时，可通过手机短信取回密码

图 10-10 手机号初始状态的运行效果

手机号的实际格式是一共由 11 位数字组成，必须以数字 1 开始，第二个数字可以是 3、4、5 或者 8，后面 9 位数字任意。若用户输入的手机号不符合实际手机号的格式，则显示图 10-11 所示的错误提示信息。

手机号码 12356743456

手机号不符合要求

图 10-11 手机号输入不符合要求的提示信息

实现上面功能需要定义函数 phonenoCheck() 完成。

无论何时，用户将光标放入文本框 phoneno 中时，都会显示图 10-10 所示的界面，这需要定义函数 phonenoFocus() 实现。

2. 函数 phonenoCheck() 和 phonenoFocus() 的定义与调用

（1）函数 phonenoCheck() 代码如下

```
1：function phonenoCheck(){
2：    var phoneno=document.getElementById('phoneno').value;
3：    var ptrn=/^1[3|4|5|8]\d{9}$/;
4：    if(!ptrn.test(phoneno)){
5：        document.getElementById('pphoneno').style.display='none';
6：        document.getElementById('phonenoerr').style.display='block';
7：    }
8：}
```

代码解释：

第 3 行，定义正则表达式 /^1[3|4|5|8]\d{9}$/，该正则表达式的意义是，使用 ^ 规定第一个字符必须是数字 1，对于第二个字符，则必须是方括号中指定的 3、4、5 或者 8 中的一个，后面 9 个字符必须都是 \d 规定的数字 0-9，最后的 $ 符号表示 11 个数字之后必须要结束，多了不可以，少了也不行。

> 思考问题：
>
> 若是该正则式的最后没有 $，会出现什么问题？

问题解答：

若是少了 $ 符号，说明整个手机号的长度没有通过正则式进行限制，此时用户在符合要求的手机号后面可以增加任意内容，都不会出现错误提示。

函数调用：

当用户将光标从文本框 phoneno 中离开时调用函数 phonenoCheck()，所以在 zhuce.html 文件第 22 行生成手机号文本框的标记中使用代码 onblur="phonenoCheck();" 调用函数。

（2）函数 phonenoFocus() 代码如下

```
1：function phonenoFocus(){
2：      document.getElementById('phonenoerr').style.display='none';
3：      document.getElementById('pphoneno').style.display='block';
4：}
```

函数调用：

当用户将光标放入文本框 phoneno 中时调用函数 phonenoFocus ()，所以在 zhuce.html 文件第 22 行生成手机号文本框的标记中使用代码 onfocus="phonenoFocus();" 调用函数。

10.4.3　提交表单数据时的验证

在上面定义的验证函数 emailCheck()、psd1Check()、psd2Check()、phonenoCheck() 都是在输入相应信息离开文本框或者密码框之后完成调用过程，若是用户没有输入数据或者输入的数据不符合要求，就点击“立即注册”按钮提交注册数据，这种情况下，系统也必须能够阻止数据的提交过程，并显示相应的错误提示信息。

在 zhuce.js 文件中定义函数 validate()，代码如下：

```
1：function validate(){
2：      return emailCheck();
3：      return psd1Check();
4：      return psd2Check();
5：      return phonenoCheck();
6：}
```

代码说明：

第 2 行到第 5 行，调用已经定义好的函数时，前面的 return 不可或缺，表示要将每个函数返回的 false 结果再作为函数 validate() 的返回值。

在 zhuce.html 第 4 行代码 <form> 标记中使用 onsubmit="return validate();" 调用函数即可。

任务十一 复杂的附件添加与处理方法

主要知识点

- HTML DOM 概念
- 使用脚本实现页面节点的创建与复制
- 使用脚本实现元素子节点的添加与删除
- PHP 中几个常用的字符串操作函数

难 点

- 使用脚本实现页面节点的创建与复制
- 使用脚本实现元素子节点的添加与删除
- PHP 中几个常用的字符串操作函数

复杂的附件添加是指，在写邮件界面中，点击文本“添加附件”后，在不显示文件域元素的情况下，直接完成附件的添加，并且将已经添加的附件的名称和大小信息显示在写邮件界面中。如图 11-1 所示。

在图 11-1 中，点击文本“添加附件”即可打开选择文件的界面，选择附件文件之后，直接将附件文件保存到服务器端指定的文件夹中，并且在处理之后将附件的名称和大小等信息显示在写邮件界面中，效果如图 11-2 所示。

图 11-1 用于添加附件的页面效果

图 11-2 添加附件之后的界面效果

在图 11-2 中显示的附件名称后面同时显示了附件的大小信息，点击右侧的“删除”文本，即可实现附件的删除功能。

11.1 设计“添加附件”页面

显示在页面中的“添加附件”文本实际上是一个独立页面文件的内容，笔者使用的页面文件名称是 up.php，该页面作为浮动框架子页面嵌入在 writeemial.php 页面中。

在页面 up.php 中包含了两部分的内容：第一部分是设计选择附件的界面；第二部分是附件文件的上传与处理。

11.1.1 选择附件的界面设计

1. 界面设计要求

为了容易控制文本“添加附件”和文件域元素的位置，要将文件 up.php 的页面边距定义为 0。

在页面 up.php 中需要两个页面元素，分别是文件域元素和“添加附件”文本。

“添加附件”文本的设计很简单，使用 <span>…</span> 标记定界后定义文本的样式为：字号为 10pt，文本的行高是 15 像素，文本颜色为蓝色，带有下划线。

这里所说的点击文本“添加附件”实现附件的添加过程，在实际操作中点击的是表单元素“文件域”的“浏览”按钮；采用的做法是将“浏览”按钮放在了文字“添加附件”的前面，且被设为透明的，所以用户看到的只有“添加附件”这些文字，完成这种设计的关键是文件域元素的样式定义。

在 up.php 文件中插入表单，设计 name 和 id 是 file1 的文件域元素，使用 id 选择符 file1 定义文件域元素的样式，样式要求如下：

（1）高度是 15px，与“添加附件”文本的行高一致。

（2）使用滤镜 filter:alpha 设置文件域元素的透明效果，在 IE 浏览器中要使用样式代码 filter:alpha(opacity=0); 设置，而在火狐浏览器中则要使用样式代码 opacity:0; 设置，为了保证在各种浏览器中都起作用，这两种样式同时定义即可。

（3）要做到文件域元素与“添加附件”文本的层叠显示效果，需要将文件域元素进行绝对定位，这是因为绝对定位的元素能够放在其他元素的前面或后面，绝对定位之后，要保证在“添加附件”文本的位置正好是文件域元素中的“浏览”按钮，所以定位时要将文件域元素中的文本框部分移动到浏览器窗口边框里面，保证“浏览”按钮的位置与“添加附件”文本一致，使用绝对定位的横坐标为 -160 像素进行设置，纵坐标设置为 0 即可，将 z-index 设置为 2，保证将文件域元素显示在文本“添加附件”的前面。

（4）使用代码 cursor:pointer; 将鼠标指针设为手状。

2. 样式代码与页面元素代码

（1）内嵌样式代码如下：

```
<style type="text/css">
 body{margin:0;}
 #file1{height:15px; filter:alpha(opacity=0); opacity:0; position:absolute; top:0px;
left:-160px; z-index:2; cursor:pointer;}
 .sp1{font-size:10pt;line-height:15px; color:#00f; text-decoration:underline;}
</style>
```

（2）页面元素代码代码如下

```
1：<form action="" method="post" enctype="multipart/form-data" name="form1" id="form1">
2：    <input name="file1" type="file" id="file1" />
3：</form>
4：<span class="sp1"> 添加附件 </span>
```

11.1.2 表单界面内容与数据处理功能的合并

1. 使用 submit() 方法提交表单数据

在页面 up.php 中点击“添加附件”实现文件上传时，表单中只包含了一个文件域元素，不存在用于提交数据的 submit 类型的按钮，也就是说为文件域选择了文件之后，不需要点击按钮来提交数据，而是要使用表单的 submit() 方法来提交数据。

项目中，当文件域元素的文本框内容发生变化时应用 submit() 方法。用户点击“添加附件”文本选择文件之后，在文件域元素的文本框中会显示文件的信息，这就意味着文本框的内容发生了变化，此时会触发文本框的 onchange 事件，因此只需要在文件域元素标记内部使用代码 onchange= “document. 表单名称 .submit();” 即可完成数据的提交。

修改 up.php 文件代码，在 <input name="file1" type="file" id="file1" /> 标记内部增加代码 onchange="document.form1.submit();" 实现数据上传。

2. 获取并处理上传的文件

在 up.php 文件中同时包含了表单界面的设计和表单数据提交之后的处理功能，这要求在数据提交之前不允许执行数据处理功能，否则会出现错误提示。

在前面的章节中，我们已经介绍了 isset() 函数的功能及用法，这里仍旧需要使用该函数判断数据是否已经提交，即判断系统数组元素 $_FILES['file1'] 是否已经被设置，若已经设置，则说明数据已经提交，即可执行数据处理部分的代码。

在上面已经完成的 up.php 页面元素代码第 4 行之后增加如下代码，完成附件文件的上传与处理：

```
1：<?php
2：  if (isset($_FILES['file1']))
3：  {
4：        $fname=$_FILES['file1']['name'];
```

```
5：        $fsize=round($_FILES['file1']['size']/1024,2)."kb";
6：        $ftype=$_FILES['file1']['type'];
7：        $ftmpname=$_FILES['file1']['tmp_name'];
8：        $rndNum=mt_rand(0,100000);
9：        $fname="($rndNum)$fname";
10：       move_uploaded_file($ftmpname,"upload/".$fname);
11：   }
12：?>
```

代码解释：

为了防止不同用户上传的相同名称的附件互相冲突，第 8 和第 9 行代码中继续采用在文件名开始添加随机数的方式解决问题。

11.2 添加与删除附件功能的实现

11.2.1　界面设计

1. 使用浮动框架嵌入上传附件页面

添加附件的页面文件 up.php 需要使用浮动框架嵌入到页面文件 writeemail.php 中，在 writeemail.php 表格的“主题”和“内容”之间增加一行，在右侧单元格中插入浮动框架，浮动框架的设计要求如下：

宽度 100 像素，高度 30 像素，没有滚动条，边框设置为 0，名称是 upfile，初始状态加载的页面文件是 up.php。

代码如下：

```
<iframe src="up.php" width="100" height="30" scrolling="no" name="upfile"
frameborder="0"></iframe>
```

2. 接收和处理上传附件的元素设计

点击“添加附件”上传文件后，服务器端已经接收并存储了上传的文件，但是，还需要将上传文件的名称、大小等信息存储在邮件信息数据表 emailmsg 的 attachment 列中。

问题分析：

用户在发送邮件的过程中，什么时候将邮件信息插入到数据表 emailmsg 中，能否做到选择附件后，先把附件信息插入到 attachment 列中，然后在邮件编辑完成点击“发送”按钮时再将发件人、收件人、主题、内容等信息插入到相应列中？

问题解答：

Emailmsg 表的更新时间：当用户点击 writeemail.php 页面中“发送”按钮发送一封新邮件或者删除一封邮件时。

单纯上传附件时不会更新数据表内容,必须等到完整的邮件发送后才能更新。

由此可知：上传文件后，需要将文件的名称、大小等信息传到 writeemail.php 页面内部，使用设计好的元素接收这些信息，等到点击发送按钮时再一并提交给服务器存储到数据库中。

（1）在页面中增加接收附件名称和大小信息的文本框元素

在 writeemail.php 页面代码中浮动框架 upfile 所在单元格内部、浮动框架的上方添加一个隐藏的文本框元素 attachmsg2，用于接收上传附件的名称和大小。

在样式文件中增加代码 #attachmsg2{display:none;}

在页面文件浮动框架所在单元格内部上方增加代码 <input type="text" name="attachmsg2" id="attachmsg2" />

文本框元素及内容效果如图 11-3 所示。

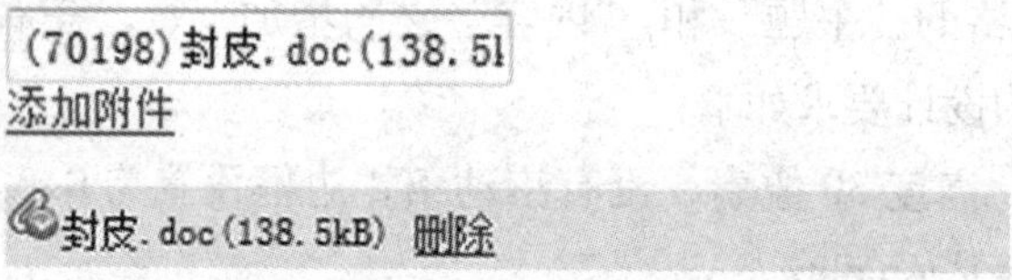

(70198)封皮.doc(138.5l
添加附件

封皮.doc(138.5kB) 删除

图 11-3　文本框 attachmsg2 及内容效果

图 11-3 中，为了让读者能够看到元素 attachmsg2 的效果，特意将其样式中的隐藏改为显示。

接下来，要修改 up.php 文件代码，将元素的名称大小等信息传递到 writeemail.php 页面的文本框元素 attachmsg2 中，在使用 move_uploaded_file() 函数保存了文件之后，增加如下代码：

```
1：    $value=$fname."( $fsize)";
2：    echo "<script>";
```

```
3：        echo "parent.document.getElementById('attachmsg2').value='$value';";
4：        echo "parent.appendattachment();";
5：        echo "</script>";
```

代码解释：

第 1 行，将已经计算出来的文件大小信息连接到文件名称后面，保存在变量 $value 中，此时的文件名称中包含了开始处括在圆括号中的随机数、完整的文件名和结束处括在圆括号中的文件大小信息。

第 2 行，输出 <script> 标记，控制脚本代码的开始。

第 3 行，输出代码 parent.document.getElementById('attachmsg2').value='$value';，将变量 $value 中保存的文件名等信息作为页面中文本框元素 attachmsg2 的 value 属性值。

代码开始处 parent 的作用是指明要从父窗口内运行的页面文件中找 attachmsg2 元素，这是因为 up.php 文件以浮动框架子窗口方式嵌入在 writeemail.php 父窗口文件中，所以此处的 parent 不可或缺。

第 4 行，将附件信息传递到 writeemail.php 页面中之后，需要运行该页面中定义的脚本函数 appendattachment()，将附件信息以图 11-2 所示的格式显示在页面中。该函数的定义稍后讲解。

（2）用于提交附件名称信息的元素设计

每个附件上传之后，显示在 attachmsg2 中的文件名等信息并不是用来提交给服务器存储到数据中，而是作为一个中转，待将其处理之后，以图 11-2 中的效果显示在页面中。

在 writeemail.php 页面中要显示附件图标、文件名称和大小及“删除”文本，这些内容需要使用脚本以添加节点的方法完成，在添加节点之前需要做几项准备工作，生成图 11-4 所示界面中的几个元素。

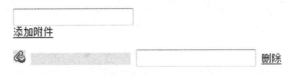

图 11-4　用于提交附件名称的元素界面

图 11-4 中“添加附件”文本下方的几个元素初始状态都需要隐藏，图中只是为了让读者能够看到其效果而临时设置为显示状态。

在 writeemail.php 文件中浮动框架 upfile 的下方增加 id 是 attachment 的 div，样式定义为：宽度自动，高度自动，边距是 0，填充是 0，背景色是 #eef。

在盒子 div 内部的段落样式使用包含选择符 #attachment p 定义为：高度 25 像素，边距是 0，字号为 9pt，文本行高是 25 像素。

在层 attachment 的下方增加四个隐藏的元素：

第一个，用于生成每个附件开始处图标的图片元素，插入的图片是 attachmentflag.jpg，图片的 id 设置为 attachflag，图片的 align 属性设置为垂直居中。

第二个，用于显示附件名称和大小信息的文本框元素，使用 id 选择符 attachmsg 定义样式为：背景色 #eef，边距是 0，填充是 0，边框是 0，该文本框的值来源于文本框 attachmsg2 中的附件名称和大小信息部分，这一点需要使用脚本来完成，该文本框的名称取用数组 attachmsg[] 的方式，发送邮件时，该数组的所有元素值一起作为附件名称插入到数据表中。

第三个，用于存放附件名称前面随机数的文本框元素，名称取用数组 rnd[]，样式使用 id 选择符 rnd 定义为隐藏即可。

第四个，“删除”文本，使用 <span>…</span> 标记添加，使用 id 选择符 delete 定义样式为：文本颜色是蓝色，带有下划线，鼠标手状。

所有要显示的附件图标、名称、大小信息以及删除文本等内容都要使用脚本代码添加在层 attachment 中。

完成上面界面设计的样式代码如下：

```
1：#attachmsg2{display:block;}
2：#attachment{width:auto; height:auto; margin:0; padding:0; background:#eef;
display:block;}
3：#attachment p{height:25px; margin:0; font-size:9pt; line-height:25px;}
4：#delete,#attachflag,#attachmsg,#rnd{display:none;}
5：#delete{color:#00f; text-decoration:underline; cursor:pointer;}
6：#attachmsg{ margin:0; padding:0; border:0px solid #eef; background:#eef;
font-size:9pt;}
```

页面元素代码如下：

```
1：    <input type="text" name="attachmsg2" id="attachmsg2" />
2：    <iframe src="up.php" width="100" height="30" scrolling="no"
name="upfile" frameborder="0"></iframe>
3：    <div id="attachment"></div>
4：    <img src="images/attachmentflag.JPG" id="attachflag" align="top" />
```

```
5：        <input type="text"  name="attachmsg[]" id="attachmsg" />
6：        <input type="text"  name="rnd[]" id="rnd" />
7：        <span id="delete" onclick="dele(event)"> 删除 </span>
```

11.2.2　添加子节点显示附件信息

1. HTML DOM 简介

HTML DOM 是 HTML 文档对象模型（HTML Document Object Model）。

根据 DOM，HTML 文档中的每个成分都是一个节点：

· 整个文档是一个文档节点

· 每个 HTML 标签是一个元素节点

· 包含在 HTML 元素中的文本是文本节点

· 每一个 HTML 属性是一个属性节点

· 注释属于注释节点

在 HTML DOM 模型中的每种节点都可以创建、复制、添加、删除，完成这些操作需要使用脚本中提供的方法，在“任务十一”中需要使用的方法如下：

· 创建页面元素的方法：createElement(元素类型)

· 复制页面元素的方法：cloneNode(true)

· 为某个元素增加子节点的方法：appendChild()

· 删除某元素子节点的方法：removeChild()

本书中对这些方法不做详细的介绍，大家只要能够理解在函数 appendattachment() 中如何使用这些方法即可。

2. 创建函数 appendattachment()

函数 appendattachment() 需要完成的功能说明：

获取文本框 attachmsg2 中存放的信息，将其分割为随机数部分和文件名及大小部分，这是因为在文本框 attachmsg 中显示的附件信息只包含文件名和文件大小信息，不包含随机数标识，但是又必须将随机数标识传递到服务器端，与文件名和大小等信息组合在一起存储到数据库中，保证在打开邮件时能够成功获取到保存在 upload 文件夹中的附件文件。

将 attachmsg2 的信息分割之后，要获取文件名及大小部分的总长度，用于控制文本框 attachmsg 显示文件名和大小时的长度，即文本框 attachmsg 的长度由文件名及大小的总长度来确定，例如，若上传的文件信息是“封皮 .doc(138.5kB)”，则文本框的长度需要设置为 17，其中一个汉字要占用两个字符的位置。

创建段落标记，将其作为盒子 attachment 的子节点；

复制附件图标元素 attachflag，设置为显示之后，将其作为段落 P 的第一个子节点；

复制文本框元素 attachmsg，设置为显示状态，并且设置要显示的值和宽度之后，将其作为段落 P 的第二个子节点；

复制文本框 rnd，设置要存放的值之后，将其作为段落 P 的第三个子节点；

复制删除文本 delete，设置为显示之后，将其作为段落 P 的第四个子节点；

修改盒子 rdiv 的高度；

修改盒子 zhedieimg 的上填充和下填充值；

调用父窗口文件 email.php 中的浮动框架高度自适应函数 iframeHeight() 重新调整浮动框架的高度。

在 writeemail.js 文件中创建函数 appendattachment()，代码如下：

```
1：var index=1;
2：function appendattachment(){
3：        var value=document.getElementById('attachmsg2').value;
4：        var firstykh=value.indexOf(')',0)
5：        var nameRnd=value.substring(0,firstykh+1);
6：        var fname=value.substr(firstykh+1);
7：        var len=0;
8：        for(i=0;i<fname.length;i++)        {
9：                if(fname.charCodeAt(i)>=0 && fname.charCodeAt(i)<=255){
10：                        len=len+1;}
11：                else{
12：                        len+=2;}
13：        }
14：        var div=document.getElementById('attachment');
15：        var p=document.createElement('p');
16：        p.id='p'+index;
17：        div.appendChild(p);
18：        var attflag=document.getElementById('attachflag');
19：        var aflag=attflag.cloneNode(true);
20：        aflag.style.display='inline';
21：        p.appendChild(aflag);
22：        var attachmsg=document.getElementById('attachmsg');
23：        var attmsg=attachmsg.cloneNode(true);
```

```
24：        attmsg.style.display='inline';
25：        attmsg.size=len;
26：        attmsg.value=fname;
27：        p.appendChild(attmsg);
28：        var rnd=document.getElementById('rnd');
29：        var rnd1=rnd.cloneNode(true);
30：        rnd1.value=nameRnd;
31：        p.appendChild(rnd1);
32：        var dele=document.getElementById('delete');
33：        var dele1=dele.cloneNode(true);
34：        dele1.style.display='inline';
35：        dele1.name=index+'del';
36：        p.appendChild(dele1);
37：        index++;
38：        var rdivH=document.getElementById('rdiv').clientHeight
39：        document.getElementById('rdiv').style.height=(rdivH+25)+"px";
40：        document.getElementById('zhedieimg').style.paddingTop=(rdivH+25-
60)/2+"px";
41：        document.getElementById('zhedieimg').style.paddingBottom=(rdivH+25-
60)/2+"px";
42：        parent.iframeHeight();
43：}
```

代码解释：

第 1 行，定义全局变量 index，变量的值将作为创建的段落元素 id 中的序号部分，为该变量设置的初值是 1，在生成段落时，设置的 id 值从 p1 开始，添加多个附件时，再依次使用 p2、p3……。

第 3 行，获取文本框元素 attachmsg2 中存放的值，包括随机数、文件全名和文件大小三部分信息，保存在变量 value 中。

第 4 行，使用 indexOf() 函数从字符串 value 中寻找第一个右括号字符，第一个右括号是文件名前面随机数结束时的括号，其中的参数 0 表示要从串中第一个字符开始查找，找到之后，将位置记录在变量 firstykh 中。

第 5 行，使用字符串函数 substring() 从字符串 value 开始取出包括括号在内的随机数标识，保存在变量 nameRnd 中，其中的两个参数分别表示所取字符的起始和终止位置，包括起始位置指定的字符，不包括终止位置的字符。

第 6 行，使用字符串函数 substr() 从字符串 value 中指定的位置开始取出后面所有的字符，也就是文件名和大小两部分信息，保存在变量 fname 中。

第 7 行，定义变量 len，设置初值 0，用于记录变量 fname 中存放字符串的字节数。

第 8 行到第 13 行，使用循环结构统计 fname 中字符串的字节数，循环次数是 fname 变量中字符的个数。

此处需要说明的是，一个串占用的字节数不一定等同于其字符个数，因为一个汉字要占用两个字节。

第 9 行，使用字符串函数 charCodeAt() 获取循环变量 i 所指位置字符的 ASCII 码，若是取值在 0 到 255 之间，说明该字符是 ASCII 码字符，只占用一个字节，将变量 len 的值加 1，否则要将 len 的值加 2。

第 14 行，获取页面中的盒子元素 attachment。

第 15 行，使用 document 对象的 createElement() 方法创建段落标记，括号中的参数是 html 标记的名称，使用变量 p 表示该段落标记。

第 16 行，设置刚刚创建的段落标记的 id 属性取值是字符 p 连接上序号 index，例如，创建的第一个段落标记的 id 属性值为 p1，这是为了删除附件时准备的。

第 17 行，使用节点 div 的 appendChild() 方法将段落标记添加为 attachment 的子节点。

第 18 行，获取页面中的附件图标元素 attachflag，保存在变量 attflag 中。

第 19 行，使用元素 attflag 的 cloneNode() 方法复制元素 attflag，复制之后的元素保存在变量 aflag 中，括号中的参数 true 表示在复制时将原来元素的所有设置一同复制过来。

第 20 行，使用样式中 display 的取值 inline 设置元素 aflag 显示。

第 21 行，将元素 aflag 使用方法 appendChild() 添加为段落 P 的子节点。

第 22 行，获取页面中的文本框元素 attachmsg。

第 23 行，复制元素 attachmsg，保存在变量 attmsg 中。

第 24 行，设置新文本框元素 attmsg 显示。

第 25 行，设置新文本框元素 attmsg 的 size 属性取值为 len，也就是设置文本框中显示字符的个数正好是需要的个数。

第 26 行，设置元素 attmsg 中的内容是 fname（即附件名称和大小信息）。

第 27 行，将元素 attmsg 添加为段落 p 的子节点。

第 28 行，获取文本框元素 rnd。

第 29 行，复制该元素，保存在变量 rnd1 中。

第 30 行，设置元素 rnd1 的值是随机数标识 name1Rnd。

第 31 行，将 rnd1 添加为段落 p 的子节点。

第 32 行，获取页面中的删除文本元素 delete。

第 33 行，复制删除节点，保存在变量 dele1 中。

第 34 行，设置新的删除节点 dele1 为显示。

第 35 行，设置新的删除节点 dele1 的 name 属性取值为 index 中的序号值连接上 del，例如生成的第一个删除节点的 name 属性值为 1del，第二个则为 2del 等，这是为删除附件时准备的。

第 36 行，将删除节点添加为段落 p 的子节点。

第 37 行，完成一个附件的添加之后，将序号变量 index 的值增 1，为下个附件的添加做准备。

第 38 行，使用 clientHeight 获取盒子 rdiv 的高度值。

第 39 行，使用 style.height 设置盒子 rdiv 的高度为现有高度值加上一个附件段落的高度 25 像素。

第 40 行和第 41 行，设置盒子 zhedieimg 的上下填充，取值为盒子 rdiv 的高度值减去 zhedieimg 的高度 60 像素之后的结果平分为上下填充值。

第 42 行，使用 parent 对象确定调用父窗口页面中的 iframeHeight() 函数，在增加附件之后重新设置浮动框架的高度。

函数调用：

函数 appendattachment() 的调用，在之前创建的 up.php 文件中已经在返回附件信息之后紧接着使用代码 parent.appendattachment() 完成了函数的调用。

在添加附件并调用了函数之后，页面中的显示效果如图 11-5 所示。

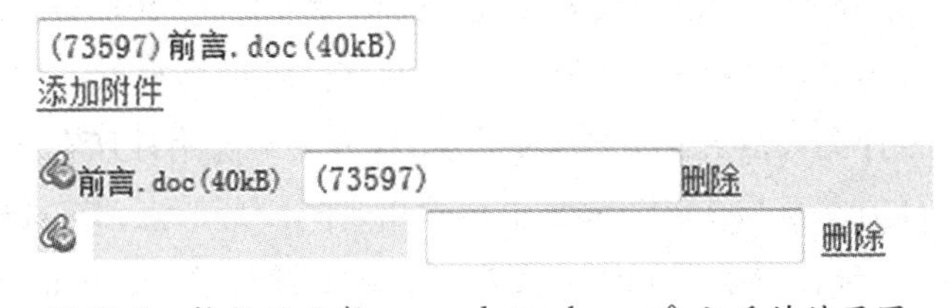

图 11-5 执行了函数 appendattachment() 之后的效果图

图 11-5 中把所有需要隐藏的元素都显示出来，只是为了将页面效果展示给大家。

问题分析：

(1) 若是用户只上传了一个附件，则文本框组 attachmsg 和 rnd 中分别存在几个文本框？下标是 0 的是哪一个？在服务器端获取附件信息时需要处理的数组元素有几个？是哪几个？

(2) 若是在 writeemail.php 文件中，将生成盒子 attachment 的代码放到生成附件图标、文本框组 attachmsg、文本框组 rnd 和删除文本的后面，情况又将如何？能否随意进行位置上的变化？

问题解答：

（1）若是用户只上传了一个附件，则文本框组 attachmsg 和 rnd 中分别有两个文本框，一个是页面中原来创建的，一个是在 appendattachment() 函数中复制的。它们的下标将根据它们在页面中的排列顺序来确定，而不是根据其存在的先后顺序来确定，所以在图 11-5 中，显示附件信息“第二章 .ppt(386kb)”的元素是 attachmsg[0]，而在页面中开始就创建的那个文本框则因为显示在后面，下标是 1。

此时，在服务器端获取附件信息时，需要处理的数组元素只有一个，就是下标是 0 的哪一个，位于数组中的最后一个元素永远都不会用于传递附件信息，所以不需要处理。

（2）若是颠倒了所提到元素代码的顺序，数组 attachmsg 和 rnd 的元素顺序也会发生变化。不要随意将顺序颠倒，这将影响到 storeemail.php 文件中处理附件信息的操作过程。

11.2.3 删除子节点以删除附件信息

1. 删除函数的功能说明

在删除附件时需要完成以下任务：

点击每个附件右侧的“删除”文本，获取该“删除”节点 name 属性的取值；

使用 parseInt() 方法将 name 属性取值开始的序号转换为整数，例如 parseInt('3del') 结果为 3；将该序号作为段落元素 ID 中的序号，获取要删除附件所在的段落 ID 属性值；使用 removeChild() 方法从层 attachment 中移除指定的段落节点，完成删除操作。

删除附件之后重新设置盒子 rdiv 的高度，重新设置盒子 zhedieimg 的上下填充值，保证该元素一直位于盒子 rdiv 的垂直方向的中线位置。

调用父窗口页面中的函数 iframeHeight() 重新设置浮动框架的高度。

2. 函数代码

在 writeemail.js 文件中创建函数 dele()，代码如下：

```
1：function dele(evt){
2：        var e=evt||window.event;
3：        var obj=e.srcElement?e.srcElement:e.target;
4：        name=obj.name;
5：        num=parseInt(name);
```

```
6：      var p=document.getElementById('p'+num);
7：      var div=document.getElementById('attachment');
8：      div.removeChild(p);
9：      var rdivH=document.getElementById('rdiv').clientHeight
10：     document.getElementById('rdiv').style.height=(rdivH-25)+"px";
11：     document.getElementById('zhedieimg').style.paddingTop=(rdivH-25-
60)/2+"px";
12：     document.getElementById('zhedieimg').style.paddingBottom=(rdivH-25-
60)/2+"px";
13：     parent.iframeHeight();
14：}
```

代码解释：

第 1 行，函数中的形参 evt 是为了解决火狐浏览器的兼容性设置的，调用时的实参使用 event 即可。

第 2 行，若是 IE 浏览器，则变量 e 的取值被设置为 window.event，若是火狐浏览器则变量 e 的值被设置为 evt。

第 3 行，若浏览器是 IE 的，则 e.srcElement 是存在的，此时条件是成立的，获取 e.srcElement 的值保存在变量 obj 中，若是火狐浏览器，则获取 e.target 的值保存在变量 obj 中，这里的 e.srcElement 或者 e.target 的作用是获取事件操作的源对象，即进行点击操作时操作的是哪个页面元素。

例如，用户点击 name 属性值是 1del 的删除文本时，获取到的源对象就是该文本。

第 4 行，获取事件所操作源对象的 name 属性的取值，保存在变量 name 中。

第 5 行，使用 parseInt() 方法获取变量 name 中开始的序号值，例如若操作的是删除文本 1del，parseInt(name) 获取到的是序号 1，保存在变量 num 中。

第 6 行，使用 'p'+num 作为段落的 id 属性值，获取段落元素，保存在变量 p 中。

第 7 行，获取盒子 attachment。

第 8 行，使用 removeChild() 方法将盒子 attachment 中指定的段落节点移除。

第 9 行，获取盒子 rdiv 原来的高度。

第 10 行，设置盒子 rdiv 当前高度为原来高度值减去附件段落 P 的高度 25 像素。

第 11 行和第 12 行，重新设置盒子 zhedieimg 的上下填充值。

第 13 行，调用父窗口页面中的 iframeHeight() 函数重新设置浮动框架的高度。

函数调用

删除函数 dele() 的调用，是在点击“删除”时完成的。

在页面元素 delete 中增加代码 onclick="dele(event)" 完成函数的调用。

11.3 存储和打开邮件的优化设计

11.3.1 存储邮件的优化设计

在 11.2 中所使用的提交附件信息的方案中，将附件名称和大小信息作为一个数据上传，将随机数标识作为一个独立的数据上传，所以，我们需要修改在任务七中创建的文件 storeemail.php 的代码，保证能够将这两个数据一起保存在数据库中。

对于文件 storeemail.php 的修改只需要将开头部分的代码使用如下代码替代：

```
1：$sender=$_POST['sender'];
2：$receiver=$_POST['receiver'];
3：$subject=$_POST['subject'];
4：$content=$_POST['content'];
5：$attachmsg=$_POST['attachmsg'];
6：$rnd=$_POST['rnd'];
7：$attachment='';
8：for($i=0;$i<=count($attachmsg)-2;$i++){
9：      $attachment=$attachment.$rnd[$i].$attachmsg[$i].";";
10：}
```

代码解释：

第 5 行，获取 writeemail.php 页面中文本框组 attachmsg 提交的附件名称和大小信息，放到变量 $attachmsg 中，该变量是一个数组的形式。

第 6 行，获取 writeemail.php 页面中文本框组 rnd 提交的随机数标识信息，保存到变量 $rnd 中，该变量也是一个数组的形式。

第 7 行，设置变量 $attachment 的值为空，该变量将用于保存所有附件的随机数标识、附件名称和大小三部分信息。

第 8 行到第 10 行，使用循环结构，将每个附件的随机数标识、附件名称和大小三部分信息连接到变量 $attachment 中。

问题分析：

第 8 行，循环变量的最大值为什么是 count($attachmsg)-2？

问题解答：

在 writeemail.php 文件中若是只上传一个附件，则数组 attachmsg 的元素有两个，在 storeemail.php 中使用 $attachmsg=$_POST['attachmsg'] 获取结果的数组也有两个元素，下标是 0 的那个元素里面放的是有意义的附件信息，而下标是 1 的那个元素则是空的，因此只需要对下标是 0 的那一个元素进行处理即可，0 是由元素个数 2 减去 2 之后得到的。

同理，读者可以自己思考，若是上传了更多的附件之后的情况。

11.3.2 打开邮件界面的优化设计

打开邮件界面的优化设计是指在显示附件信息时，只显示附件名称和附件的大小两部分，不显示其中的随机数标识部分（图 8-13 中显示了开始的随机数标识部分），如图 11-6 所示。

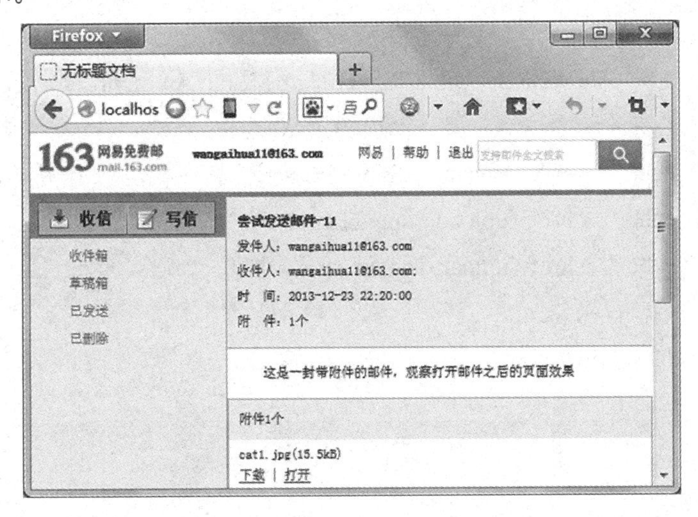

图 11-6 显示附件时的优化界面

在“任务八”创建的 openemail.php 文件的基础上进行如下修改：

将原来的 for ($i=0;$i<=count($attment)-2;$i++){} 循环部分使用如下代码取代：

```
28:        for ($i=0;$i<=count($attment)-2;$i++)
29:        {
30:                $dotCnt=substr_count($attment[$i],'.');
```

```
31:     if($dotCnt==2){
32:        list($mainName,$secName,$last)=explode('.',$attment[$i]);
33:     }
34:     else{
35:           list($mainName,$secName)=explode('.',$attment[$i]);
36:     }
37:     list($kuozName)=explode('(',$secName);
38:     $openName=$mainName.'.'.$kuozName;
39:     $firstykh=strpos($mainName,')');
40:     $start=$firstykh+1;
41:     $remainLen=strlen($mainName)-$start;
42:     if($dotCnt==2){
43:        $showName=substr($mainName,$start,$remainLen).'.'.$secName.'.'.$l
ast;
44:     }
45:     else{
46:           $showName=substr($mainName,$start,$remainLen).'.'.$secName;
47:     }
48:     echo "<p>".$showName."<br>";
49:     echo "<a href='upload/$openName'> 下载 </a> | ";
50:     echo "<a href='upload/$openName'> 打开 </a>";
51:   }
52:  echo "</div>";
53: }
```

代码解释

第 28 行到第 51 行，使用 for 循环结构逐个处理并输出保存在数组 $attment 中的附件信息。

第 30 行，使用 substr_count() 函数获取一个附件名称信息中包含的圆点的个数，保存在变量 $dotCnt 中，取值将会有两种情况：第一种情况是文件大小部分的信息是整数，没有小数点，所以只存在主文件名与扩展名之间的圆点，即函数返回值是 1；第二种情况是文件大小部分的信息带有小数部分，存在小数点，所以有两个圆点，即函数的返回值是 2。

第 31 行到第 36 行，判断变量 $dotCnt 的值，若取值是 2，则使用 explode 函数和圆点分割符把保存在 $attment[$i] 中的附件名称信息分割为三个部分，分别使用变量 $mainName、$secName 和 $last 保存，其中 $mainName 中包含放在圆括号中的随机数和主文件名，$secName 中包含文件的扩展名和文件大小中的整数部分，$last 中则是文件大小中的小数部分。

若变量 $dotCnt 的取值是 1，则使用 explode 函数和圆点分割符把保存在 $attment[$i] 中的附件名称分为前后两部分，分别使用变量 $mainName 和 $secName 保存，其中 $mainName 中包含放在圆括号中的随机数和主文件名，$secName 中包含扩展名和放在圆括号中的文件大小信息；

分割后的结果经过处理之后将用于显示附件名称和大小信息以及下载附件时。

第 37 行，继续使用 explode 函数和左圆括号字符分割 $secName 中保存的信息，将其分为扩展名和文件大小两部分，第一部分使用变量 $kuozm 保存，目的是去掉文件大小部分，这样才能得到可用于下载或打开的文件名信息。

第 38 行，将 $mainName 中包含的随机数信息和主文件名信息与 $kuozm 中包含的扩展名信息连接起来，中间添加一个圆点，构成完整的、可供下载使用的文件名，保存在变量 $openName 中。

第 39 行，使用函数 strpos() 找出变量 $mainName 中出现的第一个右圆括号的位置，该圆括号是随机数标识结束的圆括号，将位置序号保存在变量 $firstykh 中。

第 40 行，使用 $firstykh 加 1，得到第一个右圆括号之后出现的第一个字符的位置，将其保存在变量 $start 中。

第 41 行，使用 strlen() 函数求出 $mainName 中所有字符的个数，减去 $start 的值之后，得到除去随机数标识之后剩余的字符数，也就是真正的主文件名中的字符数。

第 42 行到第 47 行，判断 $dotCnt 中的圆点个数，若取值是 2，则取出 $mainName 中主文件名部分，连接上 $secName 和 $last 两部分的值，保存在变量 $showName 中，作为将要显示在页面中的附件名称信息；若取值是 1，则取出 $mainName 中主文件名部分，连接上 $secName 的值，保存在变量 $showName 中，作为将要显示在页面中的附件名称信息。

第 48 行，使用段落标记控制输出包含随机数和文件大小的附件名称信息，保证用户在下载附件时能够明确附件的大小。

第 49 行，在新的一行中输出“下载”超链接，链接的文件是保存在 upload 文件夹中的附件名称。

第 50 行，输出“打开”超链接，链接的文件也是保存在 upload 文件夹中的附件名称，即这里设置的用于打开和下载附件的超链接是完全相同的。

11.4 几个常用的字符串操作函数

11.4.1 字符串查找函数

程序中经常需要完成在一个字符串中查找某个字符或某个子串的操作。

在 PHP 中提供的常用的字符串查找函数有 substr_count()、strpos()、strrpos() 等，它们的使用方法和功能如下：

1.substr_count() 函数

函数格式：substr_count(string,substring[,start[,length]])

功能描述：统计一个字符串 substring 在另一个字符串 string 中出现的次数，返回值是一个整数。参数 start 和 length 是可选参数，分别表示要查找的起点和长度。

【小示例】存在如下代码：

```
$str="How are you?";
$oCnt=substr_count($str,'o');
echo " 字符 o 的个数为：$oCnt";
```

输出的结果是 2。

2. strpos() 函数和 strrpos() 函数

（1）strrpos() 函数

函数格式：strrpos(string,find,start)

功能描述：该函数返回参数 find 在字符串 string 中最后一次出现的位置，如果要查找的 find 参数内容不存在，返回结果为 false。这里的 find 可以是一个字符，也可以是一个字符串。

参数 start 可选，用于规定查找的起始位置。

该函数对大小写敏感，如需进行大小写不敏感的查找，可以使用函数 strripos()，格式与 strrpos() 相同。

【小示例】存在如下代码：

```
$str="How are you?";
$oLast=strrpos($str,'o');
echo " 最后一次出现 o 的位置是 :$oLast";
```

最后的输出结果是 9。

（2）strpos() 函数

函数格式：strpos(string,find,start)

功能描述：该函数返回参数 find 在字符串 string 中第一次出现的位置。

【小示例】存在如下代码：

$str="How are you?";

$oFirst=strpos($str,'o');

echo " 第一次出现 o 的位置是 :$oFirst";

最后的输出结果是 1。

11.4.2 字符串截取函数 substr()

编程中，经常会碰到这样的问题：从一个字符串中取出所规定的子串，这需要使用字符串的截取函数 substr() 来实现。

函数格式：substr(string,start,length)

功能描述：从字符串 string 中 start 指定的位置开始，截取 length 指定长度的子串。

参数 length 是可选的，若是没有指定，表示从指定位置开始截取到最后。

说明：参数 start 和 length 都可以设定为负数，若 start 为负数，说明从倒数第 start 个字符开始截取 length 所指定的字符数；length 为负数时，从 start 位置开始取，取到倒数第 length 个字符后结束。

【小示例】创建页面文件 substr.php，输入如下代码：

```
1：<?php
2： $str="How are you?";
3： $sub0=substr($str,2);
4： $sub1=substr($str,2,4);
5： $sub2=substr($str,-3,2);
6： $sub3=substr($str,4,-3);
7： $sub4=substr($str,6,-8);
8： echo '$sub0 的内容是：'.$sub0."<br>";
9： echo '$sub1 的内容是：'.$sub1."<br>";
10：echo '$sub2 的内容是：'.$sub2."<br>";
11：echo '$sub3 的内容是：'.$sub3."<br>";
12：echo '$sub4 的内容是：'.$sub4."<br>";
13：?>
```

代码解释：

第 3 行，获取 $str 中从第 2 个字符 w 开始的所有内容；

第 4 行，获取 $str 中从第 2 个字符开始的四个字符；

第 5 行，获取 $str 中从倒数第三个字符 o 开始的两个字符 ou；

第 6 行，获取 $str 中从第 4 个字符开始到倒数第 3 个字符之间的所有字符 are y；

第 7 行，获取 $str 中从第 6 个字符开始到倒数第 8 个字符之间的所有字符，本例中，因为倒数第 8 个字符在第 6 个字符的前面，所以无法取出任何内容，所以输出结果为空。

程序运行结果如图 11-7 所示：

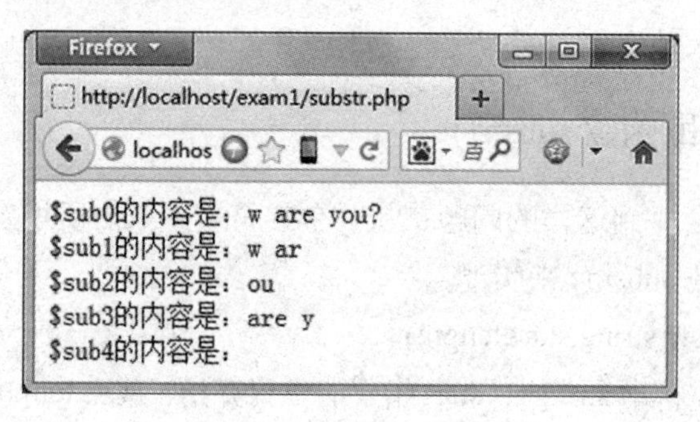

图 11-7　函数 substr 的作用

问题分析：

第 8 行到第 12 行中，能否将 $sub0~$sub4 的内容由单引号定界换成双引号定界，为什么？

问题解答：

不能，因为若是换成双引号定界，PHP 在执行过程中会将双引号内部的变量 $sub0~$sub4 解析替换为变量中的值，而无法做到图 11-7 那样在输出效果中显示变量名的要求了。

附录 A　PHP5 中的常用函数

A.1　常用的数组操作函数

函数名	功能
array_change_key_case	返回字符串键名全是大写或小写的数组
array_chunk	将一个数组分割成多个
array_combine	创建一个数组，取用其他数组的值作为其键名，取用另外数组的值作为其值
array_count_values	统计数组中所有的值出现的次数
array_fill	用给定的值填充数组
array_flip	交换数组中的键和值
array_keys	返回数组中所有的键名
array_map	将回调函数作用到给定数组的单元上
array_merge_recursive	递归合并一个或多个数组
array_merge	合并一个或多个数组
array_multisort	对多个数组或多维数组进行排序
array_pad	用值将数组填补到指定长度
array_pop	将数组最后一个单元弹出
array_product	计算数组中所有值的乘积
array_push	将一个或多个单元压入数组的末尾
array_rand	从数组中随机取出一个或多个单元
array_reverse	将所有单元反序
array_shift	将数组开头的单元移出数组
array_slice	从数组中取出一段
array_splice	把数组中的一部分去掉并用其他值取代
array_sum	计算数组中所有值的和
array_unique	移除数组中重复的值

（序表）

函数名	功能
array_unshift	在数组开头插入一个或多个单元
array_values	返回数组中所有的值
array	新建一个数组
arsort	对数组进行逆向排序并保持索引关系
asort	对数组进行排序并保持索引关系
compact	建立一个数组，包括变量名和它们的值
count	计算数组中单元个数
current	返回数组中的当前单元
each	返回数组中当前的键 / 值对并将数组指针向前移动
end	将数组内部指针指向最后一个单元
in_array	检查数组中是否存在某个值
key	从关联数组中取得键名
krsort	对数组按照键名逆序排序
ksort	对数组按照键名排序
list	把数组中的值赋给一些变量
natcasesort	用“自然排序”算法对数组进行不区分大小写的排序
natsort	用“自然排序”算法对数组排序
next	将数组中的内部指针向前移动一个单元
prev	将数组内部指针向后移动一个单元
range	建立一个包含指定范围单元的数组
reset	将数组内部指针指向第一个单元
rsort	对数组逆向排序
shuffle	将数组打乱
sizeof	count() 的别名
sort	对数组排序

A.2 常用的字符串操作函数

函数名	功能
addcslashes	像 C 一样使用反斜线转义字符串中的字符
addslashes	使用反斜线引用字符串
bin2hex	将二进制数据转换成十六进制表示
chop	rtrim() 的别名
chr	返回指定的字符

（序表）

函数名	功能
chunk_split	将字符串分割成小块
convert_cyr_string	将字符由一种 Cyrillic 字符转换成另一种
convert_uudecode	对一个未编码字符串进行编码
convert_uuencode	对一个字符串进行解码
count_chars	返回字符串所有字符的信息
crc32	计算一个字符串的 crc32 多项式
explode	使用一个字符串分割另一个字符串
fprintf	将格式化字符写入流
html_entity_decode	将 HTML 标记转换为特殊字符
htmlspecialchars	将特殊字符转换为 HTML 标记
implode	合并数组元素到一个字符串中
join	implode 函数的别名
ltrim	去掉字符串左侧空格
md5_file	用 md5 算法对文件进行加密
md5	用 md5 算法对字符串进行加密
nl2br	将换行符号替换成 HTML 的换行标记
number_format	将一个数字格式化成三位一组
ord	返回第一个字符的 ASCII 码
print	输出字符串
printf	输出格式字符串
rtrim	去除字符串右侧的空格
sprintf	返回一个格式字符串
str_pad	用一个字符串填充另一个字符串到一定长度
str_repeat	重复输出一个字符串
str_replace	字符串替换
str_shuffle	随机打乱一个字符串
str_split	将字符串转换成数组
strchr	strstr() 的别名
strcmp	字符串比较大小
strip_tags	过滤掉字符串中的 PHP 和 HTML 标记
strlen	获取字符串的长度（所占的字节数）
strpbrk	在字符串中搜索指定字符中的任意一个
strpos	查找一个子串在字符串中第一次出现的位置

（序表）

函数名	功能
strrpos	查找一个子串在字符串中最后一次出现的位置
strrev	将一个字符串顺序倒转
strrchr	查找一个字符在一个字符串中最后一次出现的位置并返回从此位置开始之后的字符串
strstr	查找一个子串在一个字符串中第一次出现的位置，并返回从此位置开始的字符串
strtok	将字符串打碎成小段
strtolower	将字符串中的字符全部变为小写
strtoupper	将字符串中的字符全部变为大写
strtr	批量字符替换
substr_count	统计一个子串在字符串中出现的次数
substr_replace	在字符串内部定制区域内替换文本
substr	截取字符串的一部分
trim	去掉字符串首尾的连续空格
ucfirst	将字符串首字母大写
ucwords	将字符串中每个单词的首字母大写

A.3 常用的日期时间函数

1. 常用的日期时间函数

函数名	功能
checkdate	验证一个格里高里日期
date_default_timezone_get	取得一个脚本中所有日期时间函数所使用的默认时区
date_default_timezone_set	设定用于一个脚本中所有日期时间函数的默认时区
date_sunrise	返回给定的日期与地点的日出时间
date_sunset	返回给定的日期与地点的日落时间
date	格式化一个本地时间 / 日期
getdate	取得日期 / 时间信息
gettimeofday	取得当前时间
gmdate	格式化一个 GMT/UTC 日期 / 时间
gmmktime	取得 GMT 日期的 UNIX 时间戳
gmstrftime	根据区域设置格式化 GMT/UTC 时间 / 日期
idate	将本地时间日期格式化为整数
localtime	取得本地时间

（序表）

函数名	功能
microtime	返回当前 UNIX 时间戳和微秒数
mktime	取得一个日期的 UNIX 时间戳
strftime	根据区域设置格式化本地时间 / 日期
strptime	解析由 strftime() 生成的日期 / 时间
strtotime	将任何英文文本的日期时间秒数解析为 UNIX 时间戳
time	返回当前的 UNIX 时间戳

2. getdate() 函数返回数组的下标与值对应表

下标	说明	返回值例子
"seconds"	秒的数字表示	0 到 59
"minutes"	分钟的数字表示	0 到 59
"hours"	小时的数字表示	0 到 23
"mday"	月份中第几天的数字表示	1 到 31
"wday"	星期中第几天的数字表示	0 到 6，0 表示星期天，6 表示星期六
"mon"	月份的数字表示	1 到 12
"year"	4 位数字表示年份	
"yday"	一年中第几天的数字表示	0 到 365
"weekday"	星期几的完整文本表示	Sunday 到 Saturday
"month"	月份的完整文本表示	January 到 December
0	该事件的 UNIX 时间戳	整数

3. date() 函数中时间格式参数说明

格式字符	说明	返回值例子
d	月份中的第几天，有前导 0 的 2 位数字	01 到 31
D	星期中的第几天，文本表示，3 个字母	Mon 到 Sun
j	月份中的第几天，没有前导 0	1 到 31
字母 l	星期几，完整的文本格式	Sunday 到 Saturday
N	ISO-8601 格式数字表示的星期中的第几天	1 到 7，1 表示星期一，7 表示星期天
w	星期中的第几天，数字表示	0 到 6，0 表示星期天
z	年份中的第几天	0 到 366
W	ISO-8601 格式年份中的第几周，每周从星期一开始	如 42 是当年的第 42 周

（序表）

格式字符	说明	返回值例子
F	月份，完整的文本格式	January 到 December
m	数字表示的月份，有前导 0	01 到 12
M	三个字母缩写表示的月份	Jan 到 Dec
n	数字表示的月份，没有前导 0	1 到 12
t	给定月份所应有的天数	28 到 31
L	是否是闰年	闰年则为 1，否则是 0
Y	4 位数字表示的年份	
y	2 位数字表示的年份	
a	小写的上午或下午值	am 或 pm
A	大写的上午或下午值	AM 或 PM
B	Swatch Internet 标准时	000 到 999
g	小时，12 小时格式，没有前导 0	1 到 12
G	小时，24 小时格式，没有前导 0	0 到 23
h	小时，12 小时格式，有前导 0	01 到 12
H	小时，24 小时格式，有前导 0	00 到 23
i	有前导 0 的分钟数	00 到 59
s	有前导 0 的秒数	00 到 59
e	时区标识	如 UTC、GMT 等
I	是否为夏令时	是夏令时为 1，否则为 0
O	与格林威治时间相差的小时数	
T	本机所在的时区	

A.4 常用的数学函数

函数名	功能	函数名	功能
abs	绝对值	log10	以 10 为底的对数
bindec	二进制转换为十进制	log	自然对数
ceil	进一法取整	max	找出最大值
decbin	十进制转换为二进制	min	找出最小值
dechex	十进制转换为十六进制	mt_getrandmax	显示随机数的最大可能值
exp	计算 e 的指数	mt_rand	生成更好的随机数
floor	舍去法取整	mt_srand	播下一个更好的随机数发生器种子
fmod	返回除法的浮点数余数	pow	指数表达式

（序表）

函数名	功能	函数名	功能
getrandmax	显示随机数最大的可能值	rand	产生一个随机数
is_finite	判断是否为有限值	round	对浮点数进行四舍五入
is_infinite	判断是否为无限值	sqrt	平方根
is_nan	判断是否为合法数值	srand	播下随机数发生器种子

A.5　文件系统函数

函数名	功能	函数名	功能
basename	返回路径中的文件名部分	feof	测试文件指针是否到达文件结束
chmod	改变文件模式	fgetc	读取文件指针指向的字符
clearstatcache	清除文件状态缓存	fgets	读取文件指针指向的一行
delete	参加 unlink() 或 unset()	file_exists	检查文件或目录是否存在
disk_free_space	返回目录中的可用空间	file_put_contents	将一个字符串写入文件
diskfreespace	disk_free_space() 的别名	fileatime	取得文件的上次访问时间
filegroup	取得文件的组	flock	轻便的咨询文件锁定
filemtime	取得文件的修改时间	fopen	打开文件或者 URL
fileperms	取得文件的权限	fputcsv	把行格式化为 CSV 并写入文件
filetype	取得文件类型	fread	读取文件（可用于二进制文件）
fnmatch	用模式匹配文件名	fseek	在文件指针处定位
fpassthru	输出指针后的所有剩余数据	ftell	返回文件指针读 / 写的位置
fputs	fwrite() 的别名	fwrite	写入文件
fscanf	从文件中格式化输入	is_dir	判断给定文件名是否是目录
fstat	通过已打开的文件指针取得文件信息	is_file	判断给定文件名是否是一个正常的文件
ftruncate	将文件截断到给定长度	is_readable	判断给定文件名是否可读
glob	寻找与模式匹配的文件路径	is_uploaded_file	判断文件是否是通过 http post 上传的
is_executable	判断给定文件名是否可执行	is_writeable	is_writable() 的别名
is_link	判断给定文件名是否为一个符号连接	linkinfo	获取一个连接的信息

（序表）

函数名	功能	函数名	功能
chgrp	改变文件所属的组	mkdir	新建目录
chown	改变文件的所有者	parse_ini_file	解析一个配置文件
copy	拷贝文件	pclose	关闭进程文件指针
dirname	返回路径中的目录部分	readfile	输出一个文件
disk_total_space	返回一个目录的磁盘总大小	realpath	返回规范化的绝对路径名
fclose	关闭一个已打开的文件	rewind	倒回文件指针的位置
fflush	将缓冲内容输出到文件	set_file_buffer	stream_set_write_buffer() 的别名
fgetcsv	从文件指针处读出一行并解析 csv 字段	symlink	建立符号连接
fgetss	从文件指针处读出一行并过滤掉其中的 HTML 标记	tmpfile	建立一个临时文件
file_get_contents	将整个文件读到一个字符串中	umask	改变当前的 umask
file	把整个文件读到一个数组中	is_writable	判断给定的文件是否可写
filectime	取得文件的上次修改时间	link	建立一个硬连接
fileinode	取得文件的 inode 编号	lstat	给出一个文件或符号连接的信息
fileowner	取得文件的所有者	move_uploaded_file	将上传的文件移动到新位置
filesize	取得文件的大小	pathinfo	返回文件路径的信息
popen	打开进程文件指针	stat	给出文件的信息
readlink	返回符号连接指向的目标	tempnam	建立一个具有唯一文件名的文件
rename	重命名一个文件或目录	touch	设定文件的访问和修改时间
rmdir	删除目录	unlink	删除文件

A.6 MySQL 操作函数

函数名	功能
mysql_affected_rows	取得前一次 MySQL 操作所影响的记录数
mysql_change_user	改变活动连接中登录的用户
mysql_client_encoding	返回字符集的名称

（序表）

函数名	功能
mysql_close	关闭 MySQL 连接
mysql_connect	打开一个到 MySQL 服务器的连接
mysql_create_db	新建一个 MySQL 数据库
mysql_data_seek	移动内部结果的指针
mysql_db_name	取得结果数据
mysql_db_query	发送一条 MySQL 查询
mysql_drop_db	丢弃（删除）一个 MySQL 数据库
mysql_errno	返回上一个 MySQL 操作中错误信息的数字编码
mysql_error	返回上一个 MySQL 操作产生的文本错误信息
mysql_fetch_array	从结果集中获取一行作为关联数组或数字数组，或二者兼有
mysql_fetch_assoc	从结果集中获取一行作为关联数组
mysql_fetch_field	从结果集中取得列信息并作为对象返回
mysql_fetch_lengths	取得结果集中每个输出的长度
mysql_fetch_object	从结果集中获取一行作为对象
mysql_fetch_row	从结果集中获取一行作为枚举数组
mysql_field_flags	从结果集中取得和指定字段关联的标志
mysql_field_len	返回指定字段的长度
mysql_field_name	取得结果集中指定字段的字段名
mysql_field_seek	将结果集中的指针设定为指定的字段偏移量
mysql_field_table	取得指定字段所在的表名
mysql_field_type	取得指定字段的类型
mysql_free_result	释放结果内存
mysql_get_client_info	取得 MySQL 客户端信息
mysql_get_host_info	取得 MySQL 主机信息
mysql_get_proto_info	取得 MySQL 协议信息
mysql_get_server_info	取得 MySQL 服务器信息
mysql_info	取得最近一条查询的信息
mysql_insert_id	取得上一步 INSERT 操作产生的 ID
mysql_list_dbs	列出 MySQL 服务器中所有的数据库
mysql_list_fields	列出 MySQL 结果中的字段
mysql_list_processes	列出 MySQL 进程
mysql_list_tables	列出 MySQL 数据库中的表
mysql_num_fields	取得结果集中字段的数目
mysql_num_rows	取得结果集中行的数目

（序表）

函数名	功能
mysql_pconnect	打开一个到 MySQL 服务器的持久连接
mysql_ping	Ping 一个服务器链接，若没有连接则重新连接
mysql_query	发送一个 MySQL 查询
mysql_result	取得结果数据
mysql_select_db	选择 MySQL 数据库
mysql_stat	取得当前系统状态
mysql_tablename	取得表名
mysql_thread_id	返回当前线程的 ID

附录B　习题答案

说明：下面给定的填空题答案中的序号不是题号，只是空的序号

任务一

一、选择题：1. B，2. C，3. D，4. D，5. B

二、填空题：1. HTTP，2. 浏览器 服务器，3. 服务器 浏览器

任务二

一、选择题：1. C，2. A，3. C，4. D，5. A，6. B，7. C，8. D，9. B

二、填空题：1. htdocs，2. 8 prc，3. root，4. localhost

任务三

一、选择题：1. D，2. B，3. C，4. A，5. C，6. A，7. B，8. D，9. B，10. D，11. C

二、填空题：1. break，2. array() count()，3. each() false，4. key value

任务四

一、选择题：1. B，2. A，3. C，4. C，5. C，6. C，7. A，8. D，9. A，10. B，11. C

二、填空题：1. length，2. $_POST $_GET，3. form action，4. file $_FILES，5. $like=implode(' ',$_POST['like'])

任务五

一、选择题：1. A，2. C，3. D，4. B，5. C，6. C，7. B，8. A，9. B，10. C，11. D，12. B，13. C，14. D，15. C

二、填空题：1. session session_start()，2. style color

任务六

一、选择题：1. D，2. C，3. B，4. B，5. D，6. A

二、填空题：1. visible block，2. $_SESSION

任务七

一、选择题：1. C，2. B，3. A，4. A，5. D，6. B

二、填空题：1. table-layout : fixed，2. parent，3. 2013 10 26

任务八

一、选择题：1. B，2. C，3. D，4. B，5. A，6. D，7. A，8. B，9. C

二、填空题：1. 4 6，2. limit，3. unlink()

任务九

一、选择题：1. B，2. A，3. C

二、填空题：1. fopen() r，2. setcookie() $_COOKIE